○国家级精品课程○
○全国普通高等学校优秀教材二等奖○
○普通高等教育"十一五"国家级规划教材○

# 操作系统
# 原理（第四版）

庞丽萍 编著

## The Principle of Operating System

华中科技大学出版社
http://www.hustp.com
中国·武汉

**图书在版编目(CIP)数据**

操作系统原理(第四版)/庞丽萍 编著.—武汉:华中科技大学出版社,2008 年 5 月
(2024.8 重印)
ISBN 978-7-5609-2351-2

Ⅰ.操… Ⅱ.庞 Ⅲ.操作系统-高等院校-教材 Ⅳ.TP316

---

**操作系统原理(第四版)** 庞丽萍 编著

策划编辑:焦 微
责任编辑:刘 勤 封面设计:潘 群
责任校对:刘 竣 责任监印:张正林

出版发行:华中科技大学出版社(中国·武汉)
   武昌喻家山 邮编:430074 电话:(027)81321913

录 排:武汉市洪山区佳年华文印部
印 刷:武汉市洪林印务有限公司

开本:787mm×1092mm 1/16 印张:20.25 字数:456 000
版次:2008 年 5 月第 4 版 印次:2024 年 8 月第 43 次印刷 定价:39.80 元
ISBN 978-7-5609-2351-2/TP·413
        (本书若有印装质量问题,请向出版社发行部调换)

# 序

操作系统是计算机系统中的核心系统软件，它负责控制和管理整个系统资源并协调用户有效地使用这些资源，使计算机系统高效地工作。操作系统是计算机科学与技术专业的核心课程。随着计算机技术的应用越来越广泛，其他相关专业也相继把操作系统作为必修课程或选修课程。

近年来，随着计算机网络、多媒体应用以及嵌入式系统的广泛应用，操作系统在概念和技术上都有了很快的发展。例如，网络终端、图形用户界面、电源管理、多处理机操作系统、分布式操作系统等。操作系统的教材当然也应该及时反映这种发展，本书正是作者这种努力的成果。它自1988年出版以来，经过多次修订，及时地反映了操作系统的新技术和新成果。这次修订主要增加了分布式系统的内容，是作者在分布式计算机系统的教学和科研方面多年积累的结果。

现代操作系统是一个十分庞大且复杂的系统，操作系统的设计对整个计算机系统的总体功能和性能都有着重要的影响。理解操作系统的基本设计原理，了解这些原理是如何在真正的操作系统中被实际运用的，无论对计算机系统的设计者还是使用者都是十分重要的。现代操作系统中最基础、最本质、最核心的内容是什么？如何能形成逻辑体系完整的操作系统概念？如何能清晰地给出现代操作系统的基本原理、主要功能及实现技术等，这些都是写好操作系统教材的关键问题。本书作者长期工作在操作系统教学第一线，从事操作系统及分布式计算机系统的研究工作，在教学实践和科研工作中，深感学生不易掌握操作系统的实质、不易形成整体的概念。为此，本教材在内容的选取上注重基础性和先进性；在内容的组织上注重逻辑性、完整性和关联性；在讲解上深入浅出，具有易读、易懂的特点。

希望本书的出版能像第三版一样，受到广大师生和读者的欢迎。

中国科学院院士　首届国家教学名师
中国科技大学教授

陈国良

2008 年 4 月 16 日

# 再版前言

　　《操作系统原理》自1988年出版以来几经修订再版,今天呈现给各位读者的是第四版。近三十年来,在不间断的操作系统原理的教学实践中,在操作系统课程的建设中,在与同行、学者的讨论交流中,我深感受益匪浅,从而对操作系统的认识和理解不断地深入。

　　学习操作系统都有一个了解、理解、进一步理解的过程。要学懂操作系统需要抓住一个问题,掌握一种方法,搞好一个结合。现代操作系统的核心问题是支持多用户、多任务的并行执行。为此,操作系统需要提出新的概念、提供解决计算机系统中资源共享、协调多个活动之间相互制约关系的方法、策略和机制。掌握操作系统运用的虚拟化的方法,认识用户的逻辑视图与操作系统所管理的物理视图是分离的,由此产生的资源的虚拟分配、虚实之间的映射、单CPU上的逻辑并行(多任务并发)等问题都能更好地理解。要学懂操作系统,还必须注重操作系统原理与实际的有机结合。通过剖析一个现代操作系统实例来印证所学的理论知识,通过操作系统实验来体会操作系统的功能实现,并能锻炼、培养系统软件开发能力。

　　本书针对操作系统内容庞杂、涉及面广的特点,在内容的选取上注重基础性、实质性、先进性,在框架的设计上注重逻辑性、完整性,力图将操作系统内容组织成一个逻辑清晰的整体。在这一整体中始终贯穿着并发、共享的主线。在这一主线下,有一条动态的进程活动轨迹,还有一个系统资源管理的剖面。针对前者,本书围绕支持多进程运行必需的机制(包括数据结构、进程控制与进程调度功能)及方法展开讨论;针对后者,就多用户、多任务对系统资源的共享,展开操作系统资源管理策略与方法的论述。本书在阐述问题时,力求深入浅出,通俗易懂,使读者便于阅读和理解。

　　此次再版在第三版的基础上作了如下修改。

　　(1)操作系统实例仍选用UNIX系统,其有关内容和各功能模块安排到相关章节后论述。

　　(2)增加"分布式系统"作为第10章内容,讨论分布式系统的定义、特征、模型,分布式系统的资源管理及一致性问题。

　　(3)各章节中适当增加了一些新内容,如:操作系统的组织结构、输入/输出控制等部分。

　　书中所有算法仍用类C伪码来描述。因为,这种语言与PDL语言十分相似,它含有更多的自然语言,这样使读者容易掌握算法的功能。

　　操作系统技术正在不断地发展、变革,操作系统教材在强调基础性的同时,更需要不断地更新;本书还考虑到目前高等学校计算机各专业教学工作的实际需要而修订再版。本书用于高等学校计算机本科教学时,原则上应讲授第1~9章的全部内容(第10章作为扩展知识的内容可选用),其授课时数建议按55~60学时安排;若用于高校计算机专科教学时,应讲授 1~9 章的基本内容,书中带"*"号内容可以不讲授,其授课时数建议按 45~50 学时安排;本书用于高校其他有关专业本科或研究生教学时,其讲授内容和学时数可由任课教师根据具体情况确定。

我在教学和编写教材过程中,学习、参考了有关操作系统、分布式系统方面的好的教材,不断地学习使我加深了对操作系统的理解。这些书都给了我很大的帮助。在本书再版之际,我要感谢指导、帮助过我的专家、作者、老师和我的朋友们。另外,对华中科技大学出版社的领导及有关同志深表谢意,因为他们对此书的再版和发行做了大量的工作。

本书再版后,恳切地希望能继续得到同行和读者们的批评和帮助,以便使本书的质量能不断地提高。

作　者
2007 年 12 月于武汉

# 目录

# 第1章 绪 论

## 1.1 存储程序式计算机

### 1.1.1 存储程序式计算机的结构和特点

人们在科学实验、社会实践中有大量问题需要求解,如科学计算、数据处理及各种管理问题等。要解决这些问题,首先需要分析所研究的对象,提出对问题的形式化定义并给出求解方法的形式描述。对问题的形式化定义称为数学模型,而对问题求解方法的形式描述称为算法。其次是必须具备实现算法的工具或设施。通常将一个算法的实现叫做一次计算。显然,一次计算既与算法有关,也与实现该算法的工具有关。算法和实现算法的工具是密切相关的,二者互相影响、互相促进。

人们在生产活动和商业交易中最早需要解决的问题是算术四则运算问题。最初人们用大脑和手来进行计算,随后使用算盘,继而使用计算器,这些计算工具可以进行加、减、乘、除运算。人们要解决某一问题,只有将问题的求解方法归结为四则运算问题后,才能使用算盘之类的工具进行计算。由此可见,算法和计算工具是相互影响的。因为算法是四则运算,所以计算工具必须具备加、减、乘、除功能。当遇到一个复杂的算法时,如求解一个微分方程,若计算工具仍然只能进行四则运算,则必须把微分方程的解法转化为数值解法。

上面论及的计算是一种手工计算方式,而算盘或计算器是手工计算的一种工具。在这种计算方式中,人们按照预先确定的一种计算方案,先输入原始数据,然后按操作步骤做第一步计算,记下中间结果,再做第二步计算,直到算出最终结果,并把结果记录在纸上。这里,一切都是依靠人的操作,即无论是输入原始数据,执行运算操作,还是中间结果的存储和最终结果的抄录都是依靠人的操作,所以,这一计算过程是手工操作过程。

包括著名数学家冯·诺依曼(Von Neumann)在内的一群科学家总结了手工操作的规律以及前人研究计算机的经验教训后,于20世纪40年代提出了"存储程序式计算机"方案,即冯·诺依曼计算机体系结构,使计算实现了自动化。要使计算机能够自动地计算,必须使机器可以"看到"计算方案即计算机程序,能够"理解"程序语言的含义并顺序执行指定的操作,可以及时取得初始数据和中间数据,能够自动地输出结果。于是,机器必须有一个存储器,用来存储程序和数据;有一个运算器,用以执行指定的操作;有一个控制部件以便实现自动操作;还要有输入/输出(或简称 I/O)设备,以便输入原始数据和输出计算结果。

从 20 世纪 40 年代至今,计算机体系结构不断地发展变化,但冯·诺依曼计算机体系结构定义的一个存储程序式计算机的家族,几乎是当代所有计算机系统的构成基础(除专门设计用于处理特殊任务的计算机外)。存储程序式计算机由中央处理器(CPU))、存储器和输入/输出设备组成。所有的单元都通过总线连接,总线分为地址总线和数据总线,分别连接不同的部件。其结构如图 1.1 所示。

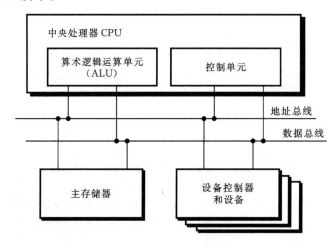

图 1.1　冯·诺依曼计算机体系结构

CPU 是计算机的"大脑",能控制、指挥各个部件的工作。它是一种能够解释指令、执行指令并控制操作顺序的硬设备。CPU 由算术逻辑运算单元(ALU)和控制单元构成。ALU 包含一个能完成算术和逻辑操作的功能单元,以及各种寄存器(如:通用寄存器和用于保存 CPU 状态信息的状态寄存器),在当代的 CPU 中,可有 32～64 个通用寄存器,每个寄存器能够保存一个 32 位(bit)的数值。通用寄存器可以为功能单元提供操作数,并能接收、保存操作的结果。控制单元负责从主存储器提取指令、分析其类型,并产生信号通知计算机其他部分执行指令所指定的操作。控制单元包含一个程序计数器(program counter,PC)和一个指令寄存器(instruction register,IR)。程序计数器指示下一步应该执行的指令,而指令寄存器包含当前指令的拷贝。

存储器是计算机存储程序和数据的部件。如果没有一个使中央处理机能直接读、写信息的存储器,就不存在人们所熟悉的可存储程序的数字计算机了。主存接口由三个寄存器组成:存储地址寄存器(memory address register,MAR)、存储数据寄存器(memory data register,MDR)以及命令寄存器(command register,CR)。主存的单元数目和每个单元的位数,取决于当时的电子制造技术以及硬件设计的考虑。大部分计算机还配有一个与主存相比,其存取速度较慢、价格较便宜、容量大得多的辅助存储器,用于保存大量的数据信息。

I/O 设备则是完成信息传输任务的,可以将数据放置到主存,或将主存中的内容存储到一个永久性的介质中。I/O 设备分为存储设备(如磁盘或磁带)、字符设备(如终端显示器、鼠标)、通信设备(如连接调制解调器的串行端口或网络接口)。每个设备都通过设备控制器与计算机的地址和数据总线相连。控制器提供一组物理部件,可以通过 CPU 指令操纵它们以完成 I/O 操作。

　　冯·诺依曼计算机是人类历史上第一次实现自动计算的计算机,可以真正称得上是一台自动机。该机是人类历史上第一次出现的作为人脑延伸的智能工具,具有逻辑判断能力和自动连续运算能力,它的影响是十分深远的。它的计算模型是顺序过程计算模型,其主要特点是集中顺序过程控制,即控制部件根据程序对整个计算机的活动实行集中过程控制,并根据程序规定的顺序依次执行每一个操作。计算是过程性的,故这种计算机是模拟人们的手工计算的产物。即首先取原始数据,执行一个操作,将中间结果保存起来;再取一个数据,和中间结果一起又执行一个操作,如此计算下去,直到计算完毕。在遇到有多个可能同时执行的分支时,也是先执行完第一个分支,然后再执行第二个分支,直到计算完毕。由于冯·诺依曼型计算机的计算模型是顺序过程计算模型,所以它的特点是集中顺序过程控制。

## 1.1.2　计算机系统结构与操作系统的关系

　　计算机系统的硬件基础是冯·诺依曼计算机,而操作系统是构成计算机系统的另一个重要的系统软件,它负责管理计算机系统的硬件、软件资源并控制整个计算机的工作流程。顺序过程计算模型决定了冯·诺依曼型计算机的根本特点是集中顺序过程控制,而操作系统是运行在冯·诺依曼型计算机上的第一层系统软件,必然受这一特点的制约和影响。最早产生的单用户操作系统正是如此。它只允许一个用户使用计算机,该用户独占计算机系统的各种资源,整个系统为他的程序运行提供服务。在这里,除了 CPU 和外部设备有可能提供并行操作外,其余的都是顺序操作,这种单用户操作系统简单明了,容易实现。但在这样的系统中,昂贵的计算机硬部件并没有得到充分利用,计算机的性能特别是资源利用率大大低于可能达到的程度。

　　为了提高资源利用率,人们付出了极大的努力把单处理机系统改造成逻辑上的多处理机系统,使之能进行并行处理。要让多个用户共用一个计算机系统,必须解决多个用户的算题任务共享计算机系统资源的问题,也需要解决系统如何控制多个算题任务的共同执行的问题。为此,出现了一系列新的软件技术,如多道程序设计技术、分时技术,以及解决资源分配和调度、进程及进程间的交互作用等问题的技术。这些技术已经载入操作系统发展的光荣史册,并被人们誉为 20 世纪 60—70 年代计算机科学的奇迹。在 CPU 和存储器都十分昂贵的情况下,这些技术的应用取得了可观的经济效益。由于计算机系统的计算模型是顺序计算模型,其特点是集中顺序过程控制,而操作系统要支持多用户、多任务的同时执行,这就产生了一对矛盾,即硬件结构的顺序计算模型和操作系统的并行处理(计算)模型的矛盾。这种尖锐的矛盾,使操作系统变得非常复杂、不易理解,成为一个庞然大物,且其效果并不一定很理想。

　　随着计算机技术的迅猛发展和计算机应用的日益广泛,操作系统出现了多种不同的类型,有批量操作系统、分时操作系统、实时操作系统、单用户磁盘操作系统、计算机网络和分布式操作系统等。在微型机上配置的具有图形操作界面的视窗操作系统(Windows)是用得较为广泛的一种。这种操作系统的图形化用户界面,提供各种方便用户使用计算机的手段,人们用起来得心应手,很受欢迎。如果某系统想共享其他系统的硬件或软件资源,也可考虑联网使用,这就是现在发展极快的计算机网络。

另一方面,人们也正在研究与并行计算模型一致的计算机系统结构,使得具有并行处理能力的操作系统具有更强的生命力。在人们研究的多种并行处理结构中,有多指令流单数据流的流水线机,有单指令流多数据流的阵列机,还有多指令流多数据流的多处理机系统、多计算机系统。现在,具有多指令流多数据流结构的多计算机系统(包括紧耦合系统和松耦合的计算机网络)应用十分广泛,具有广阔的应用前景。

目前在市场上销售的计算机,大部分仍然采用冯·诺依曼型计算机的结构,预计将来也仍然是如此。因此,我们必须学好当前计算机系统上配置的操作系统,另外也要关心计算机系统结构发展的新趋势。从计算机体系结构的角度出发去分析操作系统,就比较容易理解操作系统的功能和特点。通过这样的分析,不但可以学到对当前有用的知识,而且可以鉴别哪些是合理的,哪些是将来仍然有用的,哪些是需要改造的。只有深刻地了解过去和现在,才能更好地迎接未来。

# 1.2 操作系统的发展历程

操作系统在现代计算机中起着相当重要的作用。它是由客观的需要而产生,并随着计算机技术的发展和计算机应用的日益广泛而逐渐发展和完善的。它的功能由弱到强,在计算机系统中的地位也不断提高,以至成为系统的核心。研究操作系统的发展历程是用一种历史的观点去分析操作系统,总结操作系统从无到有,直到现代操作系统,经历了几个阶段,每个阶段采用的技术、获得的成就、解决的问题以及进一步发展出现的新问题,都便于从中体会操作系统产生的必然性和促使它发展的根本原因。

从 1950 年至今,操作系统的发展主要经历了如下的几个阶段:

① 手工操作阶段——无操作系统;

② 批处理系统 ——早期批处理、执行系统;

③ 操作系统形成——批处理操作系统、分时操作系统、实时操作系统;

④ 现代操作系统——个人计算机操作系统、网络操作系统、分布式操作系统。

## 1.2.1 手工操作阶段

在电子管时代,构成计算机的主要元件是电子管,其运算速度较慢(只有几千次/秒)。早期计算机由主机(如运控部件、主存)、输入设备(如纸带输入机、卡片阅读机)、输出设备(如打印机)和控制台组成。

人们利用这样的计算机解题只能采用手工操作方式。在手工操作的情况下,用户轮流地使用计算机。每个用户的使用过程大致如下:先把程序纸带(或卡片)装上输入机,然后经手工操作把程序和数据输入计算机,接着通过控制台开关启动程序运行。计算完毕,用户拿走打印结果,并卸下纸带(或卡片)。在这个过程中需要人工装纸带、人工控制程序运行、人工卸纸带,这些都是手工操作,即所谓"人工干预"。这种由一个用户的程序(一道程序)独占机器的情况,在计算机速度较慢的时候是允许的,因为此时计算所需的时间相对而言较长,手工操作时间所占比例还不会很大。

当计算机进入晶体管时代后,计算机的速度、容量、外设的品种和数量等方面和电子管时代相比都有了很大的发展,比如,计算机的速度从每秒几千次、几万次发展到每秒几十万次、上百万次。由于计算机速度有几十倍、上百倍的提高,故使得手工操作的慢速度和计算机运算的高速度之间形成了一对矛盾,即所谓人— 机矛盾。表 1.1 所示为人工操作时间与机器有效运行时间的关系,由此可见人— 机矛盾的严重性。

表 1.1　人工操作时间与机器有效运行时间的关系

| 机 器 速 度 | 作业在机器上<br>计算所需时间 | 人工操作时间 | 操作时间与机器有<br>效运行时间之比 |
|---|---|---|---|
| 1 万次/秒 | 1 小时 | 3 分钟 | 1∶20 |
| 60 万次/秒 | 1 分钟 | 3 分钟 | 3∶1 |

注:通常,把计算机完成用户算题任务所需进行的各项工作称为一道作业。

随着计算机速度的不断提高,人—机矛盾已到了不可容忍的地步。为了解决这一矛盾,只有设法去掉人工干预,实现作业的自动过渡,这样就出现了成批处理。

## 1.2.2　批处理

在计算机发展的早期阶段,系统是供用户独占使用的,即在其使用期间,用户可以建立、运行他的作业,并最后作结尾处理。由于当时软件处于初级阶段,用于管理的软件还没有产生,因此,所有的运行管理和具体操作都由用户自己承担。

引入批量监督程序是为了实现作业建立和作业过渡的自动化。监督程序是一个常驻主存很小的核心代码。每一种语言的翻译程序(汇编语言或某种高级语言的编译程序)或实用程序(如连接程序)都作为监督程序的子例程。

**1. 联机批处理**

监督程序的工作负荷是以作业流形式提供的。每个用户需要计算机解决的计算工作均组织成一个作业。每个作业有一个和正文分开的作业说明书,它提供了用户标识、用户想使用的编译程序以及所需要的系统资源等基本信息。每个作业还包含一个程序和一些原始数据,最后是一个作业的终止信息。终止信息给监督程序一个信号,表示此作业已经结束,应为下一个用户作业做好服务准备。

各用户把作业交给机房,由操作员把一批作业装到输入设备上(如果输入设备是纸带输入机,则该批作业在一盘纸带上;若输入设备是读卡机,则该批作业在一叠卡片上。),然后由监督程序控制送到辅存(早期是磁带)。为了执行一个作业,批处理监督程序将解释这个作业的说明记录。若系统资源能满足其要求,则将该作业调入主存,并从磁带上输入所需要的编译程序。编译程序将用户源程序翻译成目标代码,然后由连接装配程序把编译后的目标代码及其所需的子程序装配成一个可执行的程序,接着启动执行。计算完成后输出该作业的计算结果。一个作业处理完毕后,监督程序又可以自动地调入下一个作业进行处理。重复上述过程,直到该批作业全部处理完毕。

**2. 脱机批处理**

早期的联机批处理系统实现了作业的自动定序、自动过渡,同手工操作相比,计算机的使用效率提高了。但在这种批处理系统中,作业的 I/O 是联机的,也就是说作业从输入机到磁带,由磁带调入主存,以至结果的输出打印都是由中央处理机直接控制的。在这种联机操作方式下,随着处理机速度的不断提高,处理机和 I/O 设备之间的速度差距形成了一对矛盾。因为在进行输入或输出时,CPU 是空闲的,使得高速的 CPU 要等待低速的 I/O 设备的工作,从而不能发挥它应有的效率。为了克服这一缺点,在批处理系统中引入了脱机 I/O 技术而形成了脱机批处理系统。

脱机批处理系统由主机和卫星机组成,如图 1.2 所示。卫星机又称为外围计算机,它不与主机直接连接,只与外部设备打交道。作业通过卫星机输入到磁带上,当主机需要输入作业时,就把输入带同主机连上。主机从输入带上把作业调入主存,并予以执行。作业完成后,主机负责把结果记录到输出带上,再由卫星机负责把输出带上的信息打印输出。这样,主机摆脱了低速的 I/O工作,可以较充分地发挥它的高速计算能力。同时,由于主机和卫星机可以并行操作,因此和早期联机批处理系统相比,脱机批处理系统较大程度地提高了系统的处理能力。

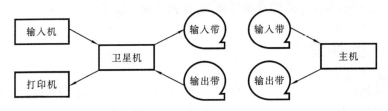

图 1.2  脱机批处理系统

批处理系统是在解决人— 机矛盾、中央处理机高速度和 I/O 设备的低速度这一对矛盾的过程中发展起来的。它的出现改善了 CPU 和外设的使用情况,从而使整个计算机系统的处理能力得以提高。

**3. 执行系统**

批处理监督程序实现了作业的自动定序、自动过渡,但仍存在一些缺点,如磁带需要人工拆卸,操作员需要监督机器的状态。由于系统没有任何保护自己的措施,因此,当目标程序执行一条停机的非法指令时,机器就会错误地停止运行。此时,只有操作员进行干预,即在控制台上按启动按钮后,程序才会重新启动运行。另一种情况是,如果一个程序进入死循环,系统就会踏步不前,只有在操作员提出终止该作业的请求,删除它并重新启动后,系统才能恢复正常运行。更严重的是无法防止用户程序破坏监督程序和系统程序,于是系统的保护问题就提出来了。

20 世纪 60 年代初期,硬件获得了两方面的进展:一是通道的引入;二是中断技术的出现。这两项重大成果导致操作系统进入执行系统阶段。

通道是一种专用处理部件,它能控制一台或多台外设的工作,负责外部设备与主存之间的信息传输。它一旦被启动,就能独立于 CPU 运行,这样就可使 CPU 和通道并行操作,而且

CPU 和各种外部设备也能并行操作。所谓中断是指当主机接到某种信号(如 I/O 设备完成信号)时,马上停止原来的工作,转去处理这一事件,当事件处理完毕,主机又回到原来的工作点继续工作。

　　借助于通道与中断技术,I/O 工作可以在主机控制之下完成。这时,原有的监督程序不仅要负责调度作业自动地运行,而且还要提供 I/O 控制功能(即用户不能直接使用启动外设的指令,其 I/O 请求必须通过系统去执行),它增强了原有的功能。这个优化后的监督程序常驻主存,称为执行系统。

　　执行系统比脱机处理前进了一步,它节省了卫星机,降低了成本,而且同样能支持主机和通道、主机和外设的并行操作。在执行系统中用户程序的 I/O 工作是委托给系统实现的,由系统检查其命令的合法性,这就可以避免由于不合法的 I/O 命令造成对系统的威胁,从而提高了系统的安全性。

　　批处理系统和执行系统的普及,发展了标准文件管理系统和外部设备的自动调节控制功能。这一时期,程序库变得更加复杂和庞大,随机访问设备(如磁盘、磁鼓)已开始代替磁带而作为辅助存储器,高级语言也发展得比较成熟和多样化。许多成功的批处理操作系统在 20 世纪 50 年代末到 20 世纪 60 年代初期出现,其中 IBM7090/7094 计算机配置的 IBM OS 是最有影响的。

## 1.2.3　多道程序设计技术和分时技术

### 1. 多道程序设计技术

　　中断和通道技术出现以后,I/O 设备和中央处理机可以并行操作,初步解决了高速处理机和低速外部设备的矛盾,提高了计算机的工作效率。但不久又发现,这种并行是有限度的,并不能完全消除中央处理机对外部传输的等待。比如,一个作业在运行过程中依此输入 n 批数据,每批输入 1 000 个字符,输入机每输入 1 000 个字符需用 1 000 ms,而处理机处理这些数据则需 300 ms。可见,尽管处理机具有和外部设备并行工作的能力,但是在这种情况下无法让它多做工作,处理机仍有空闲等待现象。图 1.3 所示为单道程序工作示例,在输入操作未结束之前,处理机处于空闲状态,其原因是 I/O 处理与本道程序相关。

图 1.3　单道程序工作示例

　　商业数据处理、文献情报检索等任务涉及的计算量比较少,而 I/O 量比较大,所以需要较多地调用外部设备。当由慢速的机械传动的纸带输入机、键盘或从磁带、磁盘等设备输入数据到存储器时,中央处理机不得不等待。当然,对于不同的设备,CPU 等待时间的长短是不同的。在处理结束后,又有很多时间消耗在处理机等待存储器将结果送到磁带、磁盘或用机械打印机打印的过程中。而对于科学和工程计算任务,主要涉及的是计算量大而使用外部设备较少的作业,因而当 CPU 运行时,外部设备经常处于空闲状态。此外,计算机在处理一些小题目时,存储器空间也未能得到充分利用。以上种种情况说明了单道程序工作时,计算机系统的各部件的效能没有得到充分发挥。那么,为了提高设备的利用率,能否在系统内同时存放几道程序呢? 这就引入了多道程序的概念。

多道程序设计技术是在计算机主存中同时存放几道相互独立的程序,使它们在管理程序控制之下,相互穿插地运行。当某道程序因某种原因不能继续运行下去时(如等待外部设备传输数据),管理程序便将另一道程序投入运行,这样可以使 CPU 及各外部设备尽量处于忙碌状态,从而较大程度地提高了计算机的使用效率。图 1.4 所示为多道程序工作示例。在图 1.4 中,用户程序 A 首先在处理机上运行,当它需要从输入机输入新的数据而转入等待时,系统帮助它启动输入机进行输入工作,并让用户程序 B 开始计算,直到程序 B 需要进行输入或输出处理时,再启动相应的外部设备进行工作。如果此时程序 A 的输入尚未结束,也无其他用户程序需要计算,则处理机就处于空闲状态,直到程序 A 在输入结束后重新执行。若当程序 B 的 I/O 处理结束时,程序 A 仍在执行,则程序 B 继续等待,直到程序 A 计算结束请求输出时,才转入程序 B 的执行。从图中可以看出,在有两道程序执行的情况下,CPU 的效率已大大提高。因此,当有多道程序同时工作时,CPU 将几乎始终处于忙碌状态。

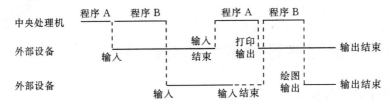

图 1.4　多道程序工作示例

多道程序设计技术使得几道程序能同时在系统内并行工作。但在冯·诺依曼型计算机结构中(在单处理机情况下),CPU 严格地按照指令计数器的内容顺序地执行每一个操作,即一个时刻只能有一个程序在处理机上运行。那么,如何理解多道程序的并行执行呢? 多道程序设计技术可以实现同时被接受进入计算机的若干道程序相互穿插地运行,即当一个正在处理机上运行的程序因为要输入或输出而不能继续运行下去时,就把处理机让给另一道程序。所以,从微观上看,一个时刻只有一个程序在处理机上运行;从宏观上看,几道程序都处于执行状态,有的在处理机上运行,有的在打印结果,有的在输入数据,它们的工作都在向前推进。对于单处理机而言,通常把多道程序在逻辑上的同时执行称为并发执行,它和多道程序同时在多个处理机上执行是有区别的。前者是逻辑上的并行,后者是物理的并行。

综上所述,多道程序运行的特征是:

① 多道——计算机主存中同时存放几道相互独立的程序;

② 宏观上并行——同时进入系统的几道程序都处于运行过程中,即它们先后开始了各自的运行,但都未运行完毕;

③ 微观上串行——从微观上看,主存中的多道程序轮流或分时地占有处理机,交替执行。

**2. 分时技术**

让操作员(用户)通过终端直接操作、控制自己程序的运行,这种操作方式称为联机工作方式。在这种方式下,操作员可以通过终端向计算机发出各种控制命令,使系统按自己的意图控制程序的运行;另一方面,系统在运行过程中输出一些必要的信息(如给出提示符,报告运行情况和操作结果),以便让用户根据此信息决定下一步的工作。这样,用户和计算机可直接采用问答方式来完成他的作业。人们希望能直接控制自己程序的运行,随时了解其运行情况,也就是实现和计算机"会话"。所以,用户十分欢迎这种工作方式。

当计算机技术和软件技术发展到 20 世纪 60 年代中期,由于主机速度不断提高而采用了分时技术,使一台计算机可同时为多个终端用户服务。每个终端用户在自己的终端设备上联机使用计算机,好像自己独占机器一样。

所谓分时技术,是把处理机时间划分成很短的时间片(如几百毫秒)轮流地分配给各个联机作业使用,如果某个作业在分配的时间片用完之前还未完成计算,该作业就暂时中断,等待下一轮继续计算。此时处理机让给另一个作业使用。这样,每个用户的各次要求都能得到快速响应,给每个用户的印象是:独占一台计算机。

在多道程序设计技术和分时技术的支持下,出现了批处理系统和分时系统,在这两类系统中配置的操作系统分别称为批量操作系统和分时操作系统,这两类操作系统的出现标志着操作系统的初步形成。

## 1.2.4 实时处理

早期的计算机基本上只用于科学和工程问题的数值计算。20 世纪 50 年代后期,计算机开始用于生产过程的控制,形成了实时系统。到了 20 世纪 60 年代中期,计算机进入集成电路时代,机器性能得到了极大提高,整个计算机系统的功能大大增强,导致计算机的应用领域越来越宽广。例如,炼钢、化工生产的过程控制,航天和军事防空系统中的实时控制。更为重要的是计算机广泛用于信息管理,如仓库管理、医疗诊断、教学、气象监控、地质勘探直到图书检索、飞机订票、银行储蓄、出版发行管理等。

实时处理是以快速响应为特征的。"实时"二字的含义是指计算机对于外来信息能够在被控对象允许的截止期限(deadline)内作出反应。实时系统的响应时间是根据被控对象的要求决定的,一般要求秒级、毫秒级、微秒级甚至更快的响应时间。

实时系统中配置的操作系统称为实时操作系统。在 20 世纪 60 年代后期,批处理系统、分时系统和实时系统得到广泛的应用,在这一阶段形成操作系统的主要类型有:批量操作系统、分时操作系统和实时操作系统。在这些操作系统中采用的很多技术至今仍在使用。

## 1.2.5 现代操作系统

从 20 世纪 80 年代以来,操作系统得到了进一步的发展。促使其发展的原因有两个:一是微电子技术、计算机技术、计算机体系结构的迅速发展;二是用户的需求不断提高。它们使操作系统沿着个人计算机、视窗操作系统、网络操作系统、分布式操作系统方向发展。

现代操作系统是指当前正广泛使用和流行的操作系统,包括具有图形用户界面、功能强大的个人计算机操作系统;具有吞吐量大、处理能力强的现代批处理操作系统;具有交互能力强、响应快的分时操作系统;具有实时响应、可预测分析能力的实时操作系统;具有网络资源共享、远程通信能力的网络操作系统;具有单一系统映像、分布处理能力的分布式操作系统以及分布实时操作系统等。这些操作系统继承了已有的批处理系统和分时共享系统的多道程序设计技术、分时技术、保护和安全技术。人-机交互技术随着分时共享系统的出现成为一个需要解决的问题,用户希望窗口技术和其他面向可视化的技术能得到更为广泛的应用。

在计算机硬件技术不断地发展、价格不断地下降,网络带宽不断地提升这一趋势的推动下,软件技术也得到迅速的发展,出现了客户-服务器计算模式。这一计算模式的发展促使操作系统从分时共享和多道操作系统设计技术向支持网络化方向发展,需要提供网络通信能力、客户和服务器资源管理的策略、进程通信策略以及存储管理策略等,网络操作系统是从分时共享技术发展到处理局域网的计算环境而形成的。

计算机网络不是一个一体化的系统,还存在一定的局限性。网络操作系统不支持全局的、动态的资源分配;不支持合作计算,所以它不能满足分布式数据处理和许多分布式应用的需要。而分布式操作系统确能解决网络操作系统不能解决的问题。在硬件体系结构上分布式系统是由多个地理位置分布(或分离)的结点,通过通信网络链接的系统;但在分布式操作系统的支持下,它呈现的是具有单一系统映像,能进行透明地资源访问、支持合作计算的一个逻辑整体,能满足各种分布式应用、并行分布式计算的需要。

# 1.3  操作系统的基本概念

## 1.3.1  操作系统的定义及其在计算机系统中的地位

现代计算机系统通常拥有相当数量的硬件和软件资源。

硬件是指组成计算机的任何机械的、磁性的、电子的装置或部件。硬件也称为硬设备,它是由中央处理机(包括指令系统、中断系统)、存储器(包括存储保护、存储管理部件)和外部设备等组成的。它们构成了系统本身和用户作业赖以活动的物质基础和环境。由这些硬部件组成的机器称为裸机。

然而用户最不喜欢裸机这种工作环境,因为裸机上没有任何一种可以方便用户解决问题的手段。用户提出的使用要求是多方面的,在功能上是非常复杂的,若把这一切都直接交给硬件完成,这不仅在硬件功能上做不到,在成本上也不合算,而且对于用户使用机器也将造成极大的障碍。因此,对用户提出的许多功能要求,特别是那些复杂而又灵活的功能要求,可以通过软件方法来实现。对这样一类特定的软件通常称之为计算机系统软件或系统程序。为了方便用户使用计算机,通常为计算机配置各种系统软件去扩充机器的功能。此外,还有大量用于解决用户具体问题的应用程序,如用于计算、管理、控制等方面的程序。

因此,软件是由程序、数据和在软件研制过程中形成的各种文档资料组成的。而程序则是方便用户和充分发挥计算机效能的各种程序的总称。软件可分为以下三种。

(1) 系统软件包括操作系统、编译程序、程序设计语言以及与计算机密切相关的程序。

（2）应用软件包括各种应用程序、软件包（如数理统计软件包、运筹计算软件包等）。

（3）工具软件包括各种诊断程序、检查程序、引导程序。

硬件是计算机系统的物质基础，没有硬件就不能执行指令和实施最原始、最简单的操作，软件也就失去了效用；而若只有硬件，没有配置相应的软件，计算机也不能发挥它的潜在能力，这些硬件资源也就没有活力。因此，硬件和软件是互相依赖、互相促进的。可以这样说：没有软件的裸机是一具僵尸；而没有硬件的软件则是一个幽灵。只有软件和硬件有机地结合在一起的系统，才能称得上是一个计算机系统。

计算机上配置的各种软件，有方便用户描述自己任务而提供的程序设计语言，有对语言进行翻译工作的编译系统，有方便用户解答各类问题的应用程序，有负责维护系统正常工作的查错程序、诊断程序和引导程序，还有一个重要的系统软件——操作系统，是它将系统中的各种软、硬件资源有机地组合成一个整体，使计算机真正体现了系统的完整性和可利用性。操作系统是在所有软件中与硬件相连的第一层软件，它在裸机上运行；同时，它又是系统软件和应用程序运行的基础。整个计算机系统的组成可用图 1.5 来描述。

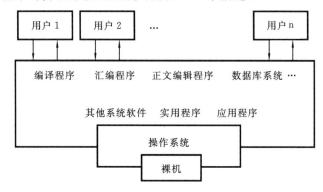

图 1.5　计算机系统的组成

下面进一步讨论什么是操作系统以及它在计算机系统中所处的地位。

从 1946 年第一台计算机问世以来，计算机的性能有了极大的提高，运算速度从早期的每秒几千次，发展到每秒几千万次、亿次直至上 G 次，主存容量从几十 KB 发展到几十 MB、几 GB 以上，外存容量已达几 GB、甚至达 TB 级，配置的终端数可以有几十个、甚至上百个。另外，外部设备的种类也在不断增加，而且性能也有所提高。购置一套计算机系统的硬设备要花一笔可观的投资，而在计算机发展的最初 20 年中，这些设备的价格更是十分昂贵的。还有，系统中配置的各种软件又要花费大量的人力和物力。如何才能充分地利用这些资源、充分发挥整个计算机系统的效率呢？这是计算机发展的初期人们考虑得最多的问题。只要回顾一下操作系统的发展历史就可以看到：一个用户独占机器，系统资源的利用率是极低的，在计算机价格十分昂贵的情况下这是不可取的。因此，人们很自然地想到，应让多个用户同时使用一个计算机系统的资源。

多个用户共用一个计算机系统，这是一个资源共享的问题，而共享必将导致对资源的竞争。资源共享是指多个计算任务对计算机系统资源的共同享用。资源竞争就是多个计算任务对计算机系统资源的争夺。

如某计算机系统配置好后有这样一些部件：一台处理机，两台输入机，一台打印机。假定某时刻该系统有 4 个用户,当这些用户作业同时投入运行时,它们都要用 CPU 进行计算,都要输入数据,都要打印结果,因此,必然会出现竞争局面,即竞争 CPU 时间,竞争主存空间,竞争 I/O 设备,竞争使用公用子程序等。这种局面是为了充分利用系统资源所必然出现的。为了使这些用户作业能正常运行和对资源争而不乱,必须想出一套办法把系统的资源很好地管理起来,并协调各用户作业之间的关系和组织整个工作流程,这一套办法就是由操作系统来实现的。

操作系统要把系统资源很好地管起来以便充分发挥它们的作用,这不仅是经济上的需要,同时也是方便用户的需要。因为,如果这些资源让用户直接使用的话,用户将会束手无策。比如,对某台外设,若让用户直接启动其工作,这个用户必须事先了解这台设备的启动地址,了解它的命令寄存器、数据寄存器的使用方法,以及如何发启动命令、如何进行中断处理,而这些细节以及设备驱动程序和中断处理程序的编制等均是十分麻烦的。又如,若系统不提供文件管理的功能、用户想把程序存放到磁盘上,他就必须事先了解磁盘信息的存放格式,具体考虑应把自己的程序放在磁盘的哪一道,哪一扇区内……诸如此类的问题将使用户望而生畏。特别是在多用户的情况下,让用户直接干预各个设备的工作更是不可能的,这些工作只能由操作系统来做。当配置了操作系统后,用户通过操作系统使用计算机。操作系统是用户和系统的界面,系统内部虽然非常复杂,但这些复杂性是不呈现在用户面前的。计算机通过操作系统的工作可向用户提供一个功能很强的系统;用户可以使用操作系统提供的命令,简单、方便地把自己的意图告诉系统,以完成他所需要完成的工作。正是由于操作系统卓越的工作,才充分地利用了系统的资源,同时使用户能方便地使用计算机。

综上所述,操作系统是一个大型的程序系统,它负责计算机系统软、硬件资源的分配和管理;控制和协调并发活动;提供用户接口,使用户获得良好的工作环境。

操作系统是重要的系统软件,只有配置了操作系统这一系统软件后,才使计算机系统体现出系统的完整性和可利用性。当用户要计算机帮助完成其计算任务时,用户仅编制源程序(用户在源程序中,可以利用操作系统提供的系统调用请求操作系统相应的服务),而其余的大量工作,如作业控制、系统资源的合理分配和利用,各种调度策略的制订、人机联系方式等都是由操作系统实施的。所以,操作系统使整个计算机系统实现了高度自动化、高效率、高利用率、高可靠性。操作系统是整个计算机系统的核心。

## 1.3.2　操作系统的资源管理功能

操作系统的核心任务是系统资源分配、控制和协调并发活动。在现代操作系统中,有众多的活动存在,如多个程序的并发执行。在系统中,将活动执行的基本单元称为进程(将在第 4 章详细讨论)。在进程执行过程中,有许多申请资源、释放资源的活动,这些将与系统资源的分配、调度发生密切的联系。如进程要进入系统执行时,需要存储管理为它分配主存空间;当它需要 CPU 执行权时,需要处理机调度程序为它分配处理机……所以,操作系统的进程管理与资源管理是紧密相连、不可分割的两个部分。

操作系统资源管理的目标是提高系统资源的利用率和方便用户使用。操作系统具有如下资源管理功能。

**1. 处理机分配**

计算机系统中最重要的资源是中央处理机,没有它,任何计算都不可能进行。在处理机管理中,人们最关心的是它的运行时间。如何使用处理机时间,最简单的策略是让单个用户独占机器,直到他完成计算任务。事实上,许多微型机正是采用了这一方式。但是,多数计算为了等待完成 I/O 操作,而使 CPU 时间几乎浪费一半。出于经济上的考虑,一般系统(包括高档微型机)是由多个同时性的用户分用。要满足多个同时性用户的分用,必须采用"微观上串行"的策略,这是一个处理机时间的分配问题。此时,需要解决将 CPU 先分给哪个用户程序,它占用多长时间,下一个又该轮到哪个程序等问题,这涉及调度策略问题。当确定了选择某一进程,准备让它得到 CPU 的使用权时,必须进行处理机的分派,使选中进程能真正得到 CPU 的控制权。所以,处理机分配的功能是:

(1) 提出进程调度策略;

(2) 给出进程调度算法;

(3) 进行处理机的分派。

**2. 存储管理**

计算机系统中另一个重要的资源是主存,对于小型计算机和微型计算机也是如此。主存的存储调度应和处理机调度结合起来,即只有当程序在主存时,它才有可能到处理机上执行,而且仅当它可以到处理机上运行时才把它调入主存,这种调度能实现对主存最有效的使用。

在现代计算机系统中通常采用多道程序设计技术,这一技术要求存储管理具备以下功能。

1) 存储分配和存储无关性

如果有多个用户程序在机器上运行,其程序和数据都需要占用一定的存储空间。这些程序和数据将分别安置在主存的什么位置,各占多大区域,这些是存储分配问题。然而,用户无法预知存储管理部件(模块)把他们的程序分配到主存的什么地方,而且用户也希望摆脱存储地址、存储空间大小等细节问题。为此,存储管理部件应提供地址重定位能力,提供重定位装配程序或地址映像机构等。

2) 存储保护

由于主存中可同时存放几道程序,为了防止某道程序干扰、破坏其他用户程序,存储管理必须保证每个用户程序只能访问它自己的存储空间,而不能存取任何其他范围的信息,也就是要提供存储保护的手段。存储保护必须由硬件提供支持,具体保护办法有基址、界限寄存器法、存储键和锁等。

3) 存储扩充

主存空间是计算机资源中重要的资源之一,尤其是在多道运行环境中,主存资源显得更加紧张。通常使用联机辅助存储器(如磁盘、阵列、光盘塔等),通过虚拟存储机制和软件去扩充主存空间。若系统具备这一功能,称该系统提供了虚拟存储技术。

**3. 设备管理**

设备管理是操作系统中最庞杂、最琐碎的部分,其原因是:

① 这部分工作要涉及很多实际的物理设备,这些设备品种繁多、用法各异;

② 各种外部设备都能和主机并行工作,而且有的设备可被多个程序所共享;

③ 主机和外部设备,以及各类外部设备之间的速度极不匹配,级差很大。

基于这些原因,设备管理主要解决以下问题。

1) 设备无关性

用户向系统申请和使用的设备与实际操作的设备无关,即在用户程序中或在资源申请命令中使用设备的逻辑名,此即为与设备无关性。这一特征不仅为用户使用设备提供了方便,而且也提高了设备的利用率。

2) 设备分配

各个用户程序在其运行的开始、中间或结束三个阶段都可能有输入或输出,因此需要请求使用外部设备。在一般情况下,外部设备的种类与台数是有限的(每一类设备的台数往往少于用户的个数),所以,这些设备如何正确分配是很重要的。设备分配通常采用三种基本技术:独享、共享及虚拟分配技术。

3) 设备的传输控制

实现物理的 I/O 操作,即组织使用设备的有关信息,启动设备、中断处理、结束处理等。设备管理还提供缓冲技术、Spooling 技术以改造设备特性和提高其利用率。

**4. 软件资源管理**

简单地说,软件资源就是各种程序和数据的集合,程序又分为系统程序和用户程序,系统程序包括操作系统的功能模块、系统库和实用程序。为了实现多个用户对系统程序的有效存取,这种程序必须是可重入的,这比创建多个资源副本有着明显的好处。这些系统程序是以文件形式组织、存放、提供给用户使用的。用户程序也是以文件的形式进行管理的。

软件资源管理(也就是文件系统)要解决的问题是,为用户提供一种简便的、统一的存取和管理信息的方法,并要解决信息的共享、数据的存取控制和保密等问题。

综上所述,操作系统的主要功能是管理系统的软、硬件资源。这些资源按其性质来分,可以归纳为四类:处理机、存储器、外部设备和软件资源。这四类资源就构成了系统程序和用户程序赖以活动的物质基础和工作环境。针对这四类资源,操作系统就有相应的资源管理程序:处理机管理、存储管理、设备管理和软件资源管理程序。这些资源管理程序组成了操作系统这一程序系统。分析这些资源管理程序的功能和实现方法就是操作系统的资源管理观点。

## 1.3.3 操作系统的特性

目前广泛使用着的计算机仍然是以顺序计算为基础的存储程序式计算机。为了充分利用计算机系统的资源,一般采用多个同时性用户分用的策略。以顺序计算为基础的计算机系统要完成并行处理的功能,必将导致顺序计算模型与并行计算模型的矛盾,必须解决资源共享和多任务并发执行的问题。以多道程序设计为基础的操作系统具备的主要特征就是并发与共享。另外,由于操作系统要随时处理各种事件,所以它也具备不确定性。

**1. 并发**

并行性,又称为共行性,是指能处理多个同时性活动的能力。

单机操作系统的并行性,又称为并发性。原因是,在单机上可以有多个同时性活动,它们在 CPU 和各种不同的 I/O 设备上可以同时操作;但在 CPU 的执行上只能顺序地执行,这种并行称为逻辑上的并行。这与多处理机系统或多计算机系统不同在于:在后者的环境中多个活动可以真正地、物理地并行,即使在 CPU 上的计算也可以同时执行。

在单机操作系统中,I/O 操作和计算重叠,在主存中同时存放的几道用户程序同时执行,这些都是并发的例子。由并发而产生的一些问题是:如何从一个活动切换到另一个活动;怎样保护一个活动使其免受另外一些活动的影响;以及如何实现相互依赖的活动之间的同步。

**2. 共享**

共享是指多个计算任务对资源的共同享用。并发活动要求共享资源和信息,这样做的理由是:

① 向各个用户分别提供充足的资源是十分浪费的;

② 多个用户共享一个程序的同一副本,而不是分别向每个用户提供一个副本,这样可以避免重复开发,节省人力资源。

与共享有关的问题是资源分配、对数据的同时存取以及保护程序免遭损坏等。

并发和共享是一对孪生兄弟。程序的并发执行,必然要求对资源的共享,而只有提供资源共享的可能才能使程序真正地并发执行。

**3. 不确定性**

操作系统能处理随机发生的多个事件,如用户在终端上按中断按钮,程序运行时发生错误;一个程序正在运行,打印机来了一个中断信号等。这些事件的产生是随机的(即随时都有发生的可能),而且许多事件产生的先后次序又有多种可能,即事件组成的序列数量是巨大的,而操作系统必须能处理任何一种事件序列,以使各个用户的各种计算任务正确地完成。

# 1.3.4　操作系统应解决的基本问题

操作系统具有并发、共享和不确定性的特征。为了解决程序并发执行和资源共享引起的矛盾,操作系统必须解决如下几个问题。

**1. 提出解决资源分配的策略**

要实现对处理机、主存空间、外部设备、软件资源的共享,操作系统必须提出资源分配的策略和方法。虽然,不同的资源具有各自的"个性",在具体实施资源分配时又要考虑各种资源的特性,但从本质上看,它们除有"个性"外,还有"共性"。可以从共性出发,去研究资源的统一概念,研究资源的使用方法和管理策略,而对各具体资源的管理,则可在总的调度原则、管理方法基础上结合具体资源的"个性"实行之。

**2. 协调并发活动的关系**

由于系统中的多个活动共享资源,因而它们之间有一定的相互制约关系。另外,当若干活动为完成一个共同任务而互相协作时,它们也必有一定的逻辑关系。所有活动之间的这些关系必须由系统提供一定的策略和一种机构(通常称为同步机构)来协调,以使各种活动能顺利地进行并得到正确的结果。另外,操作系统还要协调各功能模块的工作,使它们和谐地分工合作,各得其所。总之,为了充分利用资源,必须实行并行操作,但各功能模块并不是各行其是,而是在操作系统的统一指挥下,协调相互间的关系并有效地工作。

**3. 保证数据的一致性**

保证数据资源的一致性,即保证数据信息的完整性,保证数据资源不被轻易地破坏。例如,避免其残缺不全或前后矛盾。为此,要求系统提供保护手段,并且解决好程序并发执行时对公用数据的使用问题。保护数据资源问题涉及多级保护:其一,对系统程序的保护;其二,对同时进入主存的多道程序的保护;其三,对共享数据的保护。

对这三类保护问题可分别采取不同的措施。

(1) 为保护系统程序不受破坏,应建立一个保护环境。采用的办法是对计算机系统设置不同的状态。

(2) 为了防止多道程序之间的相互干扰,系统应提供主存保护功能。

(3) 当并发程序共享某些数据时,必须小心谨慎地处理它们的同步关系,以避免发生与时间有关的错误。

**4. 实现数据的存取控制**

数据的存取控制实际上是一个保护问题。为了确保正确、合理地使用信息,需要解决存取信息时的保护问题。在访问一个信息时,必须由保护部件作保护性检查,未经信息主人授权的任何用户不得存取该信息。例如,任何一个程序都不能在未得到许可的情况下,去访问另外一个用户的内部数据。又如,当一个用户想使用另一个用户被保护的标准程序时,也不应该在没有进行检查控制的情况下去执行这一程序。

每个用户对各种数据的存取都事先规定了一定的权限。所谓权限,就是用户对这个数据能执行什么操作,是只能执行,还是可以阅读(读操作),或是可以修改(写操作)。当一个用户程序去访问某一数据信息时,保护系统要进行检查,看他是否有权按其要进行的操作去使用该数据。

近年来,由于计算机系统广泛用于各种数据处理问题,尤其是计算机网络的出现,使得信息保护成了一个重要的问题。数据存取控制问题急需解决,人们在操作系统中,特别是在数据库管理系统中做了不少工作,采取了各种保护措施,以达到安全使用的目的。

# 1.4　操作系统的基本类型

在操作系统发展过程中,为了满足不同应用的需要而产生了不同类型的操作系统,根据应用环境和对计算任务的处理方式不同,操作系统的类型有以下几种:

(1) 批量操作系统;

(2) 分时操作系统;

(3) 实时操作系统;

(4) 个人计算机操作系统;

(5) 网络操作系统;

(6) 分布式操作系统。

## 1.4.1　批量操作系统

在早期的批处理系统中已采用多道程序设计技术,成为多道批处理系统。在这样的系统中,交到机房的作业由操作员将其由输入机转存到辅存设备(如磁盘)上,形成一个作业队列,等待运行。当需要调入作业时,管理程序中有一个名为作业调度的程序负责对磁盘上的一批作业进行选择,将其中满足资源条件且符合调度原则(比如,按先后顺序进行选择)的几个作业调入主存,让它们交替运行。当某个作业完成计算任务时,输出其结果,并收回该作业占用的全部资源。然后根据主存和其他资源的使用情况,决定调入一个或几个作业。这种处理方式的特点是:在主存中总是同时存有几道程序,系统资源的利用率是比较高的。但在这种脱机处理方式(用户不能与机器直接对话)下,用户使用计算机是十分不方便的。

现代批处理系统仍然采用批量方式输入作业,但提供批处理文件的能力,一个批处理文件可以通过一个交互会话提交给系统。在一般的计算中心都配有批量操作系统。批量操作系统是操作系统的一种类型。该系统把用户提交的作业(相应的程序、数据和处理步骤)成批送入计算机,然后由作业调度程序自动选择作业运行。这样能缩短作业之间的交接时间,减少处理机的空闲等待,从而提高了系统效率。

批量操作系统的主要特征是"批量"。用户要使用计算机时,必须事先准备好自己的作业,然后交给机房,由机房的操作员将一批作业送入系统,计算结果也是成批进行输出。作业的执行采用"多道"形式,在作业执行过程中,用户不能直接进行干预。

批量操作系统的优点是系统的吞吐率高。因为,作业的输入、作业调度等完全由系统控制,并允许几道程序同时投入运行,只要合理搭配作业,比如把计算量大的作业和 I/O 量大的作业合理搭配,就可以充分利用系统的资源。缺点是对用户的响应时间(用户向系统提交作业到获得系统的处理信息这一段时间为响应时间)较长,用户不能及时了解自己程序的运行情况并加以控制。

## 1.4.2 分时操作系统

采用分时技术的系统称为分时系统。在分时系统中,一台计算机和许多终端设备连接,每个用户可以通过终端向系统发出命令,请求完成某项工作,系统则分析从终端设备发来的命令,完成用户提出的要求,之后,用户又根据系统提供的运行结果,向系统提出下一步请求,这样重复上述交互会话过程,直到用户完成预计的全部工作为止。

分时操作系统是操作系统的另一种类型。它一般采用时间片轮转的办法,使一台计算机同时为多个终端用户服务。该系统对每个用户都能保证足够快的响应时间,并提供交互会话功能。分时系统采用给每个用户提供一台"个人计算机"的方法提高了整个系统的效率。分时共享系统重点是要实现公平的处理机共享的策略,让用户感到好像自己在使用一个独立控制的、处理速度"相对慢一些"的计算机一样,即每个终端用户有一个自己的虚拟机。它与批量系统之间的主要差别在于,所有用户界面都是通过像电传打字机或 CRT 联机终端那样的设备产生的。每个用户通过各自的终端使用计算机。

分时系统具有以下几个特点。

(1) 并行性。共享一台计算机的众多联机用户可以在各自的终端上同时处理自己的程序。

(2) 独占性。分时操作系统采用时间片轮转的方法使一台计算机同时为许多终端用户服务,因此,客观效果是这些用户彼此之间都感觉不到别人也在使用这台计算机,好像只有自己独占计算机。一般分时系统在秒级之内响应用户要求,用户就会感到满意,因为这时用户在终端上感觉不到需要等待。

(3)交互性。用户与计算机之间可以进行"会话",用户从终端输入命令,提出计算要求,系统收到命令后分析用户的要求并完成之,然后把运算结果通过屏幕或打印机反馈到用户,用户可以根据运算结果提出下一步要求,这样一问一答,直到全部工作完成。

批量操作系统、分时操作系统的出现标志着操作系统的初步形成。

## 1.4.3    实时操作系统

现在有大量的计算机系统用于实时应用中。实时应用的日的是监视、响应或控制外部环境。这类应用的例子包括完全独立的系统(如军事指挥系统、飞行控制系统、住院病人监护系统);作为某些大型系统的组件的嵌入式系统(如汽车控制系统、手机)。在计算机发展的早期阶段,实时应用已经存在。随着计算机技术和软件技术的发展,实时操作系统也得以发展。

实时操作系统是操作系统的又一种类型。实时操作系统对外部输入的信息,能够在规定的时间内(截止期限 deadline)处理完毕并作出反应。实时操作系统的一个最重要的特征是必须满足控制对象的截止期限的要求,若不能满足这一时间约束,一般认为系统失败。其另一个重要的特征是可预测性分析。操作系统功能应该具有有限的、已知的执行时间。对实时应用进程的 CPU 调度应该是基于时间约束的,以满足截止期限的要求。主存管理,即使有虚拟主存,也不能采用异步的和无法预测的页面或段的换进换出。而文件在磁盘上的物理结构一般应采用连续分配方式,以避免耗时的、不可确定的文件操作,如动态确定磁盘柱面的搜寻操作。

计算机应用到实时控制中,配置实时操作系统,可组成各种各样的实时系统。实时系统按其使用方式分为实时控制和实时信息处理。

**1. 实时控制**

计算机的最早应用之一是进行过程控制和提供环境监督。过程控制系统将从传感器获得的输入数字或模拟信号进行分析处理后,激发一个改变可控过程的控制信号,以达到控制的目的。

如图 1.6 所示的炉温实时控制系统,该系统要实现对某化工生产过程中炉温的实时控制。当反应炉内加入反应料后,炉温必须按一定的速度从 T1 升到 T2,随后进入下一道工序。炉温可以通过管道阀调整蒸汽的流量来调节。计算机定时接收采样装置采集的炉温数据,按调

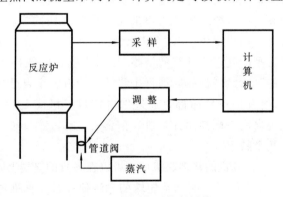

图 1.6    炉温实时控制系统

节方程式进行计算,得到调整管道阀的控制信号并送给调整器。调整器按此参数调整管道阀,控制蒸汽流量,从而实现炉温的实时控制。

**2. 实时信息处理**

计算机还有一类很重要的实时性应用是组成实时数据处理系统。比如自动订购飞机票系统、情报检索系统等。这一类应用大多数用于服务性工作,如预订一张飞机票、查阅一种文献资料。用户可通过终端设备向计算机提出某种要求,而计算机系统处理后通过终端设备反馈给用户。

**3. 实时操作系统的特点**

实时操作系统主要是为联机实时任务服务的,其特点如下。

(1) 系统对外部实时信号必须能及时响应,响应的时间间隔要足以能够控制发出实时信号的那个环境。

(2) 实时系统要求有高可靠性和安全性,系统的效率则放在第二位。

(3) 系统的整体性强。实时系统要求所管理的联机设备和资源,必须按一定的时间关系和逻辑关系协调工作。

(4) 实时操作系统没有分时操作系统那样强的交互会话功能,通常不允许用户通过实时终端设备去编写新的程序或修改已有的程序。实时终端设备通常只是作为执行装置或咨询装置。

实时系统大部分是为特殊的实时任务设计的,这类任务对系统的可靠性和安全性要求很高。所以,系统通常是采用双工方式工作的。

实时操作系统的出现和应用的日益广泛,以及批量操作系统和分时操作系统的不断改进,使操作系统日趋完善。

# 1.4.4　个人计算机操作系统

随着大规模集成电路的发展,使个人计算机的功能越来越强、价格越来越便宜,即价格/性能比迅速下降。随着计算机应用的日益广泛,许多人都能拥有自己的个人计算机,而在大学、政府部门或商业系统可使用功能更强的个人计算机——通常称为工作站。在个人计算机上配置的操作系统称为个人计算机操作系统。

20 世纪 70 年代出现了个人计算机(personal computer,PC)。在开始的十年内,由于 PC 机的 CPU 缺少保护机制,因此,个人计算机操作系统只能是单用户单任务的。随着技术的发展,个人计算机操作系统的设计目标发生了变化,改变追求最大化 CPU 和外设的利用率为追求最大化用户方便性和响应速度。

在个人计算机和工作站领域有两种主流操作系统:一个是微软(Microsoft)公司的磁盘操作系统(MS-DOS)和具有图形用户界面的视窗操作系统(Windows);另一个是 UNIX 系统和 Linux 系统。微软公司用各种类型的 Windows 系统替代了 MS-DOS 操作系统。IBM 公司也将 MS-DOS 升级为多任务系统 OS/2。Apple Macintosh 操作系统也移植到更为高级的硬件系统上,并增加了如虚拟主存管理等多种功能。而 UNIX 系统是一个多用户分时操作系统,自 1969 年问世以来十分流行,它运行在从高档个人计算机到大型机等各种不同处理能力的机器上,提供了良好的工作环境;它具有可移植性、安全性,提供了很好的网络支持功能,大量用于网络服务器。而目前十分受欢迎的、开放源码的操作系统 Linux，则是用于个人计算机的、类似于 UNIX 的操作系统。

## 1.4.5 网络操作系统

伴随着计算机技术的发展，通信技术也在突飞猛进，而二者的结合大大推进了人类社会的进步。计算机通过通信线路互相连接形成计算机网络，它改变着人类的整个社会生活。而在其中起着核心控制作用的是网络操作系统。

**1. 什么是计算机网络**

计算机技术和通信技术的结合使得资源共享和计算能力分散的愿望成为可能。这两种技术的结合已经对计算机的组成方式产生了深远的影响。许多台计算机可以通过通信线路连接起来，计算机之间可以交换信息。在这种新模式中，计算任务是由大量分立而又互相连接的计算机来完成的，某一台计算机上的用户可以使用其他机器上的资源。这就引出了计算机网络的概念。

由一些独立自治的计算机，利用通信线路相互连接形成的一个集合体称为计算机网络。这里要求计算机是独立自治的，即计算机网络中的各个计算机是平等的，任何一台计算机都不能强制性地启动、停止或控制另一台计算机。互连指的是两台计算机，它们之间能彼此交换信息，这种连接不一定必须经过导线，也可以采用激光、微波和地球卫星等技术来实现。

**2. 计算机网络的功能**

计算机网络的主要功能如下。

1）信息传递

实现计算机之间各种信息的传递，包括文字、图形、图像、声音等各种多媒体信息。利用这一功能可以使地理位置分散的生产部门或企事业单位实现集中控制和管理。

2）资源共享

网上的所有资源，包括软件、硬件和数据资源可被网络上任一个合法用户使用，而不必考虑资源与用户的物理位置，使网络中各地区的资源互通有无，从而大大提高了资源的利用率。

3）提高计算机的可靠性和可用性

计算机网络通过供给可替换的资源而达到高度的可靠性。对于分立的计算机而言，如果某台机器由于硬件发生故障而停机时，该机的用户只好自认倒霉，尽管在别处还有空闲的计算机，也毫无办法。而在一个网络中，某台计算机暂时停止工作也不要紧，故障机的任务可由其他计算机代为处理，避免了由于某台计算机故障导致系统瘫痪的现象。正是由于有众多的结点和通信链路，提供了实现可靠性的基础。

4）可以实现分布处理

计算机网络中，每个用户可以根据就近原则，合理地选择网内资源，以便快速地处理问题。对于较大型的综合性问题，通过一定的算法将任务分给不同的计算机，达到均衡使用网络资源，实现分布处理的目的。但这项工作需要用户自己考虑，计算机网络并不能自动地完成这一任务，而是提供了一个基础和环境。

计算机网络使用户突破地理条件的限制，可利用远地计算机系统资源，并借助网络互相交换情报、消息、文件、多媒体信息，从而大大扩展了计算机的应用范围和作用半径。

### 3. 网络操作系统

在计算机网络中,每台主机都有操作系统,它为用户程序运行提供服务。当某一主机联网使用时,该系统就要同网中其他的系统和用户交往,这个操作系统的功能要扩充,以适应网络环境的需要。网络环境下的操作系统既要为本机用户提供简便、有效地使用网络资源的手段,又要为网络用户使用本机资源提供服务。为此,网络操作系统除了具备一般操作系统应具有的功能模块之外(如系统核心、设备管理、存储管理、文件系统等),还要增加一个网络通信模块。该模块由通信接口中断处理程序、通信控制程序以及各级网络协议等软件组成。

网络操作系统提供的功能包括:

①允许用户访问网络主机中的各种资源;

②对用户访问进行控制,仅允许授权用户访问特定的资源;

③对远程资源的利用如同本地资源一样;

④提供全网统一的记账办法;

⑤联机地提供最近的网络说明资料;

⑥提供比单机更可靠的操作,尤其当网络是由相同的主机组成时更是如此。

目前,网络操作系统已比较成熟,它必将随着计算机网络的广泛应用而得到进一步的发展和完善。

# 1.4.6　分布式系统

### 1. 分布式系统概述

一组相互连接并能交换信息的计算机形成了一个网络。这些计算机之间可以相互通信,任何一台计算机上的用户可以调用网络上其他计算机的资源。但是,计算机网络并不是一个一体化的系统,它没有标准的、统一的接口。网上各结点的计算机有各自的系统调用、数据格式等。若一个计算机上的用户希望使用网上另一台计算机的资源,他必须指明是哪个结点上的哪一台计算机,并以那台计算机上的命令、数据格式来请求才能实现共享。另外,为完成一个共同计算任务,分布在不同主机上的各合作进程的同步协作也难以自动实现。因此,计算机网络的功能对用户来讲是不透明的,所以需要解决分布在不同主机上的诸合作进程如何自动实现紧密合作的问题。

大量的实际应用要求一个完整的一体化的系统,而且又具有分布处理能力。如在分布事务处理、分布数据处理、办公自动化系统等实际应用中,用户希望以统一的界面、标准的接口去使用系统的各种资源,去实现所需要的各种操作。这就导致了分布式系统的出现。

分布式系统又称为分布式计算机系统或分布式数据处理系统,简称为分布式系统。分布式系统是由多个相互连接的处理单元组成的计算机系统。这些处理单元能够在整个系统的控制下合作完成一个共同的任务,最少依赖集中的程序、数据或硬件。这些处理单元可以是物理上相邻的、也可以是在物理上分散的。

构成分布式系统的处理单元就是一个个独立的计算机系统,这些计算机都有自己的局部存储器和外部设备。它们既可独立工作(自治性),亦可合作。在这个系统中各机器可以并行操作且有多个控制中心,即具有并行处理和分布控制的功能。分布式系统的主要特征是:逻辑上它是单一系统,为用户提供一个透明的用户接口,使用户感觉不到系统是由多台计算机构成的事实。用户需要存取资源时,只要提出需要那种服务,而不用指明由哪些资源,在哪儿为他服务,用户像使用单机一样地使用分布式系统。这就要求分布式系统具有任务自动划分、任务全局调度、全局资源分配能力。

分布式系统的硬件基础可以是一个计算机网络,也可以是由特殊的互连结构相互连接而成的消息传递型多计算机系统。这一硬件基础必须具备三个特征:其一,有多个处理部件,能进行并行操作;其二,无公共主存;其三,具有消息通信机制。分布式系统是一个物理上的松散耦合系统,同时又是一个逻辑上紧密耦合的系统。

目前,在分布式应用中有许多采用计算机网络作为硬件结构。分布式系统和计算机网络的区别在于前者具有多机合作和坚强性。多机合作是指自动地实施任务分配和协调;而坚强性表现在,当系统中有一个甚至几个计算机或通路发生故障时,其余部分可自动重构成为一个新的系统,该系统可以工作,甚至可以继续完成其失效部分的部分或全部工作,称之为优美降级。当故障排除后,系统自动恢复到重构前的状态。这种优美降级和自动恢复就是系统的坚强性。人们研制分布式系统的根本出发点和目的就是追求多机合作和坚强性。正是由于多机合作,系统才取得短的响应时间,高的吞吐量;正是由于优美降级,才获得了高可用性和高可靠性。

**2. 分布式操作系统**

分布式系统是一个一体化的系统。在整个系统中有一个全局的操作系统称为分布式操作系统,它负责全系统的资源分配和调度、任务划分、信息传输、控制协调等工作,并为用户提供一个统一的界面、标准的接口。用户通过这一界面实现所需的操作和使用系统的资源。至于操作是在哪一台计算机上执行或使用哪个计算机的资源则是系统的事,用户是不用知道的,也就是系统对用户是透明的。

分布式操作系统研究的问题很多,主要包括以下几个方面:

① 分布式操作系统模型与层次结构;
② 分布式资源管理模型、全局资源分配策略和算法;
③ 分布式资源存取控制;
④ 全局处理机分配及处理机负荷平衡;
⑤ 进程通信机制;
⑥ 数据安全问题;
⑦ 分布式活动的一致性问题。

还有分布式命名、系统容错与故障处理等研究课题,在这里不一一列举。较详细的讨论见第 10 章的内容。

分布式操作系统研究的内容非常丰富,有许多是当前研究的热点。许多学者及科学工作者正在进行深入研究,并不断取得研究成果。由于计算机应用的迫切需要,分布式操作系统与分布式系统将日益完善和实用化。

# 1.5  UNIX 操作系统

UNIX 操作系统是一个交互式的多用户分时系统,自问世以来十分流行。它可运行于从高档微机到大型机等各种具有不同处理能力的机器,并且提供良好的工作环境。下面对 UNIX 系统的发展及其特点作一简单的介绍。

## 1.5.1　UNIX 操作系统的发展

UNIX 系统是由美国电报电话公司(AT&T)下属的 Bell 实验室的两名程序员 K. Thompson 和 D. M. Ritchie 于 1969 年至 1970 年研制出来的。研制该系统的最初目的是为了创造一个较好的程序设计的开发环境,这两位程序员在 PDP 7 机器上实现了这一系统。这一系统最初是用汇编语言编写的。它继承了由这两个程序员参与研制的 Multics 系统的许多成功的经验。Multics 系统由于极端复杂未达到原定的目标,但它在设计和实现中提出了许多有价值的思想和技术。例如,分级结构的文件系统、与设备独立的用户接口、功能完善的命令程序设计语言、采用高级语言作为系统研制的工具等。UNIX 系统与 Multics 相比较,具有相对简单的特点。UNIX 系统规模较小,研制周期为 2 个人年,Bell 实验室 UNIX 系统规划部主任就 UNIX 成功这一事实说:"UNIX 的成功并非来自什么崭新的设计概念,而是由于对操作系统所应具备的功能作了一番仔细的斟酌。也就是说,要确定赋予它哪些功能,而且更重要的是,要确定放弃哪些功能。过去的操作系统常常由于庞杂而带来许多问题。有所失才能有所得。UNIX 的成功就在于它作了恰当的选择"。

由于汇编语言编制的程序无法移植,且可读性差,于是,1973 年 K. Thompson 和 D. M. Ritchie 用 C 语言重写 UNIX,这就是运行在 PDP 11 机器上的第五版本 UNIX。C 语言是一种通用的高级程序设计语言,它允许产生机器代码、说明数据类型及定义数据结构,因而适合于许多不同类型的计算机体系结构。这使 UNIX 具备了可移植的条件。

同年,在第四届 ACM 操作系统原理会议上,K. Thompson 和 D. M. Ritchie 发表了题为 "The UNIX Time Sharing System"的论文。UNIX 开始为外界所认识。

随着微处理机的日益普及,其他公司也把 UNIX 移植到新的机器上。由于 UNIX 具有简单清晰的特点,使得许多开发者以各自的方式增加 UNIX 系统的功能,因而导致在基本系统上出现了若干变体。

以下,列出有标志性的成果和时间:

1978 年,UNIX V7 第一个商用版本面市,这是 UNIX 大范围、高速发展的起点;

1981 年,AT&T 公司发布 UNIX system Ⅲ,从此不用版本号,而采用系统号;

1983 年,AT&T 公司发布 UNIX system Ⅴ,功能强大且完善。

当前,全世界所使用的 UNIX 系统大部分属于 system Ⅴ。许多大学、研究机构和公司对 UNIX 系统进行不断地修改和扩充,逐步形成各种不同功能特点的 UNIX 版本。其中,最有代表性的是:

① 加利福尼亚大学伯克利分校开发的 UNIX 系统的变体,它的最新版本是 4.3BSD (Berkeley Software Distribution)。适用于工程设计、科学计算等应用领域;

② 美国 SCO 公司开发的 SCO UNIX,SCO XENIX,大量运行在 Inter 80X86 为基础的微机上。

目前,UNIX 已运行在不同机器上,既包括微机,又包括大型机;运行在具有各种处理能力的机器上。近年来,几乎所有的 16 位机、32 位微型计算机都竞相移植 UNIX。这种情况在操作系统发展的历史上是极为罕见的。

## 1.5.2  UNIX 操作系统的类型及特点

**1. UNIX 系统的类型**

UNIX 系统获得了巨大的成功,这有着内在的原因和客观的因素。一方面,UNIX 问世之前已有许多操作系统研制成功,其中有成功的经验,也有失败的教训,而 UNIX 的设计者正是经过认真考虑,作了恰当的取舍,使 UNIX 站在前人肩头上获得成功;另一方面,由于当时人们需要一个使用方便、能提供良好开发环境、大小适中的系统,UNIX 恰是生逢其时。

UNIX 是多用户交互式分时操作系统。UNIX 系统成功的关键在于自身的性能和特点。下面简单分析 UNIX 的主要特点。

**2. UNIX 系统的特点**

1) 精巧的核心与丰富的实用层

UNIX 系统在结构上分成核心层和实用层。核心层小巧,而实用层丰富。核心层包括进程管理、存储管理、设备管理、文件系统几个部分。该核心层设计得非常精干简洁,其主要算法经过反复推敲,对其中包含的数据结构和程序进行了精心设计。因此,其核心层只需占用很小的存储空间,并能常驻主存,保证了系统较高的工作效率。

实用层是那些能从核心层分离出来的部分,它们以核外程序形式出现并在用户环境下运行。这些核外程序包含丰富的语言处理程序,UNIX 支持十几种常用程序设计语言的编译和解释程序,如 C、FORTRAN 77、PASCAL、APL、SNOBOL、COBOL、BASIC、ALGOL 68 等语言及其编译程序。还包括其他操作系统常见的实用程序,如编辑程序、调试程序、有关系统状态监控和文件管理的实用程序等。UNIX 还有一组强有力的软件工具,用户能比较容易地使用它们来开发新的软件。这些软件工具包括:用于处理正文文件的实用程序 troff,源代码控制程序 SCCS(source code control system),命令语言的词法分析程序和语法分析程序的生成程序 LEX(generator of lexical analyzers)和 YACC(yet another compiler compiler)等。另外,UNIX 的命令解释程序 shell 也属于核外程序。正是这些核外程序给用户提供了相当完备的程序设计环境。

UNIX 的核心层为核外程序提供充分而强有力的支持。核外程序则以内核为基础,最终都使用由核心层提供的低层服务,它们逐渐变成了"UNIX 系统"的一部分。核心层和实用层两者结合起来作为一个整体,向用户提供各种良好的服务。

2) 使用灵活的命令语言 shell

shell 首先是一种命令语言。UNIX 的 200 多条命令对应着 200 个实用程序。shell 也是一种程序设计语言,它具有许多高级语言所拥有的控制流能力。如 if、for 、while、until、case 语句,以及对字符串变量的赋值、替换、传递参数、命令替换等能力。用户可以利用这些功能用 shell 语言写出"shell"程序存入文件。以后用户只要打入相应的文件名就能执行它。这种方法易于系统的扩充。

3）层次式文件系统

UNIX 系统采用树型目录结构来组织各种文件及文件的目录。这样的组织方式有利于辅存空间分配及快速查找文件，也可以为不同用户的文件提供文件共享和存取控制的能力，且保证用户之间安全有效的合作。

4）统一看待文件和设备

UNIX 系统中的文件是无结构的字节序列。在缺省情况下，文件都是顺序存取的，但用户如果需要的话，也可为文件建立自己需要的结构，用户可以通过改变读/写指针对文件进行随机存取。

UNIX 将外部设备与文件一样看待，外部设备如同磁盘上的普通文件一样被访问、共享和保护。用户不必区分文件与设备，也不需要知道设备的物理特性就能访问它。例如，行式打印机对应的文件名是/dev/lp。用户只要用文件的操作（write）就能将它的数据从打印机上输出。在用户面前，文件的概念简单了，使用也方便了。

5）良好的可移植性

UNIX 系统所有的实用程序层和核心层的 90 ％代码是用 C 语言写成的，这使得 UNIX 成为一个可移植的操作系统。操作系统的可移植性带来了应用程序的可移植性，因而用户的应用程序既可用于小型机，又可用于其他的微型机或大型机，从而大大提高了用户的工作效率。

UNIX 系统取得了巨大的成功，但也存在缺点。概括起来，有如下几点。

（1）UNIX 系统版本太多，造成应用程序的可移植性不能完全实现。

UNIX 是用 C 语言写成的，因而容易修改和移植。UNIX 也鼓励用户用 UNIX 的工具开发适合自己需要的环境，这样造成了 UNIX 版本太多而不统一。为了解决这一问题，AT&T 已与四家重要的微机厂家（Intel、Motorola、Zilog 和 National Semiconductor）合作制定了统一的 UNIX system 版本，这就是 UNIX system Ⅴ。

（2）UNIX 系统缺少诸如实时控制、分布式处理、网络处理等能力。

这一缺点也在不断改进中，以 UNIX 为基础的分布式系统和具有实时处理能力的系统已在研制中，这一问题正在逐步解决。

（3）UNIX 系统的核心是无序模块结构。

UNIX 系统核心层有 90 ％是用 C 语言写成的，但其结构不是层次式的，故显得十分复杂，不易修改和扩充。

UNIX 系统的这些缺点相对它的成就而言是次要的，它的成功无人否认。

# 习　题　1

1-1　存储程序式计算机的主要特点是什么？

1-2　批处理系统和分时系统各具有什么特点？为什么分时系统的响应比较快？

1-3　实时系统的特点是什么？实时信息处理系统和分时系统从外表看来很相似，它们有什么本质的区别？

1-4　什么是多道程序设计技术？试述多道程序运行的特征。

1-5　什么是操作系统？从资源管理的角度去分析操作系统，它的主要功能是什么？

1-6    操作系统的主要特性是什么? 为什么会具有这样的特性?

1-7    设一计算机系统有输入机一台、打印机两台,现有 A、B 两道程序同时投入运行,且程序 A 先运行,程序 B 后运行。程序 A 的运行轨迹为:计算 50 ms,打印信息 100 ms,再计算 50 ms,打印信息 100 ms,结束。程序 B 运行的轨迹为:计算 50 ms,输入数据 80 ms,再计算 100 ms,结束。要求:

(1) 用图画出这两道程序并发执行时的工作情况。

(2) 在两道程序运行时,CPU 有无空闲等待? 若有,在哪段时间内等待? 为什么会空闲等待?

(3) 程序 A、B 运行时有无等待现象? 在什么时候会发生等待现象? 为什么会发生?

1-8    UNIX 是什么类型的操作系统?

# 第2章 操作系统的组织结构

## 2.1 操作系统虚拟机

操作系统管理和控制多个用户对计算机系统的软、硬件资源的共享。多用户对系统资源的共享，必然引起资源竞争的问题。操作系统的资源管理程序负责资源的分配与调度，但由于系统资源与资源的请求者相比，总是相对较少，会造成用户作业或进程的等待。而每个用户或应用程序都希望独自使用整个计算机系统，不会考虑并发使用系统的其他进程。虚拟的概念可以实现资源共享，它使一个给定的物理资源具有更强的能力。

另一方面，计算机系统为了帮助用户既快又方便地解决各种问题，它应该能提供一个良好的工作环境，这一环境是由几个部分有机地结合在一起而形成的。首先，为了执行指令和实施最原始、简单的操作，需要硬件支持。硬件层（或称裸机）是由 CPU、存储器和外部设备等组成的。它们构成了操作系统本身和用户进程运行的物质基础和环境。用户提出的要求是多方面的，所需要的功能是非常丰富的。对用户提出的许多功能，特别是那些复杂而又灵活的功能均由软件完成。为了方便用户使用计算机，通常要为计算机配置各种软件去扩充机器的功能，使用户能以透明的方式使用系统的各类资源，能得心应手地解决自己的问题。

配置在裸机上的第一层软件是操作系统。

**1. 什么是操作系统虚拟机**

在裸机上配置了操作系统程序后就构成了操作系统虚拟机。操作系统的核心在裸机上运行，而用户程序则在扩充后的机器上运行。扩充后的虚拟机不仅可以使用原来裸机提供的各种基本硬件指令，而且还可使用操作系统中所增加的许多其他"指令"。这些指令统称为扩充机器的指令系统，又称为操作命令语言。操作系统虚拟机的结构如图 2.1 所示。

操作系统虚拟机提供了协助用户解决问题的装置，其功能是通过它提供的命令来体现的，用户也是通过这一组命令和操作系统虚拟机打交道的。系统所提供的全部操作命令的集合

图 2.1　操作系统虚拟机

称为操作命令语言,它是用户和系统进行通信的手段和界面。这一用户界面分为两个方面:操作命令(又称命令接口)和系统功能调用(又称程序接口)。

1) 操作命令

操作命令按使用方式的不同可分为以下三种。

(1) 键盘命令。分时系统或个人计算机系统中的用户使用键盘命令通过控制台或终端设备向系统提出请求,组织自己程序的运行。

(2) 作业控制语言。批处理系统中的用户使用这种语言编写作业说明书,组织作业的运行或提出对系统资源的申请。

(3) 图形化用户界面。以交互方式提供服务的计算机一般具有图形化用户界面。该界面以菜单驱动、图符驱动等方式为用户提供一个友好的、直观的、图文并茂的视窗操作环境。

2) 系统功能调用

在用户程序中可以直接使用系统功能调用请求操作系统提供的服务。

若把操作系统看做一台为用户定义的虚拟机,那么,操作命令语言就给出了虚拟机所能执行的"指令"集合,也刻画了相应的虚拟机的功能。

**2. 操作系统的虚拟技术**

操作系统在其实现中大量使用虚拟技术,如在 CPU 调度、主存管理、设备管理等方面。在采用多道程序设计技术的系统中,对 CPU 时间都是采用分时共享的方式。如在分时系统中,CPU 时间被分为很小的时间片,每个进程每次只能分到一个时间片,若未完成任务而时间已用完,系统将会将 CPU 的使用权赋给另一个进程。处理机使用权的切换对用户而言是完全透明的,从而给用户造成他在独占 CPU 的错觉。对物理 CPU 的分时共享为进程实现了一个虚拟的 CPU。

现代操作系统实现了虚拟存储技术。提供给用户的是逻辑地址和用户程序的虚存空间(作业地址空间),而程序实际存储在物理主存中,以实际的物理地址进行主存的存取操作。在逻辑与物理之间的映射由操作系统的地址映射机构自动完成。而且,现代操作系统还实现了只需装入用户程序的部分代码和数据,该程序就可以运行。由操作系统和硬件自动完成信息的调动,使用户感觉到他在独占计算机的主存,而且,他的程序的大小是不受限制的。由于操作系统实现了虚拟存储技术,使多用户都具有自己的虚拟存储空间。

在设备管理中提供虚拟设备和虚拟分配技术。例如,一个应用程序将一批数据在打印机上输出,实际上是写到一个虚拟打印机上。由操作系统的假脱机系统负责,在适当的时候,真正在物理打印机上输出。正是由于操作系统提供假脱机技术,多个进程可以并行"打印",每个进程都有自己的虚拟打印机。

图 2.2 所示为虚拟技术的原理。系统硬件包括 CPU、主存和各种外部设备(如打印机)。

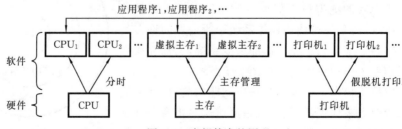

图 2.2　虚拟技术的原理

每台硬部件被操作系统复制成多个虚拟部件,并分配给每一个应用程序。这样,每个应用程序就感觉自己拥有 CPU、主存和外部设备,这就是虚拟技术产生的效果。

# *2.2　操作系统的组织结构

操作系统是大型的系统软件,其设计的目标是可理解、可维护和可扩展。为了达到这一目标,在设计操作系统时必须按照一般原则对这一软件系统进行统一的组织。操作系统的组织结构包括如下三个方面:① 结构,它描述组成系统的不同功能如何分组和交互;② 接口,它与系统内部结构密切相关,由操作系统提供给用户、用户程序或上层软件使用;③ 运行时的组织结构,它定义了执行过程中存在的实体类型及调用方式。

## 2.2.1　结构化组织

操作系统是一个大型的程序系统,或者说是软件模块的集合。每个模块包含数据、完成一定功能的程序以及该模块对外提供的接口。由于模块间的通信只能通过输出接口进行,因此模块间通信的形式和风格与接口的复杂性相关。任何软件设计者的任务都是需要考虑如何使用模块来实现功能;如何定义接口实现模块间交互,以使它们能满足正确性和可维护性的要求,同时还有性能上的需求。

在操作系统设计中,可以采用如下四种方法:① 一体化;② 模块化;③ 可扩展内核;④ 层次化。图 2.3 给出了这四种组织结构的示意图。一个操作系统在具体实现上不会完全采用某一种方式,但主体上会采用上述四种方式中的一种。

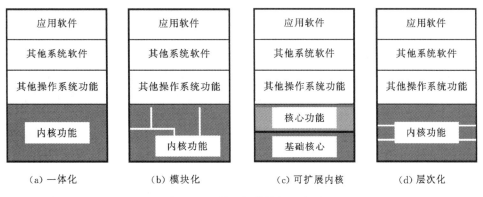

图 2.3　四种组织结构的示意图

### 1. 一体化结构

在一体化结构中,所有的操作系统功能模块和数据结构放在一个逻辑模块中,操作系统软件的任何模块间没有显式的接口。该组织结构是操作系统问世以来,许多操作系统采用的结构。因为在实现之前,这种操作系统的设计只需少量的分析,一旦很好地实现,该操作系统将非常有效。但这种结构的缺点是难以理解、难以维护,验证其正确性也是十分困难的。

操作系统的功能划分是依据数据结构的。操作系统的数据结构包括资源的各种队列、进程控制块、设备控制块、文件目录表、文件控制块、信号灯等,这些数据结构用来记录和跟踪系统的状态。操作系统必须保护核心数据结构的完整性,才能保证使用正确的状态信息来实现它的算法。在数据结构的基础上划分程序是十分困难的,因为这些程序在功能实现时,所用的数据结构往往是交叉的。虽然可以找到一种使各部分通信量最小的划分,但这种划分可能是难以接受的,因为它将使操作系统的效率过低。所以,在操作系统设计中,常采用一体化组织来实现。AT&T system V 和 BSD UNIX 内核都是采用一体化组织结构的最具代表性的例子。

### 2. 模块化结构

采用模块化结构的系统,其功能是通过逻辑独立的模块来划分的,相关模块间具有良好定义的接口。模块需要封装,数据抽象允许模块隐藏数据结构的实现细节,这样便可以不改变接口,而只修改模块的实现。

采用模块化结构来实现操作系统的好处是系统能作为抽象数据类型或对象方法来实现,缺点是存在潜在的性能退化。目前,还没有主要的商业化操作系统是纯粹采用模块化结构的。一个采用模块化方法研究操作系统的例子是面向对象的 Choices 操作系统。Choices 是一个实验性质的操作系统,它采用面向对象语言设计和建立的。Choices 论证了面向对象技术是如何用于操作系统的设计和实现中,其目标是通过快速原型方法进行各种实验。

### 3. 可扩展内核结构

可扩展内核结构通过使用一个公共的基本功能集合(称为基础核心),以实现特定操作系统(如实时、分时)的模块化组织结构。这种方法为特定操作系统定义了两类模块:策略独立模块和特定策略模块。

在现代操作系统设计中,常采用机制与策略分离的方法,对实现操作系统的灵活性具有十分重要的意义。机制是实现某一功能的方法和设施,它决定了如何做的问题;而策略则是实现该功能的内涵,定义了做什么的问题。如定时器是一个对 CPU 进行保护的机制,它是一个装置和设施,但对定时器设置多长时间是策略问题。

策略独立模块用来实现微内核(或称为可扩展内核)。这一层的模块功能(又称基础组件)与机制和硬件相关,基础组件是支持上层特定策略模块的共性部分。特定策略模块包含能够满足某种需要的操作系统的模块集合,它依靠策略独立模块的支持以反映特定操作系统的需求。

这种体系结构支持操作系统中两个新方向:一是微内核操作系统;二是在单一硬件平台上建立具有不同策略的操作系统。

20 世纪 80 年代中期,卡内基-梅隆大学开发了一个采用微内核结构的 Mach 操作系统。该系统的微内核提供基础的、独立于策略的功能,其他非内核功能从内核移走,作为用户进程而不是作为内核进程来运行的。在上层的策略实现中,是基于微内核的功能,并由专门的服务器进行扩充来实现的。微内核一般包括最小的进程管理、主存管理以及通信功能,提供客户程序和运行在用户空间的各种服务器之间进行通信的能力。通信以消息传递形式提供。例如,若客户程序请求访问一个文件,那么它必须与文件服务器进行交互。客户程序和服务器之间的交互是通过微内核的消息交换来实现通信的。

许多现代操作系统使用了微内核结构。Tru64 UNIX 向用户提供了 UNIX 接口,它利用 Mach 内核实现了一个 UNIX 服务器。实时操作系统 QNX 也是基于微内核设计的。QNX 微内核处理低层网络通信和硬件中断,提供消息传递和进程调度的服务支持。QNX 所有的其他服务是以标准进程(以用户模式运行在内核之外)提供的。

采用微内核结构构造操作系统有许多优点。

(1) 提高了安全性和可靠性。由于绝大多数服务是作为用户进程而不是作为内核进程来运行的,因此微内核提供了更好的安全性和可靠性。

(2) 便于操作系统扩充。要扩充操作系统功能,只需将新服务增加到用户空间中,而不需要修改内核。

(3) 便于操作系统移植。当要将操作系统从一种硬件平台移植到另一种硬件平台时,因为微内核本身很小,所做的修改也会很小。

(4) 便于形成不同策略特征的操作系统。在同一微内核基础上,可以实现不同特征策略的扩展的虚拟机接口,每一种特征策略的扩展的虚拟机接口与微内核功能加起来就形成了一个完整的操作系统。

### 4. 层次结构

采用层次结构构造操作系统是将操作系统的各种功能模块分成不同的层次,然后以一定原则形成一个整体。整个操作系统在结构上类似于一个洋葱头,它由若干层组成,每一层都提供一组功能,这些功能只依赖于该层以内的各层。洋葱头的中心是机器硬件提供的各种功能,其他各个层次可以看成是一系列连续的虚拟机,而洋葱头作为整体实现了用户要求的虚拟机。

操作系统的这种层次结构如图 2.4 所示。图中,同基本机器硬件紧挨着的是系统核,它是洋葱头的最里一层。系统核具有初级中断处理、外部设备驱动、在进程之间切换处理机以及实施进程控制和通信的功能,其目的是提供一种进程可以存在和活动的环境。系统核以外各层依次是存储管理层、I/O 处理层、文件存取层、调度(作业调度)和资源分配层。它们具有各种资源管理功能并为用户提供各种服务。

分层的组织结构在一些操作系统中只是作为一种指导性原则,因为如何划分操作系统的功能以及如何确定各层的内容和调用顺序都是十分困难的。

分层操作系统的经典案例是 Dijkstra 的 THE 系统,该系统的设计目标是实现一个可证明正确性的操作系统。分层方法提供了一个隔离操作系统各层功能的模型。

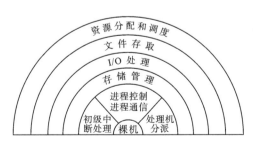

图 2.4　操作系统层次结构

| 第 5 层 | 用户程序 |
| --- | --- |
| 第 4 层 | 输入/输出管理 |
| 第 3 层 | 操作员控制台 |
| 第 2 层 | 存储管理 |
| 第 1 层 | CPU 调度和信号量 |
| 第 0 层 | 硬件 |

图 2.5　THE 系统的分层体系结构

THE 系统的分层体系结构如图 2.5 所示。第一层实现了进程调度以及进程间的同步机制,这使得存储管理在实现中可以使用进程,但它不允许调度程序在做出决策时使用存储管理的信息。THE 系统是一个重要的操作系统,因为人们通过它探索了怎样构造一个能证明其正确性的操作系统的方法。对现代操作系统而言,分层结构的限制过于严格,几乎没有一种操作系统是采用这种方法来构造的。然而,在设计操作系统时,分层的思想方法是值得借鉴和参考的。

## 2.2.2　操作系统的接口

操作系统在计算机系统中所处的位置是硬件层(裸机)和其他所有软件之间,是所有软件中与硬件相连的第一层软件,它在裸机上运行,又是系统软件和应用程序运行的基础。它与硬件、应用程序和用户都有接口。

具有一体化结构的操作系统提供的接口如图 2.6 所示,从该结构中可以看出操作系统提供的多种接口。

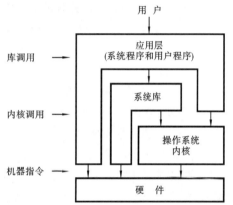

图 2.6　具有一体化结构的操作系统提供的接口

操作系统的最低层与硬件接口,它包含 CPU 提供的机器指令。操作系统的程序代码被编译成机器指令并运行在裸机上。操作系统要为用户程序提供接口,用户以受控方式请求操作系统提供的服务;另外操作系统必须响应系统运行时的并发事件,这需要两种硬件机制提供的支持。这两种硬件机制是:① 处理机的不同状态;② 中断和陷入(分别在本书 2.3 节和 2.4 节中讨论)。

操作系统提供程序接口(或称编程接口)给用户程序和系统库使用。用户程序需要请求操作系统服务时,可以直接使用操作系统提供的程序接口,也可以通过系统库中的函数调用,间接得到操作系统提供的服务。

用户还可以通过操作接口控制和处理程序的运行,这一操作接口有键盘命令和图形用户界面两种形式。

## 2.2.3　运行时的组织结构

操作系统是大型的程序系统,它是一个程序的集合,或称为例程的集合。操作系统又是一个服务系统,它根据用户的请求而提供服务。那么,在系统运行过程中,操作系统的这些例程是如何被调用并提供服务的呢?

在系统运行过程中调用一个给定的操作系统的内部例程有两种方式,图 2.7 说明了这两种调用方式。这两种调用方式说明了系统运行时的组织结构。

图 2.7(a)所示为将操作系统服务作为子例程来提供,即采用系统功能调用方式。操作系统的服务例程以内核功能调用或库函数方式实现,库函数方式实际上是隐式的内核功能调用,因为是将内核功能调用通过包装为库函数的形式提供用户使用的。应用程序需要操作系统某项服务功能时,只需调用对应的内核功能调用或库函数即可。采用这种方式调用操作系统的服务功能时,操作系统被调用的服务例程作为用户进程的子例程(必须通过特殊的方式进入,这将在第 3 章进一步讨论)。而由硬件中断引发的服务由操作系统的中断处理程序来处理。

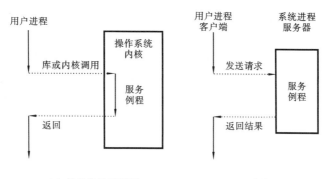

（a）服务作为子例程　　　　　（b）服务作为进程

图 2.7　操作系统运行时组织结构

图 2.7(b)所示为将操作系统服务作为系统服务进程来提供,服务请求和服务响应是通过消息传递方式来实现的,称之为客户-服务器方式。操作系统对外提供服务的功能处理为单独自治的系统进程,称为服务员进程(或称服务器)。应用程序活动时称为应用进程,它需要操作系统某一服务时,向相应的服务器发请求服务的消息。服务器接收服务请求后,为这一服务请求执行相关例程,然后也以消息形式将结果返回给调用者。提供服务的进程一般称为服务器(sever),调用进程称为客户端(client)。

以客户-服务器方式实现系统服务有以下优点。

(1) 适用于分布式系统。分布式系统由地理位置分布的许多结点组成,具有功能分布的特点。众多的用户进程可以通过客户-服务器模式向相应的服务器提出申请,一个给定的服务器可以由不同的客户进行调用。

(2) 这种组织结构便于实现多种不同的服务类型,通过 Internet 提供的各类服务就是很好的例子。

(3) 具有较好的容错性。与基于函数调用的组织形式相比,客户-服务器方式具有更高的容错能力。当一个服务进程崩溃时,操作系统其他的服务可以继续工作。而在服务作为子例程方式中,若出现崩溃将影响整个操作系统。

(4) 客户-服务器组织方式严格进行了功能特性的分离,与相互调用的大型同类函数集合体相比较,使系统易于理解和维护。

客户-服务器组织结构存在的缺点是:操作系统必须维持许多持久型的服务进程,这些进程要监听和响应各种不同的请求。

# 2.3　处理机的状态

## 2.3.1　处理机状态及分类

操作系统是计算机系统中最重要的系统软件,为了能正确地进行管理和控制,其本身是不能被破坏的。为此,系统应能建立一个保护环境,采用的办法是区分处理机的工作状态。因为,在系统中有两类程序在运行,一类是管理程序(如处理机调度程序、主存分配程序、I/O管理程序等);另一类是用户程序。这两类程序是不同的,前者是管理和控制者,它负责管理和分配系统资源,为用户提供服务。而用户程序运行时,所需资源必须向操作系统提出请求,自己不能随意取用系统资源,如直接启动外部设备进行工作,更不能改变机器状态等。这两类不同程序执行时应有不同的权限,为此根据对资源和机器指令的使用权限,将处理执行时的工作状态区分为不同的状态(或称为模式)。所谓处理机的态,就是处理机当前处于何种状态,正在执行哪类程序。为了保护操作系统,至少需要区分两种状态:管态和用户态。

管态(supervisor mode):又称为系统态,是操作系统的管理程序执行时机器所处的状态。在此状态下允许中央处理机使用全部系统资源和全部指令,其中包括一组特权指令(例如,涉及外部设备的输入/输出指令、改变机器状态或修改存储保护的某些指令),允许访问整个存储区。

用户态(user mode):又称为目态,是用户程序执行时机器所处的状态。在此状态下禁止使用特权指令,不能直接取用系统资源与改变机器状态,并且只允许用户程序访问自己的存储区域。

有的系统将管理程序执行时的机器状态进一步分为核态和管态,这时,管态的权限有所变化,管态只允许使用一些在用户态下所不能使用的资源,但不能使用修改机器的状态指令。而核态(kernel mode)就具有上述管态所具有的所有权限。无核态的系统,管态执行核态的全部功能。管态比核态权限要低,用户态的权限更低。

为了区分处理机的工作状态,需要硬件的支持。在计算机状态寄存器中需设置一个系统状态位(或称模式位)。若有了系统状态位,就可以区分当前正在执行的是系统程序还是用户程序。若用户程序执行时,超出了它的权限,如要访问操作系统核心数据或企图执行一个特权指令,都将从用户态转为管态,由操作系统得到CPU控制权,处理这一非法操作。这样可以有效地保护操作系统不受破坏。

当用户程序执行时,若需要请求操作系统服务,则要通过一种受控方式进入操作系统,将用户态转为核态,由操作系统得到控制权,在核态下执行其相应的服务例程,服务完毕后,返回到用户态,让用户继续执行。

## 2.3.2　特权指令

在核态下,操作系统可以使用所有指令,包括一组特权指令。这些特权指令涉及如下几个方面:

① 改变机器状态的指令;

② 修改特殊寄存器的指令;

③ 涉及外部设备的输入/输出指令。

在下列情况下,由用户态自动转向管态。

① 用户进程访问操作系统,要求操作系统的某种服务,这种访问称为系统功能调用;

② 在用户程序执行时,发生一次中断;

③ 在一个用户进程中产生一个错误状态,这种状态被处理为内部中断;

④ 在用户态下企图执行一条特权指令,作为一种特殊类型的错误,并按情况③处理。

从管态返回用户态是用一条指令实现的,这条指令本身也是特权指令。

# 2.4　中　断　机　制

## 2.4.1　中断概念

计算机系统中存在着同时进行的各种活动,如有为实现各种系统功能的系统进程和为完成各种算题任务的用户进程。为完成各自的任务,它们需要获得中央处理机的控制权。它们会在CPU 上轮流地运行。于是,系统必须提供能使这些任务在 CPU 上快速转接的能力,并且还应具备自动地处理计算机系统中发生的各种事故的能力。另外,还需解决外设和中央处理机之间的通信问题。总之,为了实现并发活动,为了实现计算机系统的自动化工作,系统必须具备处理中断的能力。例如,当外部设备传输操作完毕时,可以发信号通知主机,使主机暂停对现行工作的处理,而立即转去处理这个信号所指示的工作。又如当电源故障、地址错等事故发生时,中断机构可以引出处理该事故的程序来处理。另外,当操作员请求主机完成某项工作时,也可通过发中断信号的办法通知主机,使它依照信号及相应参数的要求完成这一工作等。

所谓中断是指某个事件(例如电源掉电、定点加法溢出或 I/O 传输结束等)发生时,系统中止现行程序的运行、引出处理该事件程序进行处理,处理完毕后返回断点,继续执行。中断概念如图 2.8 所示。

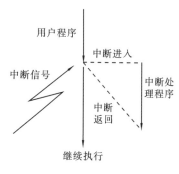

图 2.8　中断概念

## 2.4.2　中断类型

引起中断的事件有多种,不同机器的中断源也不尽相同。一般,中断可以按中断功能、中断方式、中断来源三种方式进行分类。

**1. 按中断功能分类**

按中断功能不同可以分为下列五类。

1) 输入/输出(I/O)中断

它是当外部设备或通道操作正常结束或发生某种错误时所发生的中断。例如,I/O 传输出错、I/O 传输结束等。

2) 外中断

对某台中央处理机而言,它的外部非通道式装置所引起的中断称为外部中断。例如,时钟中断、操作员控制台中断、多机系统中 CPU 到 CPU 的通信中断等。

3）机器故障中断

当机器发生故障时所产生的中断称为机器故障中断。例如，电源故障、通道与主存交换信息时主存出错、从主存取指令错、取数据错、长线传输时的奇偶校验错等。

4）程序性中断

在现行程序执行过程中，发现了程序性质的错误或出现了某些程序的特定状态而产生的中断称为程序性中断。这种程序性错误有定点溢出、十进制溢出、十进制数错、地址错、用户态下用核态指令、越界、非法操作等。程序的特定状态包括逐条指令跟踪、指令地址符合跟踪、转态跟踪、监视等。

5）访管中断

对操作系统提出某种需求（如请求 I/O 传输、建立进程等）时所发出的中断称为访管中断。

**2. 按中断方式分类**

在以上这些中断类型中，有些中断类型是随机发生的，并不是正在执行的程序所希望发生的事；而有些中断类型是正在执行的程序所希望发生的事。从这一角度来区分中断，可以分为强迫性中断和自愿中断两类。

1）强迫性中断

这类中断事件不是正在运行的程序所期待的，而是由某种事故或外部请求信号所引起的。

2）自愿中断

自愿中断是运行程序所期待的事件，这种事件是由于运行程序请求操作系统服务而引起的。

按功能所分的五大类中断中，I/O、外中断、机器故障中断、程序性中断属于强迫性中断类型；访管中断属于自愿中断类型。

**3. 按中断来源分类**

再分析按功能所分的五大类中断类型，其中 I/O 中断和外中断与发生在 CPU 以外的某种事件有关，而机器故障中断、程序性中断和访管中断是由 CPU 内部出现的一些事件引起的。比如说，在程序运行时发生了非法指令、地址越界或电源故障等事件，程序再运行下去已没有意义。这时，CPU 也产生一个中断迫使当前程序中止执行，转去处理这一事件。这类事件往往与运行程序本身有关。所以，中断类型还可以根据发生中断的来源不同分类，按这种方式分类可以分为中断与俘获两类。有的书中称为外中断与内中断。

1）中断

由处理机外部事件引起的中断称为外中断，又称为中断。包括 I/O 中断、外中断。

2）俘获

由处理机内部事件引起的中断称为俘获。包括访管中断、程序性中断、机器故障中断。

UNIX 系统开始阶段是运行在 PDP 11 系列机上，分析较多的是 V7 版本。PDP 11 系列机以及其他一些小型机和微型机系统将 I/O 中断、外中断称为中断，而将其他几种中断统称为俘获。在同时发生中断和俘获请求时，俘获总是优先得到响应和处理的，所以它也称为高优先级中断。

中断和俘获除了来源和响应的先后次序不同以外，一般机器处理中断和俘获所使用的机制和方式基本上是相同的。UNIX 系统中的中断和俘获及处理机制在小型机和微型机中具有代表性，因此，下面将以此为例作简单说明。图 2.9 所示为 PDP 11 的中断与俘获的分类。

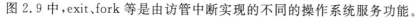

图 2.9 中,exit、fork 等是由访管中断实现的不同的操作系统服务功能。

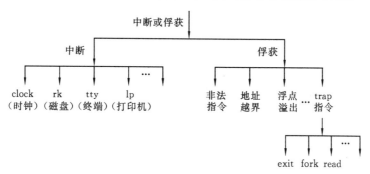

图 2.9 PDP 11 的中断和俘获的分类

## 2.4.3 中断进入

发现中断源而产生中断过程的设备称为中断装置,又称为中断系统。中断系统的职能是实现中断的进入,也就是实现中断响应的过程。

**1. 保护现场和恢复现场**

所谓现场是指在中断的那一时刻能确保程序继续运行的有关信息。由于中断的出现是随机的,因而可以在计算机运行的任何时刻产生。但是,由于中断扫描机构是在中央处理机每执行完一条指令后,在固定的节拍内去检查中断触发器状态的,因此,中断一个程序的执行只能发生在某条指令周期的末尾。所以,中断装置要保存的应该是确保后继指令能正确执行的那些现场状态信息。现场信息主要包括:后继指令所在主存的单元号、程序运行所处的状态(是用户态还是管态)、指令执行情况以及程序执行的中间结果等。对多数机器而言,这些信息通常存放在指令计数器、通用寄存器(或累加器和某些机器的变址寄存器)以及一些特殊寄存器中。当中断发生时,必须立即把现场信息保存在主存中(不同程序的现场一般应保存到不同区域中)。这一工作被称为保护现场。因此,保护现场应该是中断进管后的第一件工作。此工作应由硬件和软件共同完成,但二者各承担多少任务,则因具体机器而异。

为了确保被中断的程序从恢复点继续运行,必须在该程序重新运行之前,把保留的该程序现场信息从主存中送至相应的指令计数器、通用寄存器或一些特殊的寄存器中。完成这些工作称为恢复现场。一般系统是在处理完中断之后,准备返回到被中断的那个程序之前完成这一工作的。

**2. 程序状态字**

任何程序运行时都有反映其运行状态的一组信息。有的机器将这一组信息集中在一起称为程序状态字,存放这些信息的寄存器称为程序状态字寄存器。但是,并不是所有机器都这样做,如有的机器是采用分散存放的方法。

程序状态字是反映程序执行时机器所处的现行状态的代码。它的主要内容包括:

① 程序现在应该执行哪条指令;

② 当前指令执行情况;

③ 处理机处于何种工作状态;

④ 程序在执行时应该屏蔽哪些中断;

⑤ 寻址方法、编址、保护键；

⑥ 响应中断的内容。

上述信息的内容显然是在执行每条指令时都要用到或可能用到的,这些信息基本上反映了程序运行过程中指令一级的瞬间状态。这些信息存放在什么地方,不同机器可以采用不同方法处置。如 IBM 370 机把这些信息集中存放在一个机器字(双字)中,称为程序状态字。而 PDP 11 系列机把程序状态信息存放在两个寄存器中,一个是指令计数器(PC),一个是处理器状态寄存器(PS)。其处理器状态字的格式如图 2.10 所示。

| 当前方式 | 原先方式 | | 优先级 | T | N | Z | V | C |
|---|---|---|---|---|---|---|---|---|
| 15   14 | 13   12 | 11        8 | 7    5 | 4 | 3 | 2 | 1 | 0 |

图 2.10    PDP 11 系列机处理器状态字的格式

其中,C 为进位位,V 为溢出位,Z 为零位,N 为负位,T 为自陷位。方式为系统状态,00 表示核态,11 表示用户态。优先级是指处理器的当前优先级。CPU 可在八个优先级(0～7)的任何一级上操作。但是,为使中断有效,CPU 操作的优先级必须低于外部设备请求的优先级。

**3. 中断响应**

中断响应是当中央处理机发现已有中断请求时,中止现行程序执行,并自动引出中断处理程序的过程。当发生中断事件时,中断系统只要将程序状态字寄存器的内容存放到主存约定单元保存(在小型机和微型机中一般存放到堆栈中),以备需要返回被中断程序时,再用它们来设置指令计数器和处理器状态寄存器。与此同时,将处理中断程序的指令执行地址和处理器状态送入相应的寄存器中,于是引出了处理中断的程序。

中断响应的实质是交换指令执行地址和处理器状态,以达到如下目的:

① 保留程序断点及有关信息;

② 自动转入相应的中断处理程序执行。

中断响应所需的硬件支持包括:指令计数器、处理器状态寄存器、中断向量表和系统堆栈。

虽然中断和俘获的中断来源不同,但中断响应(中断进入)的过程基本上是相同的。下面以自陷指令 trap 为例说明自陷过程。

trap 指令的俘获地址是 034、036 号单元,分别存放着自陷处理程序的入口地址和自陷处理时的处理机状态字。另外,PDP 11 系统还提供处理器堆栈和两个专用寄存器:现行程序计数器(PC),它总是指向当前运行的程序下一条应执行的指令地址;还有一个处理机状态字寄存器 (PS),它的内容是当前正在运行程序的处理机状态字。当发生自陷中断时,现行程序计数器(PC)和处理机状态字(PS)中的内容自动压入处理器堆栈,同时新的 PC 和 PS 的中断向量也装入各自的寄存器中。这时,PC 中包含的是 trap 处理程序的入口地址,它控制程序转向相应的处理。当 trap 程序执行完毕,该程序的最后一条指令是 rtt (从自陷返回),它控制恢复调用程序的环境。

归纳起来,tarp 指令执行时有以下四个动作。

↓(SP) ←PS

↓(SP) ←PC

PC← (34)

PS← (36)

其中:34 号单元存放自陷处理程序的入口地址;

36 号单元存放自陷处理时的处理机状态字。

自陷处理的过程如图 2.11 所示。

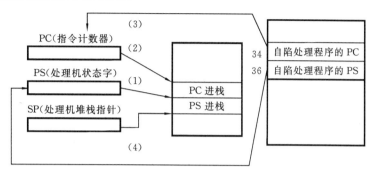

图 2.11　自陷处理的过程

整个中断处理的功能是由硬件和软件配合完成的。硬件负责中断进入过程,即发现和响应中断请求,把中断的原因和断点记下来供软件处理时查用,同时负责引出中断处理程序。而中断分析、中断处理、恢复被中断程序的现场等工作则由软件的中断处理程序来完成。

## 2.4.4　向量中断

当中断发生时,由中断源引导处理机进入中断服务程序的中断过程称为向量中断。这一中断过程是自动处理的。为了提高中断的处理速度,在向量中断中,对于每一个中断类型都设置一个中断向量。中断向量就是存储该类型中断的中断服务例行程序的入口地址和处理器状态字的存储单元。系统中所有中断类型的中断向量放在一起,形成中断向量表。在中断向量表中,存放每一个中断向量的地址称为中断向量地址。在向量中断中,由于每一个中断都有自己的中断向量,所以当发生某一中断事件时,可直接进入处理该事件的中断处理程序。

微型机一般采用向量中断机制。下面以具有向量中断机制 PDP 11 系列机为例说明它的工作原理。在 PDP 11 系列机中,主存低址区有一组存储单元用于存放中断向量。每一个中断向量包含两个字:

第一个字含有中断服务例程入口地址;

第二个字是服务程序所用的处理器状态字。

表 2.1 所示为 PDP 11 系列机的中断向量地址及中断向量单元内容。其中,前一个单元是 PC 值,即该中断处理程序入口地址,后一个单元是用八进制数表示的 PS 的值。例如,PS 值为 0200 (八进制数)的二进制表示为如下格式:

| 0 | 0 | 0 | 0 | 0 | 0 | 0 | 0 | 1 | 0 | 0 | 0 | 0 | 0 | 0 | 0 |
|---|---|---|---|---|---|---|---|---|---|---|---|---|---|---|---|
| 15 | 14 | 13 | 12 | 11 | 10 | 9 | 8 | 7 | 6 | 5 | 4 | 3 | 2 | 1 | 0 |

把它装入 PS 寄存器中就使新的处理器优先级为 4 级。

不管当前处理机的优先级是多少,俘获在任何情况下都可以产生,所以可以知道俘获的中断优先级是 7 级。俘获发生时,硬件动作与中断完全相同。俘获也有一组向量,俘获以后的处理机的优先级为 7 级。表 2.2 所示为 PDP 11 系列机的俘获的向量地址及俘获向量单元内容。

表 2.1 PDP 11 系列机的中断向量地址及中断向量单元内容

| 中 断 类 型 | 中 断 向 量 | PC 及 PS 值 |
|---|---|---|
| 终端输入 | 060<br>062 | 终端输入处理程序入口地址<br>0200 |
| 终端输出 | 064<br>066 | 终端输出处理程序入口地址<br>0200 |
| 纸带输入 | 070<br>072 | 纸带输入处理程序入口地址<br>0200 |
| 纸带输出 | 074<br>076 | 纸带输出处理程序入口地址<br>0200 |
| 电源时钟 | 100<br>102 | 电源时钟处理程序入口地址<br>0300 |
| 程序时钟 | 104<br>106 | 程序时钟处理程序入口地址<br>0300 |
| 行式打印机 | 200<br>202 | 行式打印机处理程序入口地址<br>0200 |
| RK 磁盘 | 220<br>222 | RK 磁盘处理程序入口地址<br>0240 |

表 2.2 PDP 11 系列机的俘获向量地址及俘获向量单元内容

| 俘获类型 | 俘获向量地址 | PC 及 PS 值 |
|---|---|---|
| 总线超时 | 004<br>006 | trap<br>340＋0 |
| 非法指令 | 010<br>012 | trap<br>340＋1 |
| 断点跟踪指令 | 014<br>016 | trap<br>340＋2 |
| IOT 指令 | 020<br>022 | trap<br>340＋3 |
| 电源故障 | 024<br>026 | trap<br>340＋4 |
| EMT 指令 | 030<br>032 | trap<br>340＋5 |
| TRAP 指令 | 034<br>036 | trap<br>340＋6 |
| 奇偶错 | 114<br>116 | trap<br>340＋7 |
| 程序中断 | 240<br>242 | trap<br>340＋7 |
| 浮点错 | 244<br>246 | trap<br>340＋8 |
| 段违例 | 250<br>252 | trap<br>340＋9 |

所有的新 PC 都是标号 trap,表明俘获的处理程序有一个总入口。所有的新 PS 的优先级都是 7 级(340)。所不同的是新 PS 的低 5 位(称为 dev 值),其值为 0~9(十进制),用以区别不同种类的俘获。

PDP 11 是由统一的总线(包含地址总线、数据总线、控制总线)组成的。当一个设备完成 I/O 操作时,它把一个中断请求放到总线请求线上。这时将发生如下过程:

① 当优先级满足(CPU 当前的优先级低于设备的优先级)时,处理器让出总线控制权;

② 该设备作为主设备取得总线控制权后,向处理器发出中断命令和设备的中断向量地址;

③ 当前处理器状态字(PS)寄存器和指令计数器(PC)寄存器的内容自动进入系统堆栈;

④ 从中断向量地址中得到新的 PC、PS 内容(称为中断向量)分别送到 PS 和 PC 寄存器中,由于装到 PC 寄存器的内容是中断服务例程的入口地址,从而使控制转移到中断处理程序;

⑤ 中断服务例程被执行;

⑥ 完成中断处理,通过 RTI(return from interrupt)指令返回到被中断的程序。

在这些过程中,前四项是中断进入过程。在向量中断系统中,每一类设备具有它自己的中断处理程序(ISR)、程序状态字 PS 和 PC。由于对应每一个中断都有一个独特的标识,所以不需要再有一个中断状态寄存器,并且不要求有一个中断分析例程,从而可直接转到处理该中断的处理程序。

这里,要提到的一点是,有两类不同的中断机制:向量中断和探询中断。探询中断机制是将系统中的所有中断类型分为几大类,每一大类中都包含若干个中断类型。当产生一个中断信号时,在探询中断机制下,由中断响应转入的是某一大类中断的处理程序入口,例如,转入到 I/O 中断处理程序入口。对于各种不同的外设发来的中断都会转到这一中断处理程序中来。在这一中断处理程序中有一个中断分析例程以判断应转入哪个具体的设备中断例程。所以,向量中断和探询中断相比,在处理中断时间上向量中断所用的时间可以大大缩短。当然,这一优势是由消耗存储中断向量所占的主存而换来的。

## 2.4.5　软件中断处理过程

中断处理和自陷处理的过程是类似的。当硬件完成了中断进入过程后,由相应的中断处理程序(或自陷处理程序)得到控制权,进入软件的中断处理(自陷处理过程)。这一过程主要有三项工作:

① 保护现场和传递参数;

② 执行相应的中断(自陷)服务例程;

③ 恢复和退出中断。

图 2.12 所示为中断处理的一般过程。如图所示,当程序执行完 K+0 条指令时发生中断,由中断装置自动记忆断点,并转入虚线方框内的软件中断处理程序进行处理。

这里要指出的一点是:中断处理的首要任务是保护被中断程序的现场,读者还记得在中断响应时已保存了 PC 值和 PS 值,此处还需保护什么?为什么要分两步做?这些问题请读者考虑。

中断处理过程中的中断服务这一步是最为庞杂的。因为中断类型是多种多样的,所以对于每一个中断都应有相应的中断服务例程。下面简单介绍硬件故障中断、程序性中断、外中

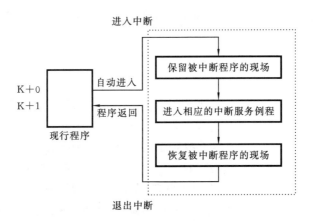

图 2.12 中断处理过程

断、输入输出中断的中断服务内容。

**1. 硬件故障中断的处理**

由于硬件故障而引起的中断,往往需要人为干预去排除故障,而操作系统所做的工作一般只不过是保护现场,防止故障蔓延,向操作员报告并提供故障信息。这样做虽然不能排除故障,但是有利于恢复正常工况和继续运行。

例如,对于主存故障可作如下处理。主存的奇偶校验装置发现主存读写错误时,就产生这种事件的中断。操作系统首先停止涉及的程序运行,然后向操作员报告出错单元的地址和错误性质(处理器访问主存错还是通道访问主存错)。

**2. 程序性中断事件的处理**

处理程序性中断事件大体有两种办法。其一,对于那些纯属程序错误而又难以克服的事件,例如地址越界、非管态时用了管态指令、企图写入半固定存储器或禁写区等。操作系统只能将出错的程序名、出错地点和错误性质报告给操作员,请求干预。其二,对于其他一些程序性中断事件,例如溢出、跟踪等,不同的用户往往有不同的处理要求。所以,操作系统可以将这些程序性中断事件交给用户程序,让它自行处理。这时就要求用户编制中断事件的处理程序。

**3. 外部中断事件的处理**

外部中断有时钟中断、操作员在终端上按中断按钮而产生的中断,可分别作如下处置。

1) 时钟中断事件的处理

时钟是操作系统进行调度工作的重要工具。时钟可以分成绝对时钟和间隔时钟(即闹钟)。为提供绝对时钟系统可设置一个寄存器,每隔一定时间间隔,寄存器值加 1,例如,每隔 20 ms 将一个 32 bit 长的寄存器的内容加 1。如果开始时这个寄存器的内容为 0,那么只要操作员告诉系统开机时的年、月、日、时、分、秒,以后就可以知道当时的年、月、日、时、分、秒了。当这个寄存器记满溢出时,即经过 $2^{32} \times 20$ ms 后,就产生一次绝对时钟中断。此时,系统只要将主存的一个固定单元加 1 就行了,这个单元记录了绝对时钟中断的次数。如果这个单元的长度是 32 bit,那么系统最大计时量为 $(2^{32} \times 2^{32} - 1) \times 20$ ms。一般说,这个时间是足够长的。间隔时钟是每隔一定时间(例如 20 ms)将一个寄存器内容减 1(一般用一条特殊指令将指定之值预先置入这个寄存器中),当该寄存器内容为 0 时,发出间隔时钟中断。这就起到了一个闹钟的作用。例如,某个进程需要延迟若干时间,它可以通过一个系统调用发出这个请求,并将自己挂起,当间隔时钟到来时,产生时钟中断信号,时钟中断处理程序叫醒被延迟的进程。

2)控制台中断事件的处理

当操作员企图用控制开关进行控制时,可通过控制台开关产生中断事件通知操作系统。系统处理这种中断就如同接受一条操作命令一样。因此,往往是由系统按执行操作命令那样来处理这种中断事件。

**4. 外部设备中断的处理**

外部设备中断一般可分为传输结束中断、传输错误中断和设备故障中断。可分别作如下处理。

1)传输结束中断的处理

传输结束中断的处理主要包括:决定整个传输是否结束,即决定是否要启动下一次传输。若整个传输结束,则置设备及相应的控制器为闲状态;然后,判定是否有等待传输者,若有,则组织等待者的传输工作。

2)传输错误中断的处理

传输错误中断的处理应包括:置设备和相应控制器为闲状态;报告传输错误;若设备允许重复执行,则重新组织传输,否则为下一个等待者组织传输工作。

3)故障中断的处理

故障中断的处理主要包括:将设备置成闲状态,并通过终端打印,报告某台设备已出故障。

中断是实现操作系统功能的基础,是构成多道程序运行环境的根本措施。例如,外设完成中断或请求使用外设的访管中断的出现,将导致 I/O 管理程序工作;申请或释放主存而发出的访管中断,将导致在主存中建立一道程序而且开始运行;时钟中断或 I/O 完成中断,可导致处理机调度工作的执行;只有操作员发出键盘命令,命令处理程序才能活跃……所以,中断是程序得以运行的直接或间接的"向导",是程序被激活的驱动源。只有透彻地了解中断的机理和作用,才能深刻体会操作系统的内在结构。

# 2.5　UNIX 系统结构

## 2.5.1　UNIX 系统的体系结构

图 2.13 所示为 UNIX 系统的体系结构,其中心的硬件是裸机,提供基本硬件功能。操作系统处于硬件和应用程序之间,它与硬件交互作用,向应用程序提供丰富的服务,并使它们同硬件特性隔离。

UNIX 系统核心层的功能包括文件管理、设备管理、存储管理和处理机管理,此外还有中断和俘获的处理。现代计算机系统的硬件机构支持核心态和用户态,

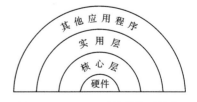

图 2.13　UNIX 系统的体系结构

使得核心程序在核心态下运行,实用程序在用户态下运行。每一种状态都有自己的栈和栈指针,都有自己的地址映射部件。所以,用户态的程序不能直接访问核心态的程序和数据,只能通过访问管理程序指令(访管指令,如 trap 指令)自陷到核心内的操作系统服务程序。

UNIX 的实用层是相当丰富的,有诸如 shell、编辑程序、源代码控制程序及文档准备程序包等。它们在核心层外,最终都使用由核心层提供的低层服务,并且通过系统调用(操作系统的服务方式,将在第 3 章讨论)的集合利用这些服务。核心层的系统调用的集合及实现系统调用的内部算法形成了核心层的主体。核心层提供了 UNIX 系统全部应用程序所依赖的服务,且在核心层定义了这些服务。

应用程序处于计算机系统的最外层,这些程序包括用户编制的各种应用程序,还有专门的软件公司编制的各种软件系统,诸如数据库管理系统、办公室自动化系统、事务处理系统等。这些应用软件可由用户选用,也可由用户进一步开发。

## 2.5.2  UNIX 系统的核心结构

UNIX 系统的核心结构是一体化结构。最初的 UNIX 内核很小,采用一体化组织,运行十分高效。当今 UNIX 系统仍然被广泛使用,且通常配置在一些较大的计算机中。自 UNIX 系统诞生以来,它已被多次扩充、移植和重新实现,但它仍保持一体化结构,即使是 Linux 系统也是一体化结构。UNIX 系统所采用的技术在不断变化,到 20 世纪 80 年代,几乎所有的 UNIX 系统都已经从交换系统转换为页式系统,进程管理也能支持多处理机和分布式系统的需要。

现代 UNIX 系统的内核十分巨大,而且十分复杂。由于内核各部分联系密切,使大多数对 UNIX 内核修改的工作变得十分困难。有很多理由需要改变 UNIX 的组织结构,应采用模块化方法,而不是现在使用的一体化结构。然而,UNIX 应用程序接口已成为 POSIX.1 开放系统标准的基础,而且,这一基础已经根深蒂固。为了支持传统的 UNIX 系统调用接口,可采用两种方式:BSD UNIX 4.x 中的方法,以及内核的完全重新设计,如 Mach 2 的可扩充内核。

图 2.14 所示为 UNIX 系统的核心结构。

由于 UNIX 核心层内各部分之间的层次结构不很清晰,各模块之间的调用较为复杂,所以通过简化和抽象给出了此图,它可作为观察核心的一个有用的逻辑视图。它示出了核心的两个主要部分:文件子系统和进程控制子系统。

在图 2.14 中,用户程序可以通过高级语言的程序库或低级语言的直接系统调用进入核心。核心中的进程控制子系统负责进程同步、进程间通信、进程调度和存储管理。

文件子系统管理文件,包括分配文件存储器空间、控制对文件的存取以及为用户检索数据。文件子系统通过一个缓冲机制同设备驱动部分交互作用,也可以在无缓冲机制干预下与字符设备交互作用。

设备管理、进程管理及存储管理通过硬件控制接口与硬件交互作用。

关于进程概念、进程控制及同步、处理机调度、存储管理、设备管理、文件系统将在后续各章中详细讨论。

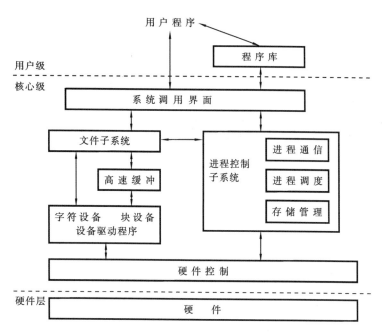

图 2.14　UNIX 系统的核心结构

# 习　题　2

2-1　什么是操作系统虚拟机?

2-2　在设计操作系统时,可以考虑的结构组织有哪几种?

2-3　什么是处理机的态? 为什么要区分处理机的态?

2-4　什么是管态? 什么是用户态? 两者有何区别?

2-5　什么是中断? 在计算机系统中为什么要引进中断?

2-6　按中断的功能来分,中断有哪几种类型?

2-7　什么是强迫性中断? 什么是自愿中断? 试举例说明。

2-8　中断和俘获有什么不同?

2-9　什么是中断响应,其实质是什么?

2-10　什么是程序状态字,在微机中它一般由哪两部分组成?

2-11　什么是向量中断? 什么是中断向量?

2-12　以 trap 指令为例,用图说明自陷处理的一般过程。

2-13　软件的中断处理过程主要分为哪几个阶段? 试用图画出软件的中断处理过程。

2-14　画出 UNIX 系统的层次结构图,并说明每一层的主要功能。

# 第3章 用户界面

## 3.1 用户工作环境

### 3.1.1 用户环境

操作系统应为用户提供一个工作环境,这个环境可为用户提供能满足不同工作需要的恰当的服务。在多用户系统中,系统将为每个用户提供一个工作环境,这将保证各个用户之间是隔离的,即一个用户不会干预这个系统中其他用户已开始的工作。

形成用户环境包含下面三个方面的工作:

① 设计合理的操作命令,它允许用户处理由操作系统支持的各种目标,如设备、文件、进程;

② 提供各种软、硬件资源,并要提供关于操作系统的使用说明;

③ 将操作系统装入计算机,并对系统参数和控制结构进行初始化,以使计算机系统能够为用户服务。

下面简述一个交互工作环境。用户在一个终端上操作,当他和操作系统交谈时,他若告诉系统需要一个特定的服务,操作系统就执行这一用户请求并提交结果。如果这一请求失败,则它试图尽可能完全或简要地告诉用户这次失败的原因。当用户要求操作系统处理另一个请求时,就重复上面的过程,该过程通常称为终端对话期间。在分时系统中,各个终端用户能同时作会话处理,每个用户都能和操作系统交谈,并由操作系统同时发送回答。

在分时系统中,要对每个用户的身份进行合法性检查。通常每个用户都有一个用户标识,它可以是数字或一个字符串。无论什么时候,用户联机进入系统时,必须以用户标识来标识自己。系统根据用户标识的名字和口令来验证用户的身份。当验证合法后,系统就可以确定用户享有的特权和应有的限制。

当用户联机进入系统时,系统给用户分配一个工作区(高速缓存或主存的暂存区域以存储和处理用户的数据)。当用户把数据放入工作区或从中取出时,工作区的尺寸会扩展或缩小。这个工作区实际上是一批文件的集合。当用户撤离系统时,工作区中的文件就不再保留。如果用户想永久地保留数据或程序,则可以把工作区中的文件保存到他能存取的库中。

当用户进入系统时,他还将具有一个库。在库中,用户保留由自己命名的文件,该文件可能包含数据、程序和其他命令,故一般又称为用户私用库。另外,系统还提供一个公用库,它保存所有用户使用的数据和程序。这种库的例子是:操作系统实用程序库,FORTRAN 程序库等。这些库通常由计算机厂商作为系统软件提供。

用户通过操作系统命令语言的界面可以做很多事,例如,创建一个文件,增加、删除或编辑一个文件,运行一个程序或者列出用户的工作区文件。最后,用户还可以利用"撤离"命令退出计算机系统。用户一旦撤离,就不能发任一命令或存取任何一个库中的文件,他的工作区也就不再保留。此时,这个终端也变为不活动的,并直到另一个用户再联机进入系统时为止。

## 3.1.2 系统生成和系统启动

### 1. 系统生成

用户环境直接为用户所感受,它是由操作系统建立的。那么,怎样才能形成一个满足用户需要的操作系统呢? 操作系统的形成又称为操作系统生成。操作系统系统生成只能由计算机厂商或系统程序员在需要时施行。这项工作将决定操作系统规模的大小、功能的强弱,所以它对计算机系统的特性和效率起着很大的作用。

系统生成就是操作系统的生成过程。计算机制造商提供一批可供用户选择的系统功能模块和实用程序,用来形成一个可利用的系统。另外,计算机制造商还提供一个可以立即执行的系统生成程序,称为 SYSGEN。SYSGEN 程序从给定的文件中读取,或询问系统程序员有关硬件系统特定的配置信息,或直接检测硬件以确定有什么部件。另外,它以对话方式和用户交谈,还可以确定用户所希望建立的操作系统的规模等信息。SYSGEN 程序根据获得的已配置的硬件资源和用户所希望建立的系统性能而生成一个操作系统。

所谓系统生成,是指为了满足物理设备的约束和需要的系统功能,通过组装一批模块来产生一个清晰的、使用方便的操作系统的过程。系统生成包括:根据硬件部件确定系统构造的参数,编辑系统模块的参数,并且链接系统模块成为一个可执行的程序以文件的形式存储在磁盘的特定的位置上。

在系统生成过程中,下面几类信息必须确定下来。

(1) 使用什么类型的 CPU? 安装什么选项(扩展指令集,浮点运算操作等)。对于多 CPU 系统必须描述每个 CPU。

(2) 有多少可用主存? 有的系统通过访问每个主存单元直到出现"非法地址"故障的方法来确定这一值。该过程定义了最后合法地址和可用主存的数量。

(3) 有哪些可用设备? 系统需要知道设备号、设备中断号、设备类型及其所需的设备特点。

(4) 所需的操作系统选项和参数值。例如,所支持进程的最大数量是多少,需要什么类型的进程调度策略,需要使用多少和多大的缓冲区等。

这些信息确定后,通过完全编译内核,可以生成适合于所描述系统的操作系统可执行代码。

### 2. 系统初启

当操作系统生成后,以文件形式存储在某种存储介质如磁盘中。UNIX 系统核心代码文件存放在根文件系统中,其名为"/unix"。这是一个可执行的目标代码文件,它是由 C 语言和少量汇编语言程序经过编译(或汇编)、链接而形成的。

1) 什么是系统引导

系统初启又叫系统引导。它的任务是将操作系统的必要部分装入主存并使系统运行,最终处于命令接收状态。系统初启在系统最初建立时要实施,在日常关机或运行中出现故障后也要实行引导。

系统引导分为三个阶段。

① 初始引导:把系统核心装入主存中的指定位置,并在指定地址启动。

② 核心初始化:执行系统核心的初启子程序,初始化系统核心数据。

③ 系统初始化:为用户使用系统作准备。例如,建立文件系统,建立日历时钟,在单用户系统中装载命令处理程序;在多用户系统中为每个终端分别建立命令解释进程,使系统进入命令接收状态。

系统引导经过这三个阶段后,就可以交给用户使用了。

2) 系统引导的方式

操作系统的引导有两种方式:独立引导(bootup)和辅助下装(download)。

(1) 独立引导方式(滚雪球方式)。这种引导方式适用于微机和大多数系统。它的主要特点是:操作系统核心文件存储在系统本身的存储设备中;由系统自己将操作系统核心程序读入主存并运行;最后建立一个操作环境。

(2) 辅助下装方式。这种引导方式适用于多计算机系统、由主控机与前端机构成的系统以及分布式系统。它的主要特点是:操作系统主要文件不放在系统本身的存储设备中,而是在系统启动后,执行下装操作,从另外的计算机系统中将操作系统常驻部分传送到该计算机中,使它形成一个操作环境。

辅助下装方式的优点是,可以节省较大的存储空间,下装的操作系统并非是全部代码,只是常驻部分或者专用部分,当这部分操作系统出现问题和故障时,可以再请求下装。

3) 独立引导的过程

(1) 初始引导。初始引导也叫自举。自举的含义是操作系统通过滚雪球的方式将自己建立起来。这是目前大多数系统所常用的一种引导方法。

系统核心是整个操作系统最关键的部分,只有它在主存中运行才能逐步建立起整个系统。初始引导的任务就是把系统核心送入主存并启动它运行。系统核心是存放在辅存上的。如何能在辅存上的文件中找到这个核心并送到主存中,这需要有个程序做这件事,该程序称为引导程序。然而,这个引导程序也在辅存中,如何把该引导程序首先装入主存呢?这需要有一个初始引导程序,而且这个程序必须在一开机时能自动运行,这只有求助于硬件了。

在现代大多数计算机系统中,在它的只读存储器(ROM、PROM、EPROM)中都有一段用于初始引导的固化代码。当系统加电或按下某种按钮时,硬件电子线路便会自动地把 ROM 中这段初始引导程序读入主存,并将 CPU 控制权交给它。初始引导程序的任务是将外存中的引导程序读入主存。这里必须指出,这个引导程序必须存放在辅存的固定位置上(称为引导块),ROM 从这个引导块去读内容,而不管它是什么,这就要求将引导程序事先存放在这个引导块上。

当引导程序进入主存后,随即开始运行。该程序的任务是将操作系统的核心程序读入主存某一位置,然后控制转入核心的初始化程序执行。

在 UNIX 系统中,当磁盘中的引导块(第 0 块)读入主存后,引导块中的程序将核心从文件系统(例如从文件"unix"或从系统管理员定义的另一个文件)中装入主存。在核心装入主存后,将得到 CPU 的执行权,核心便开始运行。

(2) 核心初始化。一旦核心内的初始化程序开始执行,系统初启就进入了第二阶段,这一阶段的主要任务是初始化核心数据。UNIX 系统核心初始化阶段完成如下三项任务:

① 核心页表寄存器与核心数据的初始化;

② 建立 $0^{\#}$ 进程,$0^{\#}$ 进程是系统建立的第一个且永远处于核心态的唯一的进程,它的主要任务是按照系统的需要把即将运行的进程送入主存,并把近期内不运行的进程送到辅存上;

③ 建立 $1^{\#}$ 进程,$1^{\#}$ 进程是初始化进程,它的作用是实现系统的初始化,负责为终端建立子进程。

(3) 系统初始化。这一阶段的主要任务是做好一切准备工作,使系统处于命令接受状态,这时用户可以使用机器了。

UNIX 系统初始化是由 $1^{\#}$ 进程执行 INIT 程序实现的。它分两个阶段完成:首先,为控制台终端建造一个进程,执行命令解释程序,接收操作员和用户的命令(这一环境称为单用户环境);然后,系统继续为每个用户终端建立命令解释进程。这些进程负责与用户交互,运行用户登录程序和命令解释程序。当用户登录后,接受用户的 shell 命令(这一环境称为多用户环境)。这时,用户就可以用 UNIX 系统了,系统初启全部完成。

## 3.1.3　运行一个用户程序的过程

### 1. 处理用户程序的步骤

使用计算机完成计算大致有三个步骤:

① 用某种语言(例如 C 语言)编制一个程序,该程序被称为源程序;

② 将源程序和初始数据记录在某种输入介质上,一般在终端设备(如键盘、显示器)上直接编辑源程序;

③ 按照一定要求控制计算机工作,并经过加工,最后算出结果。

控制计算机工作的最简单的办法是,由用户在终端设备上键入一条条命令。例如,用户可先将源程序通过编辑建立在磁盘上,接着发"编译"命令,操作系统接到这条命令后,将编译程序调入主存并启动它工作。编译程序将记录在磁盘上的源程序进行编译并产生浮动目标程序模块。然后,用户再发出"连接"命令,操作系统执行该命令将生成一个完整的、可执行的主存映像程序。最后发出"运行"命令,由操作系统启动主存映像程序运行,从而计算出结果。

从这个简单的例子可以看到,计算机好比一个加工厂,当把原材料(源程序和数据)以及加工要求(先对源程序编译、再连接、最后运行等)交给工厂后,它就生产出成品来。可以把这样一次加工称为作业。更确切地说,作业是要求计算机系统按指定步骤对初始数据进行处理并得到计算结果的加工过程。在多道程序运行环境下,一个作业是一个单位,是一个用户的计算任务区别于其他用户的计算任务的一个单位。从这个观点看,作业是对算题任务进行处理的一个动态过程,但从静态观点看,作业有其对应的程序和数据。若说将某作业装入主存,指的就是将该作业的程序和数据装入主存。

对源程序和数据的加工过程一般可分为若干个步骤。通常把加工工作中的一个步骤称为作业步。对作业的处理一般有这样几个作业步。

(1)编辑(修改)。建立一个新文件,或对已有的文件中的错误进行修改。

(2)编译。将源程序翻译成浮动的目标代码。完成这一步工作需要有相应语言的编译器,如源程序是 C 语言写的,那么必须有 C 编译器。

(3)连接。将主程序和其他所需要的子程序和例行程序连接装配在一起,使之成为一个可执行的、完整的主存映像文件。

(4)运行。将主存映像文件调入主存,并启动运行,最后得出计算结果。

要完成一个计算任务,必须经过上述四个作业步。这些作业步是相互关联、顺序地执行的。作业步之间的关系表现为:

① 每个作业步运行的结果产生下一个作业步所需要的文件;

② 一个作业步能否正确地执行,依赖于前一个作业步是否能成功地完成。

一个用户程序的处理步骤如图 3.1 所示。

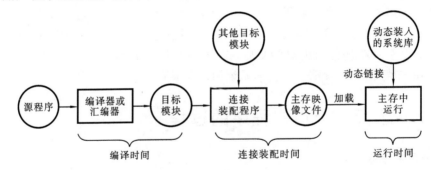

图 3.1    一个用户程序的处理步骤

随着操作系统技术的发展,对应用程序处理的这四个步骤也发生了变化。为了有效地使用主存,在虚拟存储技术的基础上,现代操作系统采用动态链接技术,如图 3.1 所示。另外,有的语言处理程序采用软件集成技术(如 TRUBO C),将处理步骤集成在一起,提供自动处理功能。

用户通过编辑器生成源程序,这是处理应用程序的第一个步骤。然后,经过编译(或汇编)程序将源程序翻译成浮动的目标代码。编译还要为下一步的连接装配做准备,形成内部符号表和外部调用表。内部符号表说明本模块可被其他程序调用的入口点;外部调用表说明本模块要调用的外部模块名。连接的主要工作就是确定本模块和其他所需要的目标模块之间的调用关系,进行地址的连接,形成一个浮动的(从 0 开始编址)主存映像文件。当该程序要进入主存运行时,由装载程序负责加载(为了保证程序能正确地执行,需要进行地址重定位,这部分内容将在第 7 章讨论)。

**2. 静态连接和动态链接**

连接这一处理步骤,以前通常采用静态连接方式。静态连接是将所需的外部调用函数连接到目标文件中形成一个完整的主存映像文件。采用这种静态连接的缺点是,当有多个应用程序都需要调用同一个库函数时,那么,这些应用程序的目标文件中都将包含这个外部函数对应的代码。这将造成主存的极大浪费,不能支持有效的共享。

动态链接是将这一连接工作延迟到程序运行的时候进行。它需要的支持是动态链接库(DLL)。动态链接不需要将应用程序所需要的外部函数代码从库中提取出来并连接到目标文件中,而是在应用程序需要调用外部函数的地方作记录,并说明要使用的外部函数名和引用入口号,形成调用链表。当所需的动态链接库 DLL 在主存时,就可以确定所需函数的主存绝对地址,并将它填入调用链表相应位置中。当应用程序运行时,就可以正确地引用这个外部函数了。现代操作系统有的已采用了动态链接技术,如 Windows 系统,现在的动态链接库一般是系统库。

# 3.2　操作系统的用户界面

## 3.2.1　什么是用户界面

当今,计算机的应用越来越广泛,科学计算、数据处理,人们的生产、生活、各种事务活动都可借助于计算机,这些活动包含编辑书稿,编辑新闻节目,编制人事档案资料;或针对某个科学计算任务,通过选定某种语言,编辑源程序,计算出结果;或针对一个企业管理的任务,借助于数据库管理系统,形成一个应用软件,完成对某企业的人事、工资、生产、物质等管理。

用户要把某一任务交给计算机去完成,最关心的问题是:系统提供什么手段使用户能方便地描述和解决自己的问题。比如,一个排序算法要在计算机上解决,对于这样一个任务,用户先要干什么,然后进行怎样的处理,最后如何得到结果,系统能提供什么手段和方法,让用户方便地描述,并能在计算机上一步一步去处理。在现代计算机系统中,用户是通过操作系统提供的用户界面(接口)来使用计算机的。

操作系统的用户界面(或称接口)是操作系统提供给用户与计算机打交道的外部机制。用户能够借助这种机制和系统提供的手段来控制用户所在的系统。

操作系统的用户界面分为两个方面:其一,是操作界面,用户通过这个操作界面来组织自己的工作流程和控制程序的运行;其二,是程序界面,任何一个用户程序在其运行过程中,可以使用操作系统提供的功能调用来请求操作系统的服务(如申请主存、使用各种外设、创建进程或线程等)。

操作系统用户界面的形式与操作系统的类型和用户上机方式有关。主要表现在操作界面的形式上的不同。不论哪一类操作系统都必须提供操作系统的系统功能调用这一界面,而操作界面则有不同的形式。比如,批处理系统提供的操作界面称为作业控制语言,因为这类操作系统采用的是脱机处理方式,而分时系统或个人计算机提供的操作界面是键盘命令,因为这类操作系统采用的是联机处理方式。

操作系统的用户界面近年来发生了巨大的变化,在图形界面(GDI)技术、面向对象技术的推动下,现代个人计算机操作系统提供图形化的用户界面和 API(用户程序编程接口),这是传统操作界面和系统功能服务界面在现代操作系统的体现,这样的界面,用户使用更为直观、方便、有效。

下面,讨论操作系统提供的界面,包括操作命令和系统的功能服务两个方面。其中,操作命令可分为键盘命令、图形化用户界面和作业控制语言三种形式。

## 3.2.2 操作系统提供的用户界面

操作系统提供的用户界面如图 3.2 所示:一是操作界面,又称为操作命令;二是程序界面,又称为系统功能调用。

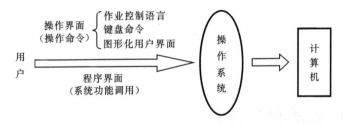

图 3.2 操作系统提供的用户界面

**1. 操作命令**

对于操作命令而言,其形式较大程度上取决于相应操作系统的类型和用户上机方式。具有交互操作方式的系统一般提供键盘命令或图形化用户界面;具有脱机操作方式的系统则提供作业控制语言。这是因为,前者的交互性允许用户能够人为地安排工作过程,并对系统发生的动作作出响应;而在批处理系统中,用户一旦提交了他的作业,就无法对作业运行作更多的控制。因此,用户必须事先给出一系列明确的指令,指出动作的过程,还可能需要对事先无法预测的若干事件进行周密的思考,指出当这样的事件一旦发生时应进行什么样的处理。

在视窗操作系统(如 Windows 系统)出现之前,在分时系统和具有交互作用的系统中,操作命令最通常、最基本的形式为键盘命令。在这样的系统中,用户以联机方式上机。用户直接在控制台或终端设备上输入键盘命令,向系统提出要求,控制自己的作业有步骤地运行。现代微机操作系统一般都提供使用非常方便的图形化用户界面,在这样的操作界面中,用户可以方便地借助鼠标等标记性设备,选择所需要的图标,采用点取或拖拽等方式完成自己的操作意图。

1) 键盘命令

分时系统或单用户系统提供键盘命令。虽然不同的系统所提供的键盘命令的数量有差异,但其功能基本上是相同的。一般终端与主机通信的过程可以分为注册、通信、注销三步。

(1) 注册。

使用分时系统第一件事是注册。注册的目的有两个:一是让系统验证你有无使用该系统的权限;二是让系统为你设置必要的环境。

分时系统的功能之一是要管理计算机资源,以便若干人共享一台计算机。为此,系统为每个用户维持一个独立的环境。它要记住每一个用户的名字、注册时间,还要记住每个用户已经用了多少计算机时间,占用了多少文件,正在使用什么型号的终端等。

在大多数单用户计算机系统中,不存在注册过程,因为实际地访问这个硬件就证实了你拥有使用这个系统的权力。在批处理系统中,不存在外表上的注册过程,但为了记账和调度目的,每一个提交的作业都要加以标识。

在第一次注册之前,系统管理员必须为用户建立一个账号。从用户角度来看,设置一个账户的主要目的是注册名字,注册名是用户与系统交互时需要使用的名字。UNIX 系统正是采用了这种方式。在终端接通之后,UNIX 的用户可以按下回车键,系统会显示"login:"字样。此时系统要用户输入注册名。当用户输入注册名并按回车键后,系统即核对该系统是否记录了这个用户,并在核对正确后显示"password:",即系统要求用户输入口令(口令是为了证实你的身份而输入的一个保密字)。这时你可以输入口令并回车。一旦输入口令,系统就检验它,如果口令错,系统会再要求你输入注册名和口令。否则,系统显示一个提示符,表明系统已经准备好,可接受你的命令了。

(2) 通信。

当终端用户注册后,就可以通过丰富的键盘命令控制程序的运行、申请系统资源、从终端输入程序和数据等。

属于通信这一步的键盘命令是比较丰富的,一般有以下几类。

① 文件管理。这类命令用来控制终端用户的文件。例如,删去某个文件,将某个文件由显示器(或打印机)输出,改变文件的名字、使用权限等。

② 编辑修改。这类命令用来编辑和修改终端用户的文件。例如,删去几行、插入几行、修改几行等。这类命令是重要的,因为当终端用户发现由于某种原因需要修改他的文件时,他可以直接从终端输入命令来修改,而不需要脱机修改,然后再重新输入。

③ 编译、连接装配和运行。这类命令用来调出编译或连接装配程序进行编译或装配工作,以及将生成的主存映像文件装入主存启动运行。

④ 输入数据。终端用户输入输入命令要求系统接受从终端输入的一批数据。这一批数据一般以文件形式放到后援存储器上。

⑤ 操作方式转换。这类命令主要用来转换作业的控制方式,例如,从联机工作方式转为脱机工作方式。

⑥ 申请资源。这类命令主要用来让终端用户申请使用系统的资源。例如,申请使用某类外部设备若干台等。

(3) 注销。

当用户工作结束或暂时不使用系统时,应输入注销命令。注销就是通知系统,打算退出系统。比如,当你要退出 UNIX 系统时,应在 shell 的命令提示符下输入注销命令。注销命令随系统而异,如 logout 或 control d 等。当用户注销后,系统将再次显示:"login:",即准备接受新用户。

2) 图形化用户界面

计算机应用发展的势头极快,它迅速地进入了各行各业、千家万户,它面对的用户是不同阶层,不同文化程度的人们。如何使人机交互方式进一步变革,使人机对话的界面更为方便、友好、易学,这是一个十分重要的问题。在这种需求下出现了菜单驱动方式、图符驱动方式直至视窗操作环境。现在用户十分欢迎的图形化用户界面是菜单驱动方式、图符驱动方式和面向对象技术的集成。

（1）菜单驱动方式。

菜单（Menu）驱动方式是面向屏幕的交互方式，它将键盘命令以屏幕方式来体现。系统将所有有关的命令和系统能提供的操作，用类似餐馆的菜单分类、分窗口地在屏幕上列出。用户可以根据菜单提示，像点菜一样选择某个命令或某种操作来通知系统去完成指定的工作。菜单系统的类型有多种，如下拉式菜单，上推式菜单和随机弹出式菜单。这些菜单都基于一种窗口模式。每一级菜单都是一个小小的窗口，在菜单中显示的是系统命令和控制功能。

（2）图符驱动方式。

图符驱动方式也是一种面向屏幕的图形菜单选择方式。图符（Icon）也称为图标，是一个很小的图形符号。它代表操作系统中的命令、系统服务、操作功能、各种资源。如文件、打印机等。例如用小矩形代表文件，用小剪刀代表剪贴。所谓图形化的命令驱动方式就是当需要启动某个系统命令或操作功能，或请求某个系统资源时，可以选择代表它的图符，并借助鼠标器一类的标记输入设备（也可以采用键盘），采用点击和拖拽功能，完成命令和操作的选择及执行。

（3）图形化用户界面。

图形化用户界面是良好的用户交互界面，它将菜单驱动方式、图符驱动方式、面向对象技术等集成在一起，形成一个图文并茂的视窗操作环境。Microsoft 公司的 Windows 系统就是这种图形化用户界面的代表。

Windows 系统为所有的用户和应用系统提供一种统一的图形用户界面。在该系统中，所有程序都是以统一的窗口形式出现，提供统一的菜单格式。Windows 系统管理的所有系统资源，例如，文件、目录、打印机、磁盘、网上邻居、进程、各种系统命令和操作功能都变成了生动的图符。窗口中使用的滚动条、按钮、编辑框、对话框等各种操作对象也都采用统一的图形显示和统一的操作方法。在这种图形化用户界面的视窗环境中，用户面对的不再是使用单一的命令输入方式，而是用各种图形表示的一个个对象。用户可以通过鼠标（或键盘）选择需要的图符，采用点击方式操纵这些图形对象，达到控制系统，运行某一个程序、执行某一个操作的目的。用户将通过这种统一的用户界面使用各种 Windows 应用程序，从而增强对系统的控制能力。

图形化用户界面实际上是对操作系统提供的操作命令界面的革新。操作系统提供的另一个接口是针对程序设计者而提供的系统功能服务。在 Windows 中对于系统设计者而言，系统提供 API（应用程序编程接口）函数和系统定义的消息形式。API 函数与传统操作系统提供的系统调用的主要不同点是提供了函数库和动态链接技术的支持。

3）作业控制语言

在脱机方式下系统提供作业控制语言（JCL）。它既可以写成操作说明书的形式，也可穿孔成为作业控制卡的形式（前者为较多的批处理系统所采用）。

采用脱机方式时，用户上机前必须准备好作业申请表、操作说明书（或作业控制卡）以及程序和数据。其中，作业申请表是用户向系统提出的执行作业的请求，其内容应包含：作业名、需用 CPU 时间、最迟完成时间、资源请求（包括主存容量、外部设备台数、后援存储器容量、输出量等），以及指出使用何种语言的编译程序。表明用户对作业控制意图的操作说明书则是由一条条对作业处理的命令组成的，如编译命令、连接命令、运行命令等。还有一些干预命令，它注明在作业运行过程中，发生意外事件时的处理方式。操作系统根据作业申请表来分配作业所需的资源并注册该作业，通过作业说明书（或作业控制卡）对作业实施运行控制。一般在批处理系统中提供 JCL 语言。

**2. 系统功能调用**

操作系统和用户的第二个接口是系统功能调用。它是管理程序提供的服务界面,更确切地说,是操作系统为支持程序设计语言正常工作而提供的界面。在源程序中,除了要描述所需完成的逻辑功能外,还要请求系统资源,如请求工作区,请求建立一个新文件或请求打印输出等,这些都需要操作系统的服务支持。这种在程序一级的服务支持称为系统功能调用。

# 3.3  系统功能调用

为了实现在程序级的服务支持,操作系统提供统一的系统功能调用,采用统一的调用方式——访问管理程序来实现对这些功能的调用。下面分别进行讨论。

## 3.3.1  什么是系统功能调用

对于用户所需要的功能,由系统设计者事先编制好能实现这些功能的例行子程序,作为操作系统程序模块的一部分。这些例行子程序不能像一般的用户子程序那样可随便调用,因为这些能实现各种功能的例行子程序是操作系统的程序部分,它运行时,机器处于管态(管理程序状态),而用户程序运行时,机器处于用户态。所以,用户程序对这些例行子程序的调用应以一种特殊的调用方式——访管方式来实现。

用户所需要的功能,有些是比较复杂的,硬件不能直接提供,只能通过软件程序来实现;有些功能,硬件有相应的指令,如启动外设工作,硬件就有 I/O 指令。但配置了操作系统后,对系统资源的分配、控制不能由用户干预,必须由操作系统统一管理。所以,对于这样一类功能,也需有相应的控制程序来实现。

为了实现对这些事先编制好的、具有特定功能的例行子程序的调用,现代计算机系统一般提供自愿进管指令,其指令形式为:

svc n

其中,svc 表示机器自愿进管指令的操作码记忆符,n 为地址码。svc 是 supervisor call(访问管理程序)的缩写,所以 svc 指令又称访管指令。当处理机执行到这一条指令时就发生中断,该中断称为访管中断(或自愿进管中断),它表示正在运行的程序对操作系统的某种需求。借助中断,使机器状态由用户态转为管态。为了使控制能转到用户当前所需要的那个例行子程序去,需要指令提供一个地址码。这个地址码表示系统调用的功能号,它是操作系统提供的众多的例行子程序的编号。在访管指令中填入相应的号码,就能使控制转到特定的例行子程序去执行,以提供用户当前所需要的服务。这样一个带有一定功能号的访管指令定义了一个系统调用。因此,系统调用是用户在程序一级请求操作系统服务的一种手段,它不是一条简单的硬指令,而是带有一定功能号的访管指令。它的功能并非由硬件直接提供,而是由操作系统中的一段程序完成的,即由软件方法实现的。

　　用户可以用带有不同功能号的访管指令来请求各种不同的功能。可以这样说,系统调用是利用访管指令定义的指令。操作系统服务例程与一般子程序的区别在于,前者所实现的功能都是与计算机系统本身有关的,对前者的调用是通过一条访管指令来实现的。不同的程序设计语言调用操作系统服务的方式是不同的,它们有显式调用和隐式调用之分。在汇编语言中是直接使用系统调用对操作系统提出各种要求的,因为在这种情况下,系统调用具有汇编指令的形式。而在高级语言中一般是隐式的调用(经编译后转成某种直接调用)。

## 3.3.2　系统调用的实现

　　操作系统基本服务级是通过系统调用来处理的,系统调用提供运行程序和操作系统之间的界面。实现这些服务是通过系统服务请求机构提供的。这一机构也称为管理程序调用。

　　系统服务请求(system service request,SSR)机构本质上是一个自陷门(trap door)。SSR的执行通常取决于计算机的结构,它由特定的硬件(或软件)指令实现对操作系统某一服务例程的调用。它的执行要发生访管中断。

　　系统功能调用的格式和功能号的解释因机器的不同而异,但任何不同的机器都有以下共同的特点:

　　① 每个系统调用对应一个功能号,要调用操作系统的某一特定例程,必须在访管时给出对应的功能号;

　　② 按功能号实现调用的过程大体相同,都是由软件通过对功能号的解释分别转入对应的例行子程序。

　　图 3.3 所示为系统调用的执行过程。

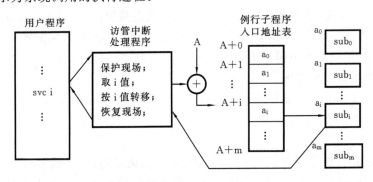

图 3.3　系统调用的执行过程

　　为了实现系统调用,必须事先准备好能实现各种功能的例行子程序,如 $sub_0$,$sub_1$,…,$sub_i$,…,$sub_m$,然后要建造例行子程序入口地址表。假定该表首址为 A,每个例行子程序的入口地址占一个字长,将各例行子程序的入口地址 ♯$sub_0$,♯$sub_1$,…,♯$sub_i$,…,♯$sub_m$(即 $a_0$,$a_1$,…,$a_i$,…,$a_m$)分别送入 A+0,A+1,…,A+i,…,A+m 中。另外,系统还需编制访管中断处理程序,其功能是:做常规的现场保护后,取 i 值,然后安排一条转移指令,按 A+i 单元中的内容转移。而在用户程序中,在需要操作系统服务的地方安排一条系统调用。这样,当程序执行到这一条命令时,就发生中断,系统由用户态转为管态,操作系统的访管中断处理程序得到控制权,它将按系统调用的功能号,借助例行子程序入口地址表转到相应的例行程序去执行,在完成了用户所需要的服务功能后,退出中断,返回到用户程序的断点继续执行。

# 3.4　UNIX 系统调用

## 3.4.1　UNIX 系统调用的分类

UNIX 系统调用大致可以分为三类:第一类是与进程管理有关的系统调用;第二类是与文件和外设管理有关的系统调用;第三类是与系统状态有关的系统调用。

**1. 有关进程管理的系统调用**

fork——建立一个进程;

exec——执行一个文件;

wait——等待子进程;

exit——进程中止;

brk——改变用户数据区大小;

sleep——等待一段时间;

signal——设置软中断处理程序;

kill——发送软中断;

alarm——在指定时间后发送软中断;

pause——等待软中断;

nice——改变进程优先数计算结果;

ptrace——跟踪子进程。

**2. 与文件和外设管理有关的系统调用**

open——打开文件;

close——关闭文件;

read——读文件;

write——写文件;

lseek——修改读写指针;

mknod——建立目录或特别文件;

creat——建立并打开文件;

link——连接文件;

unlink——删除文件;

chdir——改变当前目录;

chmod——改变文件属性;

chown——改变文件主和用户组;

dup——再产生一个文件描述字;

pipe——建立并打开管道文件；

mount——安装文件系统(卷)；

umount——拆卸文件系统(卷)。

**3. 与系统状态有关的系统调用**

getuid——取用户号；

setuid——设置用户号；

getgid——取用户组号；

setgid——设置用户组号；

time——取日历时间；

stime——设置日历时间；

times——取进程执行时间；

gtty——读当前终端 tty 部分信息；

stty——设置当前终端 tty 部分信息；

stat——读取文件状态(i 节点)；

sync——使主存映像与磁盘文件信息一致。

## 3.4.2　UNIX 系统调用的实现

操作系统的系统服务是由访管指令引起的。在 UNIX 系统中,这一访管指令就是自陷指令 trap。系统通过这一指令借助于硬件中断机构为用户提供系统核心的接口。

**1. trap 向量**

在 PDP 11 系列机中,trap 俘获是俘获类型中的一个,它的俘获向量地址是 034、036 号单元。034 号单元存放着自陷处理程序入口地址 trap,该程序是所有俘获类型都要进入的俘获总控程序。036 号单元存放的是自陷处理程序的 PS 值,即 340+6。其中,340 决定了处理器的优先级为 7,而 6 为类型号,进入俘获总控程序后依类型号转入不同的分支处理相应的俘获类型。

**2. trap 指令**

在 PDP 11 系统中,由 trap 指令引起的俘获将转入各个系统调用程序。trap 指令的二进制代码如图 3.4 所示。

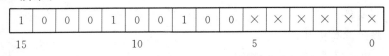

| 1 | 0 | 0 | 0 | 1 | 0 | 0 | 1 | 0 | 0 | × | × | × | × | × | × |
|---|---|---|---|---|---|---|---|---|---|---|---|---|---|---|---|

15　　　　　　　　　10　　　　　　　　5　　　　　　　　0

图 3.4　trap 指令的二进制代码

用八进制表示的 trap 指令的指令码为 104400~104777。UNIX 只使用指令码 104400~104477 作为系统调用访管指令。指令码的最低 6 位表示系统调用的类型,最多可表示 64 种系统调用。

**3. 系统调用入口地址表**

UNIX 系统调用的数目因版本不同而异。UNIX 版本 7 约有 50 个系统调用。所有系统调用程序的自带参数个数和程序入口地址均按系统调用编号次序存入系统调用入口地址表中。该表记为 sysent,其中 count 表示对应系统调用自带参数的个数,call 是系统调用程序的入口地址。用 C 语言描述如下:

```
struct sysent
{   int count ;
    int( * call)( );
} sysent[64];
```

表 3.1 列出了系统调用入口地址表的部分内容。

表 3.1 系统调用入口地址表

| 编 号 | 自带参数个数 | 程序入口地址 | 系统调用名称 |
|---|---|---|---|
| 0 | 0 | &nullsys | indir |
| 1 | 0 | &rexit | exit |
| 2 | 0 | &fork | fork |
| 3 | 2 | &read | read |
| 4 | 2 | &write | write |
| 5 | 2 | &open | open |
| ⋮ | ⋮ | ⋮ | ⋮ |
| 63 | 无定义 | &nosys | 无定义 |

注:表中 &nosys 表示该系统调用无定义,nullsys 表示空操作。

**4. 系统调用的实现过程**

系统调用的执行与返回过程如图 3.5 所示。下面以系统调用 read 为例简述系统调用的实现过程。

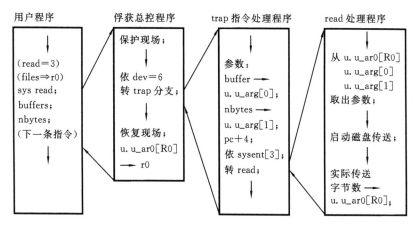

图 3.5 系统调用的执行与返回过程

系统调用 read 的 C 语言格式如下:

read(files,buffer,nbytes);

char buffer;

其中,files、buffer、nbytes 是该系统调用的参数,它们分别是文件描述字、存放数据的主存区首地址和要读的字符个数。

对应的汇编代码如下：

(read＝3)

(files⇒r0)

sys read;(104403)

buffer;

nbytes

下一条指令地址(返回值存入 r0)

sys read 的目标代码是 104403，当执行到这条指令时引起俘获事件，于是开始以下的实现过程。

(1) 硬件中断机构把 sys read 后的地址(即 buffer 所在单元地址)作为 PC 进入核心栈，PS 也进栈。然后从 034、036 号单元装入 PC 和 PS：(PC)＝trap，(PS)＝0340＋6(dev＝6)。于是，俘获总控程序 trap 得到控制权。

(2) 俘获总控程序执行，依 dev＝6 转入系统调用分支(read 指令处理程序)处理。取 trap 指令后 6 位得到系统调用类型号 3，从系统调用入口表中找到 sysent[3]得到 read 的入口地址 & read 和自带参数个数为 2，将 sys read 后面的两个参数复制到进程 user 区中的两个单元 (u. u_ arg[0]和 u. u_ arg[1])中，其他参数如 files 则被送入寄存器 r0 中，然后通过中断保留区 u. u_ar0[R0]传给核心程序。指令返回地址由 buffer 单元地址改为 nbytes 后面的单元地址，控制转入 read。

(3) 具体的系统服务 read 处理。取出参数进行系统服务，实际传送字节数送入 u. u_ar0[R0]中，处理完毕后返回到俘获总控程序。

(4) 俘获总控程序恢复俘获现场，u. u_ar0[R0]→r0，控制返回到用户程序内 nbytes 单元后面的一条指令。read 系统调用执行完成。

# 习 题 3

3-1 什么是系统生成？

3-2 系统引导的主要任务是什么？

3-3 处理应用程序分哪几个作业步？

3-4 静态连接和动态链接有什么区别？

3-5 用户与操作系统的接口是什么？一个分时系统提供什么接口？一个批处理系统又提供什么接口？

3-6 什么是系统调用？对操作系统的服务请求与一般的子程序调用有什么区别？

3-7 假定某系统提供硬件的访管指令(例如形式为"svc n")，为了实现系统调用，系统设计者应做哪些工作？用户又如何请求操作系统服务？

3-8 简述系统调用的执行过程。

# 第4章 并发处理

## 4.1 并发活动——进程的引入

操作系统的重要特征是并发和共享。为了提高计算机系统的效率和增强计算机系统内各种硬件的并行操作能力,操作系统要求程序结构适应并发处理的需要——使计算机系统中能同时存在两个以上正在执行的程序,即两个以上的程序都处于已经开始但未结束的执行状态。传统的程序设计方法所涉及的程序概念和顺序程序的结构已不适应于操作系统的需要,因为程序的概念不能体现并发这个动态的含义,顺序程序的结构也不具备并发处理的能力。因此,为了描述操作系统的并发性,人们引入了一个新的概念——进程。进程是设计和分析操作系统的有力工具。只有以进程的观点去分析操作系统,才能理解操作系统是怎样进行管理和控制的。

为了说明进程这一概念,必须了解为什么要引入这个概念。为此,首先介绍程序的顺序执行、程序的并发执行的概念。

### 4.1.1 程序的顺序执行

#### 1. 数据、操作

人们借助电子计算机来解决各类问题,人、机之间交换信息是通过某种语言来实现的,即通过一些符号和某些物理现象的约定,最终把人们的思想传递给机器的。比如,用程序设计语言编写了一个程序,这样,程序设计语言用符号记录了人们需要传递的信息。通过计算机的输入设备将信息表示为二进制的形式传递给计算机系统。又如,磁性介质的极性也能表达人们和机器之间需要传递的信息。这实质上是通过选定的某些物理现象来表示人们思维的对象。

那些用来表示人们思维对象的抽象概念的物理表现叫做数据,而经过解释和处理以满足特定需要的数据叫做信息。数据是用来在人与人、人与计算机之间传递信息的,它可以存储起来以供将来使用,也可用来按某种规则予以处理以导出新的信息。

数据处理的规则叫做操作。每个操作都要有操作对象,一经启动就将在一段有限时间内操作完毕,并能根据状态的变化辨认出操作的结果。比如,一个操作可以将一组输入的数据变成另一组输出的数据。任何复杂的操作都是由简单的操作来定义的,所以简单的操作是基础。计算机所做的计算工作也是由许多操作组成的。前面曾把一个算法的实现叫做计算,现在要进一步具体化,即给计算下一个定义。

对某一有限数据的集合所施行的、目的在于解决某一问题的一组有限的操作的集合,称为一个计算。换言之,计算是由若干操作组成的。因为程序是算法的形式化描述,所以,一个程序的执行过程就是一个计算。

**2. 什么是程序的顺序执行**

一个计算由若干个操作组成,而这些操作必须按照某种先后次序来执行,以保证操作的结果是正确的,则这类计算过程就是程序的顺序执行过程。最简单的一种先后次序是严格的顺序,每次执行一个操作,只有在前一个操作完成后,才能进行其后继的操作。由于每一个操作可对应一个程序段的执行,而整个计算工作可对应为一个程序的执行,因此,一个程序由若干个程序段组成,而这些程序段的执行必须是顺序的,这个程序被称为顺序程序。

例如,在处理一个作业时,总是首先输入用户的程序和数据,然后进行计算,最后将所得的结果打印出来。显然,在早期的计算机中,输入、计算、打印这三个程序段的执行只能是一个一个地顺序执行(即使在现在,用户独占机器时也是这样)。用结点代表各个程序段的操作,其中 I 代表输入操作,C 代表计算操作,P 代表打印操作,箭头表示程序段执行的先后次序。上述程序段的执行可以表示为图 4.1。

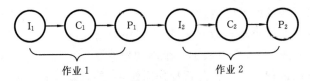

图 4.1　程序段的顺序执行

**3. 顺序程序的特点**

顺序程序的操作是一个接一个地以有限的速度进行的,并且每次操作前和操作后的数据、状态之间都有一定的关系。由此产生顺序程序的如下特点。

1) 顺序性

当顺序程序在处理机上执行时,处理机的操作是严格按照程序所规定的顺序执行的,即每个操作必须在下一个操作开始执行之前结束。

2) 封闭性

程序一旦开始执行,其计算结果不受外界因素的影响。因为是一道程序独占系统各种资源,所以当初始条件给定以后,这些资源的状态只能由程序本身确定,亦即只有本程序的操作才能改变它。

3) 可再现性

程序执行的结果与它的执行速度无关(即与时间无关),而只与初始条件有关。只要给定相同的输入条件,程序重复执行一定会得到相同的结果。

所谓与时间无关性,也就是说顺序程序的最后输出是与时间无关的、只与初始输入有关的函数。通俗地讲,顺序程序执行的结果与它的执行速度无关,即无论程序在执行过程中是连续地执行,还是间断地执行,都不会影响所得的最终结果。正是由于顺序程序具备与时间无关的性质,所以才具备可再现性。所谓可再现性,是指当初始条件相同时,程序多次执行,其结果必然重复出现。正是由于这个特点,给程序员检测和校正程序的错误带来了很大的方便。顺序程序具备与时间无关性的先决条件是:要求程序自身是封闭的,即一个程序执行时所用的变量、指针值、各资源的状态不能被外界所改变。

## 4.1.2 程序的并发执行

为了增强计算机系统的处理能力和提高机器的利用率,在现代计算机中广泛采用同时性操作技术。之所以并发操作是可能实现的,是因为人们看到了这样的事实:大多数计算问题只要求操作在时间上是偏序的,即有些操作必须在其他操作之前执行,这是有序的;但其中有的操作却可以同时进行。

图 4.1 所示的输入操作、计算操作和打印操作这三者必须顺序执行,因为这是一个作业的三个处理步骤,它们从逻辑上要求顺序执行。虽然系统具有输入机、中央处理机和打印机这三个物理部件,且它们实际上是可以同时操作的,但由于作业本身的特点,这三个操作还是只能顺序执行。但是,当有一批作业要求处理时,情况会不一样。比如,现有作业 1,作业 2,…,作业 n 要求处理,对每个作业的处理都有相应的三个步骤,描述如下。

对作业 1 的处理:$I_1$,$C_1$,$P_1$。

对作业 2 的处理:$I_2$,$C_2$,$P_2$。

$\vdots$

对作业 n 的处理:$I_n$,$C_n$,$P_n$。

当系统中存在着大量的操作时,就可以进行并发处理。例如,在输入完作业 1 的程序和数据后,即可进行该作业的计算工作;与此同时,可输入作业 2 的程序和数据,这就使作业 1 的计算操作和作业 2 的输入操作得以同时进行。图 4.2 说明了系统对一批作业进行处理时,各程序段执行的先后次序。

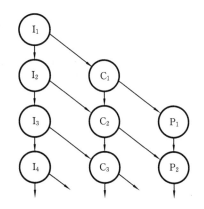

从图 4.2 中可以看出如下规律。

(1) 有的程序段执行是有先后次序的。如 $I_1$ 先于 $I_2$ 和 $C_1$,$C_1$ 先于 $P_1$ 和 $C_2$,$P_1$ 先于 $P_2$;$I_2$ 先于 $I_3$ 和 $C_2$ 等。

(2) 有的程序段可以并发执行。如 $I_2$ 和 $C_1$,$I_3$、$C_2$ 和 $P_1$,$I_4$、$C_3$ 和 $P_2$ 等。

图 4.2 程序段执行的先后次序

$I_2$ 和 $C_1$ 重叠表示输入完作业 1 的程序和数据后,在对第一个作业进行计算的同时,又输入第二个作业的程序。$I_3$、$C_2$ 和 $P_1$ 的重叠表示作业 1 计算完后,在输出打印的同时,若作业 2 已输入完毕,则立即对它进行计算,并对作业 3 进行输入。

所谓程序的并发执行是指:若干个程序段同时在系统中运行,这些程序段的执行在时间上是重叠的,一个程序段的执行尚未结束,另一个程序段的执行已经开始,即使这种重叠是很小的一部分,也称这几个程序段是并发执行的。图 4.3 所示的三个程序段就是并发执行的程序段。

可以用语句

cobegin

    $S_1; S_2; \cdots; S_n$

coend

来表示语句 $S_1, S_2, \cdots, S_n$ 能够并发执行。这是由 Dijkstra 首先提出来的。

为了确定这一语句的效果,应该把在给定程序中该并发语句的前、后两个语句 $S_0$ 及 $S_{n+1}$ 也加以考虑。即

$S_0$;

   cobegin

      $S_1; S_2; \cdots; S_n$

   coend;

$S_{n+1}$;

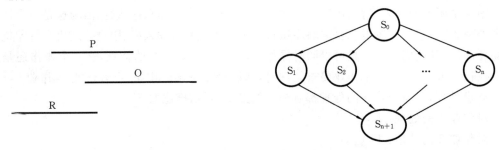

图 4.3　三个并发程序段　　　　　图 4.4　并发语句的先后次序

这一段程序可用图 4.4 所示并发语句的先后次序来表示。人们所期望的效果是:先执行 $S_0$,再并发执行 $S_1, S_2, \cdots, S_n$;当 $S_1, S_2, \cdots, S_n$ 全部执行完毕后,再执行随后的语句 $S_{n+1}$。

# *4.1.3　并发执行实例——誊抄

顺序程序具有与时间无关的特性,那么,当程序并发执行时是否还具有此特性呢? 为此,

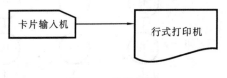

图 4.5　誊抄记录

讨论一个简单而又能说明问题的例子,它是由 Brinch Hansen 提出来的。这一例子是:用卡片输入机尽快地把一个文本复写(誊抄)到行式打印机上去。如图 4.5 所示。

下面讨论应以什么方案来解决这一誊抄问题。读者将看到三个不同的解决方案,请注意各方案提出的前提及各自的特点。

**1. 循环顺序程序的誊抄方案(方案一)**

对于这个问题的简单的解决办法是采用循环的顺序程序,用 f 表示读卡机上的记录序列,用 g 表示经誊抄程序处理后在打印机上的输出序列。这一誊抄程序的形式化描述见MODULE 4.1。本书中的算法用类似 C 语言的伪码来描述,这样有助于读者理解自然语言的描述,较容易地掌握算法的功能。

**MODULE 4.1　誊抄 1**

```
算法 transcribe 1
输入：f
输出：g
{
        while(f 不为空)
        {
                input；
                output；
        }
}
```

该程序的功能是每次从读卡机输入一个记录并把它输出到行式打印机上，直到输入完最后一个信息为止。这一方案的特点是简单、正确。然而，这一解法是低效的。因为，假定读卡机的标定速度为 1 000 卡/分，打印机的标定速度为 600 行/分，那么，最高的传输速度仅为 375 行/分。这一方案未能充分利用读卡机和打印机的并行操作能力，所以，系统的利用率是不高的。为了克服这一缺点，提出了以下的第二个解决方案。

**2. 并发程序的誊抄方案（方案二）**

该方案需设置一个缓冲区（假定缓冲区的容量为每次存放一个记录信息）。另外，将方案一中的顺序程序分为两部分：一部分负责将读卡机的信息送入缓冲区，另一部分负责从缓冲区取出信息并打印。这样可使誊抄速度提高到 600 行/分，即达到最慢的那个设备的传输速率。图 4.6 所示为两个程序段并发执行完成誊抄，两个程序的描述见 MODULE 4.2。

图 4.6　两个程序段并发执行完成誊抄

图 4.6 描述了输入程序和输出程序通过一个共用的缓冲区实现誊抄的过程。其中，输入程序不断地从读卡机读入信息并送到缓冲区中，输出程序不断地从缓冲区中取出信息并送行式打印机输出。但是，由于读卡机和行式打印机速度不一样，若对这两个程序的执行不加任何限制则会出现问题。下面讨论这两个程序并发执行时可能出现的情况。

① 若打印的速度高于输入的速度，将导致要打印的内容还没有送入缓冲区，打印的并不是所需要的内容。

② 若输入的速度高于打印速度，则打印机还未打印的内容可能被新输入的内容覆盖。这样，打印出来的内容，一部分正确，一部分为以后要打印的信息，而还有一些应该打印出的信息却丢失了。

在这种方案下，打印的结果是乱七八糟的信息，它虽然提高了设备利用率，但不能保证正确的誊抄，这也是不可取的。那么，能否提出一种既能使两个部件并行操作，又能保证正确誊抄的方案呢？为此，提出了以下第三种解决方案。

**MODULE 4.2   誊抄 2**

```
算法    transcribe 2
输入:f
输出:g
{
    cobegin
        while(f 不为空)
        {
            input;          /* 从读卡机输入记录 */
            send;           /* 发送到缓冲区 */
        }
        while(誊抄未完成)
        {
            receive;        /* 从缓冲区接收信息 */
            output;         /* 输出到行打机 */
        }
    coend
}
```

### 3. 并发程序的誊抄方案(方案三)

在第二种方案中,之所以不能正确地誊抄,是因为输入程序和输出程序共用一个缓冲区。由于两个设备的速度不相等,即装入记录和取出记录的速度不一样,从而导致了最终输出信息的错误。为此,可对第二方案作如下改进:由三个程序段共同完成誊抄工作,另外,设置两个缓冲区 s、t,各用来保持一个记录。三个程序段并发执行完成誊抄的工作过程如图 4.7 所示,该方案能实现正确的誊抄。

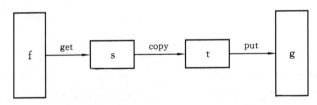

图 4.7   三个程序段并发执行完成誊抄的工作过程

图 4.7 中有三个程序段:get、copy 和 put。其中,get 负责将信息从输入机复制到缓冲区 s 中;copy 负责将信息从缓冲区 s 复制到缓冲区 t;put 负责将信息从缓冲区 t 中取出后打印输出。

当有大量卡片记录需要复制时,输入机的卡片信息可以看成一个记录序列 f,它由若干记录组成;打印机上输出的是另一序列 g,它也由若干记录组成。在这种情况下,三个程序段可以并发执行。为了能正确地誊抄,它们应该这样工作:get 程序段从输入序列 f 得到一个记录送入 s,copy 程序段把记录从缓冲区 s 复制到缓冲区 t,然后由 put 程序段将记录从缓冲区 t 放到输出序列 g 上(即在打印机上输出),与此同时,get 程序段又从输入序列得到下一个记录。这样重复,直到输出序列变空为止。其算法描述见 MODULE 4.3。

该算法中用到的 f、g 是两个记录序列,每个序列包含 n 个记录。s 和 t 是两个缓冲区,每

MODULE 4.3　誊抄 3

```
算法    transcribe 3
输入:f
输出:g
{
    if(f 不为空)
    {
        get(s,f);
        while(誊抄未完成)
        {
            t=s;
            cobegin
                put(t,g);
                get(s,f);
            coend
        }
    }
}
```

次能存放一个记录信息。

# 4.1.4　与时间有关的错误

通常在编制程序时可能发生错误,当一个带有错误的程序并发执行时会出现什么情况呢?能否像查找顺序程序中的错误那样找到其错误所在呢?这就涉及程序并发执行时可能出现的与时间有关的错误。为了说明这个问题,将继续对上述的誊抄程序进行讨论。

## 1. 什么是与时间有关的错误

MODULE 4.3 描述的算法是正确的,它可以将 f 中的记录正确地誊抄到 g 中去。假定 f 中原有一序列为 $r_1, r_2, r_3, \cdots, r_n$,而 g 为空。于是,可把这一情况记为

$$f=(r_1, r_2, \cdots, r_n)$$

$$g=(\ )$$

在上述算法中,重复语句含有三个分语句,可分别记为

copy≡t=s

put≡put(t,g)

get≡get(s,f)

这样,重复语句可简化为

while(誊抄未完成)

{

　　copy;

　　cobegin

```
        put;
        get;
    coend
}
```

这一重复语句的意义是:先做复制工作,然后是 $r_{i-1}$ 的输出和 $r_i$ 的输入工作同时进行,这样不断循环,直到输入序列空时为止。

假定编程时把重复语句写错了,即误写成如下形式:

```
while(誊抄未完成)
{
    cobegin
        copy;
        put;
        get;
    coend
}
```

那么,这一重复语句表示单个记录的复制、输入、输出这三个程序段可以并发执行。这一动态组合是相当复杂的,它们既可以在时间上任意穿插,也可能在时间上重叠。若穿插执行,这三个程序段就可能有六种穿插执行序列。若重叠执行,由于它们在执行时的重叠方式和重叠时间的多少不同,因而会有大量的执行序列,几乎是无法穷举的。所以,为了简单而又能说明问题,下面只讨论三者在时间上任意穿插的情况。

设系统初始时,序列 f 和 g 及两个缓冲区 s 和 t 的状态为

$f = (r_1, r_2, r_3, r_4, \cdots, r_n)$

$s = 0, t = 0, g = ()$

当执行了第一个初始的 get(s,f)后,计算所处的状态为

$f = (r_2, r_3, r_4, \cdots, r_n)$

$s = r_1, t = 0, g = ()$

按照 copy、put、get 次序执行第一次重复语句后,计算所处的状态为

$f = (r_3, r_4, \cdots, r_n)$

$s = r_2, t = r_1, g = (r_1)$

在第二次执行重复语句时,分析 copy、put、get 的六种可能的穿插执行序列以及各种序列执行之后可得到下列输出序列 g。

① copy;put;get    导致 $g = (r_1, r_2)$。

② copy;get;put    导致 $g = (r_1, r_2)$。

③ put;copy;get    导致 $g = (r_1, r_1)$。

④ put;get;copy    导致 $g = (r_1, r_1)$。

⑤ get;copy;put    导致 $g = (r_1, r_3)$。

⑥ get;put;copy    导致 $g = (r_1, r_1)$。

为什么会有这样的结果呢? 以①、③、⑤三种情况为例讨论系统中的两个序列 f、g 以及两

个缓冲区 s、t 在执行过程中的变化及最终结果。其他几种情况读者可以自己推导。

第二次重复语句的执行是在执行完第一次重复语句后所形成的系统状态开始的，即

$f=(r_3, r_4, \cdots, r_n)$

$s=r_2, t=r_1, g=(r_1)$

① copy;put;get

　　　先执行 copy，使 $t=r_2$

　　　再执行 put，　使 $g=(r_1, r_2)$

　　　最后执行 get，使 $f=(r_4, r_5, \cdots, r_n), s=r_3$

　　　最终状态为　　　$f=(r_4, r_5, \cdots, r_n)$

　　　　　　　　　　$s=r_3, t=r_2, g=(r_1, r_2)$

③ put;copy;get

　　　先执行 put，　使 $g=(r_1, r_1)$

　　　再执行 copy，使 $t=r_2$

　　　最后执行 get，使 $f=(r_4, r_5, \cdots, r_n), s=r_3$

　　　最终状态为　　　$f=(r_4, r_5, \cdots, r_n)$

　　　　　　　　　　$s=r_3, t=r_2, g=(r_1, r_1)$

⑤ get;copy;put

　　　先执行 get，　使 $f=(r_4, r_5, \cdots, r_n), s=r_3$

　　　再执行 copy，使 $t=r_3$

　　　最后执行 put，使 $g=(r_1, r_3)$

　　　最终状态为　　　$f=(r_4, r_5, \cdots, r_n)$

　　　　　　　　　　$s=r_3, t=r_3, g=(r_1, r_3)$

错误的并发语句有六种不同的穿插执行方式，有三种可能的结果。

(1) 若复制在输入、输出前完成，则输出正确的记录。

(2) 若输出在复制之前完成，则上一个记录被再度输出。

(3) 若输入后立即进行复制，则下一个记录将被输出。

从以上讨论可以看到：当程序并发执行时，系统处于一个复杂的动态组合状态，各程序执行的相对速度不定，程序员极不容易看到两个同样的结果，且在众多的结果中应该只有一个是正确的答案，而其他则是错误的。这种现象是程序并发执行时产生的新问题，这种错误与并发程序执行的相对速度有关，是与时间有关的错误。

与时间有关的错误可以这样描述：程序并发执行时若共享了公共变量，其执行结果将与并发程序执行的相对速度有关，即给定相同的初始条件，也可能会得到不同的结果，此为与时间有关的错误。因此，为了保证得到唯一正确的结果，需要实现并发程序执行时的互斥和同步。关于互斥、同步等问题在本章稍后介绍。通过这个例子的讨论，读者可以体会到为什么要提出互斥、同步的问题。

**2. 与时间有关的错误产生的原因**

MODULE 4.3 的誊抄 3 是一个正确的誊抄方案，其中有 put 和 get 这两个程序段的并发执行，曾用并发语句描写为

```
while(誊抄未完成)
{
    t＝s;
    cobegin
        put(t,g);
        get(s,f);
    coend
}
```

put 和 get 这两个程序段在并发语句括号内,说明它们是可以并发执行的。为什么这两个程序段的并发不会出错呢? 这是因为 put 和 get 这两个程序段是两个完全独立的、互不相关的执行过程,它们分别对不同的变量集合(t,g)和(s,f)进行操作,而这两个集合没有公共变量,或称为不相交的变量集合。通常将操作于不相交变量集合上的诸程序的执行叫做不相交的或无交互作用的并发执行过程。

再看一下有错误的算法:

```
while(誊抄未完成)
{
    cobegin
        copy;
        put;
        get;
    coend
}
```

在这一并发语句中,各程序段的执行不是不相交的,它们含有相交的变量(公共变量)t 和 s。输出过程 put(t,g)引用了被复制过程所改变的变量 t,而复制过程 t＝s 又引用了被输入过程所改变的变量 s。

从以上分析可看出:若并发执行的程序段共享某些公共变量,则一个程序的执行会改变另一个程序的变量。因此,程序执行时,其输出结果将受外界的影响而失去封闭性;同时,结果也是不可再现的,即使输入相同的初始条件,也可能会得到不同的结果,这种现象说明程序并发执行时会发生与时间有关的错误。

## 4.1.5  并发程序的特点

程序并发执行虽然有效地增加了系统的处理能力和机器的利用率,但它也带来了一些新问题,产生了与顺序程序不同的特征。

### 1. 失去程序的封闭性

如果一个程序的变量是其他程序执行时不可接触的,那么,这个程序执行后的输出结果一定是其输入的一个与时间无关的函数,即具有封闭性(顺序程序具有这一特性)。如果一个程序的执行可以改变另一个程序的变量,那么,后者的输出就可能有赖于各程序执行的相对速度,也就是失去了程序的封闭性特点。

现以两个并发程序 A 和 B 共用一个公共变量 n 来说明这个问题。设程序 A 对变量 n 做加 1 的操作,程序 B 打印 n 值,并将它重新置为零。于是,可以写出如 MODULE 4.4 所示的程序,其中 cobegin 和 coend 表示它们之间的程序是能够并发执行的。

**MODULE 4.4　共享变量的两个程序并发执行**

```
程序 cn
main( )
{
    int n＝0;
    cobegin
        A 任务
        {      ⋮
            n＋＋;
              ⋮
        }
        B 任务
        {
              ⋮
            printf("N IS %d \n",n);
            n＝0;
              ⋮
        }
    coend
}
```

由于程序 A 和 B 的执行都以各自独立的速度向前推进,故程序 A 的 n＋＋操作既可在程序 B 的 printf 操作和 n ＝ 0 操作之前,也可在其后或中间。设两个程序在开始执行时,n 的值为 $n_0$,对于这三种情况,打印机打印出来的 n 值分别为 $n_0＋1$、$n_0$ 和 $n_0$;执行后,n 的最终赋值为 0、1、0。之所以会出现错误,是因为它们共用了一个公共变量 n,而又没有采取恰当的措施。使计算结果与并发程序执行的速度有关,也就是说,并发程序已丧失了顺序程序的封闭性和可再现性的特点。

**2. 程序与计算不再一一对应**

程序与计算是两个不同的概念,前者是指令的有序集合,是静态的概念。而计算是指令序列在处理机上的执行过程,或处理机按照程序的规定执行操作的过程,是动态的概念。程序在顺序执行时,程序与计算之间有着一一对应的关系,但在并发执行时,这种关系就不再存在了。当多个计算任务共享某个程序时,它们都可以调用这个程序,且调用一次就是执行一次计算,因而这个程序可执行多次,即这个共享的程序对应多个"计算"。例如,在分时系统中,有多个终端用户都在编制 C 语言程序;而系统只有一个 C 语言编译程序。为了减少编译程序的副本,他们共享一个编译程序(当然每个用户各带自己的数据区)。这样,一个编译程序能同时为多个终端用户服务,每个多个终端用户调用一次 C 语言编译程序就是执行一次,即这个编译程序对应多个编译活动。

### 3. 程序并发执行的相互制约

程序并发执行时的相互制约关系可通过图 4.2 所示的例子来说明。当并发执行的各程序之间需要协同操作来完成一个共同的任务时，它们之间具有直接的相互制约关系，且这样的程序之间有一定的逻辑关系。比如，$I_1$、$C_1$ 和 $P_1$ 之间有一定的逻辑关系，它们必须顺序地执行。如果 $I_1$ 操作没有完毕，则 $C_1$ 就不能执行，因为程序和数据还没有送入机器。如果 $C_1$ 没有做完，还没有算出结果，当然不能打印，即 $P_1$ 不能执行。从图 4.2 中又看到，$I_3$、$C_2$、$P_1$ 可以并发执行。当 $C_1$ 完毕后，$P_1$ 即可执行。此时，$I_3$ 和 $C_2$ 同时操作虽是可能的，但能否实现，还要看它们和其他程序段之间的相互制约关系。如果此时 $I_2$ 没有结束，则 $I_3$ 和 $C_2$ 不能执行，因为 $I_2$ 和 $C_2$ 有直接的相互制约关系，而 $I_2$ 和 $I_3$ 之间有一种间接的相互制约关系，它们之间是由于资源共享而引起的联系。$I_2$ 和 $I_3$ 共用一台输入机，当 $I_2$ 占用后，在它未结束之前 $I_3$ 是无法执行的。

# 4.2 进程概念

## 4.2.1 进程的定义

对于并发执行的程序来说，它有时处于执行状态，但由于并发程序之间的相互制约关系，有时它需要等待某种共享资源，有时又可能要等待某些信息而暂时运行不下去，只得处于暂停状态，而当使之暂停的因素消失后，程序又可以恢复执行。所以，并发程序执行时是这样间断地向前推进的。换言之，由于程序并发执行时的直接或间接的相互制约关系，将导致并发程序具有"执行—暂停—执行"的活动规律，即与外界发生了密切的联系，从而失去了封闭性。在这种情况下，如果仍然使用程序这个概念，只能对它进行静止的、孤立的研究，不能深刻地反映它们活动的规律和状态变化。因此，人们引入了新的概念——进程，以便从变化的角度，动态地分析研究并发程序的活动。

进程是处理机活动的一个抽象概念。进程使"执行中的程序"这一概念在任何时候都是有意义的，而不论处理机在该时刻是否正在执行该程序的指令。这样，静态的程序和动态的进程便区分开了。

进程概念是 20 世纪 60 年代初期，首先由麻省理工学院的 MULTICS 系统和 IBM 公司的 TSS/360 系统引入的。其后，有许多人对进程下过各种定义。下面，仅列举几种比较能反映进程实质的定义。

① 进程是这样的计算部分，它是可以和其他计算并行的一个计算。

② 进程(有时称为任务)是一个程序与其数据一道通过处理机的执行所发生的活动。

③ 任务(或称进程)是由一个程序以及与它相关的状态信息(包括寄存器内容、存储区域和链接表)所组成的。

④ 所谓进程，就是一个程序在给定活动空间和初始环境下，在一个处理机上的执行过程。

根据 1978 年在庐山召开的全国操作系统会议上关于进程的讨论,结合国外的各种观点,国内对进程这一概念作了如下描述:

进程是指一个具有一定独立功能的程序关于某个数据集合的一次运行活动。

上述这些对进程的解释从本质上讲是相同的,但各有侧重,这说明进程这一概念至今尚未形成公认的、严格的定义。但是,进程已广泛而成功地被用于许多系统中,成为构造操作系统不可缺少的强有力的工具。

进程和程序是既有联系又有区别的两个概念,它们的区别如下。

(1) 程序是指令的有序集合,其本身没有任何运行的含义,它是一个静态概念。而进程是程序在处理机上的一次执行过程,它是一动态概念。程序可以作为一种软件资料长期保存,而进程则是有一定生命期的,它能够动态地产生和消亡。即进程可由“创建”而产生,由调度而执行,因得不到资源而暂停,以致最后由“撤销”而消亡。

(2) 进程是一个能独立运行的单位,能与其他进程并行地活动。

(3) 进程是竞争计算机系统有限资源的基本单位,也是进行处理机调度的基本单位。

进程和程序又是有联系的。在支持多任务运行的操作系统中,活动的最小单位是进程。进程一定包含一个程序,因为程序是进程应完成功能的逻辑描述;而一个程序可以对应多个进程。如果同一程序同时运行于若干不同的数据集合上,它将属于若干个不同的进程。或者说,若干不同的进程可以包含相同的程序。这句话的意思是:用同一程序对不同的数据先后或同时加以处理,就对应于好几个进程。例如,系统具有一个 C 语言编译程序,当它对多个终端用户的 C 语言源程序进行编译时,就产生了多个编译进程。

读者稍加留心就可以看出:进程和前面提到的计算有相似之处,它们都是程序的动态执行过程,从这一点上讲它们是一样的。但是,由于用进程描述操作系统的内部活动比较准确、清晰,所以都用进程这一概念来设计操作系统。

## 4.2.2　进程的类型

系统中同时存在许多进程,它们依性质不同可分为各种不同的类型。

有些进程起着资源管理和控制的作用,称为系统进程;而另一些是为用户算题任务而建立的进程称为用户进程。它们是有区别的。

① 系统进程被分配一个初始的资源集合,这些资源可为它所独占,也可以最高优先级的资格优先使用。用户进程通过系统服务请求的手段竞争系统资源。

② 用户进程不能做直接 I/O 操作,而系统进程可以做显示的、直接的 I/O 操作。

③ 系统进程在管态下活动,而用户进程在用户态下活动。

另外,进程还可以根据其活动特点来分类。有一类进程在其活动期间,大部分时间是进行计算工作,需要使用 CPU,即这类进程的活动是受 CPU 时间限制的;而另一类进程的活动则受 I/O 限制,在其活动期间需要进行大量的输入/输出工作,即这类进程的大部分活动时间取决于外设的 I/O 时间。例如,科学计算任务往往要求较多的 CPU 时间,但 I/O 信息较少;而数据处理问题正好相反,要求较少的 CPU 时间,而要处理大量的 I/O 信息。

### 4.2.3　进程的状态

#### 1. 进程的基本状态

前面已介绍过,进程有着"执行—暂停—执行"的活动规律。一般说来,一个进程并不是自始至终连续不停地运行的,它与并发执行中的其他进程的执行是相互制约的。它有时处于运行状态,有时又由于某种原因而暂停运行处于等待状态,当使它暂停的原因消失后,它又进入准备运行状态。所以,在一个进程的活动期间至少具备三种基本状态,即运行状态、就绪状态、等待状态(又称阻塞状态)。

① 就绪状态(ready)。当进程获得了除 CPU 之外所有的资源,它已经准备就绪,一旦得到 CPU 控制权,就可以立即运行,该进程所处的状态为就绪状态。

② 运行状态(running)。当进程由调度/分派模块分派后,得到中央处理机控制权,它的程序正在运行,该进程所处的状态为运行状态。

③ 等待状态(wait)。若一进程正在等待某一事件发生(如等待输入/输出操作的完成)而暂时停止执行,这时,即使给它 CPU 控制权,它也无法执行,则称该进程处于等待状态,又可称为阻塞状态。

对于一个实际的系统,在进程活动期间至少要区分出就绪、运行、等待这三种状态。原因是:如果系统能为每个进程提供一台处理机,则系统中所有进程都可以同时执行,但实际上处理机的数目总是少于进程数,因此,往往只有少数几个进程(在单处理机系统中,则只有一个进程)可真正获得处理机控制权。通常把那些获得处理机控制权的进程所处的状态称为运行状态;把那些希望获得处理机控制权,但因处理机数目太少而暂时分配不到处理机的进程所处的状态称为就绪状态。虽然所有进程并发执行,但它们之间并不完全独立,而是相互制约的,有的进程因某种原因暂时不能运行而处于等待状态。因此,在任何系统中,必须有这三种基本状态。当然,有的系统较为复杂,还可设置更多的进程状态,且对每一种状态还可进一步细分。例如,等待状态可能包含若干子状态,如主存等待、文件等待或设备等待等。这样细分和设置更多的状态需要增加相关模块的大小,增加系统的复杂性且常常要求大的系统开销。多数实时系统注意简化状态结构,以使调度和分派简单、高效。

#### 2. 进程状态变迁图

进程并非固定处于某个状态,它将随着自身的推进和外界条件的变化而发生变化。对于一个系统,可以用一张进程状态变迁图来说明系统中每个进程可能具备的状态,以及这些状态之间变迁的可能原因。在进程状态变迁图中,以结点表示进程的状态,以箭头表示状态的变化。具有进程基本状态的变迁图如图 4.8 所示。从中可以看出进程状态之间的演变以及它们相互转换的典型理由。

值得注意的是,运行状态的进程因请求某种服务而变为等待状态,但当该请求完成后,等待状态的进程并不能恢复到运行状态,它通常是先转变为就绪状态,再重新由调度程序来调度。其

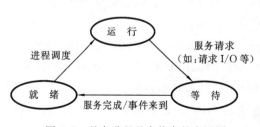

图 4.8　具有进程基本状态的变迁图

原因请读者考虑。

上面介绍了进程的三种基本状态及其转换。那么,进程是如何产生和消亡的呢? 进程是程序的一次执行过程,它是一个活动。当用户或系统需要一个活动时,可以通过创建进程的方法产生一个进程,进程被创建后进入就绪状态。而当一个进程的任务完成时,可以通过撤销进程的方法使进程消亡,进程转为完成状态。就绪状态、运行状态、等待状态是进程的三种基本状态。进程还有创建和消亡的过程。

在不同类型的操作系统中,进程状态变迁的原因,也不完全相同。如在分时系统中,因采用时间片调度策略,每个进程被调度时,会分得一个时间片,当时间片到时,该进程应该转变为何种状态呢? 请读者思考,并画出相应的进程状态变迁图。

## 4.2.4　进程的描述——进程控制块

为了适应并发程序设计的需要而引入了进程的概念。进程是程序的一次执行过程。程序是完成该进程活动的算法描述,它是静止的概念。当某程序和别的程序并发执行时,产生了动态特征,并由于并发程序之间的相互制约关系而造成了比较复杂的一个外界环境。为了描述一个进程和其他进程以及系统资源的关系,为了刻画一个进程在各个不同时期所处的状态,人们采用了一个与进程相联系的数据块,称为进程控制块(process control block,PCB)或称为进程描述器(process descriptor)。系统根据 pcb 而感知进程的存在,故 pcb 是标识进程存在的实体。当系统创建一个进程时,必须为它设置一个 pcb,然后根据 pcb 的信息对进程实施控制管理。进程任务完成时,系统撤销它的 pcb,进程也随之消亡。

从结构上说,每个进程都由一个程序段(包括数据)和一个进程控制块 pcb 组成,如图 4.9 所示。程序和数据描述进程本身应完成的功能;而进程控制块 pcb 则描述进程的动态特征,进程与其他进程和系统资源的关系。

为了对进程作充分的描述,pcb 应具有的信息如表 4.1 所示。

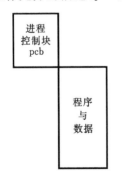

图 4.9　进程的组成

表 4.1　pcb 的结构

| name |
| --- |
| status |
| next |
| all_q_next |
| start_addr |
| priority |
| cpustatus |
| communication_information |
| process_family |
| own_resource |

表 4.1 中各项内容说明如下。

① 进程标识符 name。每个进程都必须有唯一的标识符,可以用字符或编号表示,在创建一个进程时,由创建者给出进程的标识符。另外,为了便于系统管理,进程还应有一个内部标识符(id 号)。

② 进程的当前状态 status。该项说明本进程目前处于何种状态（运行、就绪、等待），作为进程调度时分配处理机的主要依据。只有当进程处于就绪状态时，才有可能获得处理机。当某个进程处于阻塞状态时，有时要在 pcb 中说明阻塞的原因。

为了便于对进程实施管理，通常把具有相同状态的进程链在一起，组成各种队列。比如，将所有处于就绪状态的进程链在一起，称为就绪队列。把所有因等待某事件而处于等待状态的进程链在一起就组成各种等待（或阻塞）队列。而运行链在单处理机系统中则只有一个运行指针了（running）。进程当前状态可以用进程所属的当前队列头指针（current_q_start）来表征。如进程正处于运行状态，可用 running 运行指针来表示；当进程正处于就绪状态，可用就绪队列头指针 ready_q_start 来表示；若进程因等某事件（设为 x）而阻塞，可用 wait_x_q_start（等待 x 事件的队列头指针）来表示。也可以用不同的数字（如 0、1、2）或不同的符号（如 run、ready、wait）来表示。

③ 当前队列指针 next。该项登记了处于同一状态的下一个 pcb 的地址，以此将处于同一状态的所有进程链接起来。每个队列有一个队列头，其内容为队列第一个元素的地址。

图 4.10 描述了一个就绪队列和一个等待打印机队列的结构。

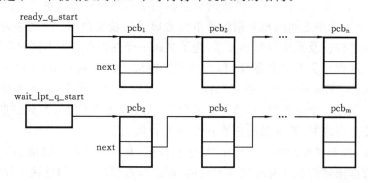

图 4.10　就绪队列和等待队列

④ 总链指针 all_q_next。系统中存在着大量的进程，它们依各自的状态分别处于相应的队列中，这便于对进程实施调度控制。但是，当进行某些管理功能，如执行创建新进程的功能时，就感到系统具有所有进程的总链将是十分方便的。因为进程的标识符必须是唯一的，由创建者给出的被创建进程的名字是否会重名，必须先检查系统已有的进程名，但若分别在各个队列去查询将是十分麻烦的，所以应提供一个进程总链结构。进程 pcb 中的该项内容是指向总链中的下一个 pcb 地址。

⑤ 程序开始地址 start_addr。该进程的程序将从此地址开始执行。

⑥ 进程的优先级 priority。进程的优先级反映了进程要求 CPU 的紧迫程度，它通常由用户预先提出或由系统指定。进程将依据其优先级的高低去争夺使用 CPU 的权利。

⑦ CPU 现场保护区 cpustatus。当进程由于某种原因释放处理机时，CPU 现场信息被保存在 pcb 的该区域中，以便在该进程重新获得处理机后能继续执行。通常被保护的信息有：工作寄存器、指令计数器以及程序状态字等。

⑧ 通信信息 communication information。通信信息是指每个进程在运行过程中与别的进程进行通信时所记录的有关信息。比如，可以包含正等待着本进程接收的消息个数，第一个消息的开始地址等。

⑨ 家族联系 process family。有的系统允许一个进程创建自己的子进程，这样，会组成一

个进程家族。在 pcb 中必须指明本进程与家族的联系,如它的子进程和父进程的标识符。

⑩ 占有资源清单 own_resource。

不同的操作系统所使用的 pcb 结构是不同的。对于简单系统,pcb 结构较小。而在一些较复杂的系统中,pcb 所含的内容则比较多,比如,还可能有关于 I/O、文件传输等控制信息。但是,一般 pcb 应包含的最基本内容如表 4.1 所示。

## 4.2.5　线程概念及特点

### 1. 什么是线程

为了进一步提高系统的并行处理能力。在现代操作系统中,例如 Windows 家族中使用了一个叫线程(threads)的概念。为什么要提出线程的概念? 什么是线程? 在这一节中作一简单讨论。

多线程的概念首先是在多处理机系统的并行处理中提出来的。传统的多处理机由若干台处理机组成,每台处理机每次运行单个现场,也就是说,每台处理机有一个有限硬件资源的单一控制线索。在这样的多处理机系统中,在进行远程访问期间会出现等待现象,处理机在这段时间间隔内处于空闲。为了提高处理机的并行操作能力,提出了多线程的概念。在每台处理机上建立多个运行现场,这样每台处理机有多个控制线程。在多线程系统结构中,多线程控制为实现隐藏处理机长时间等待提供了一种有效机制。线程可以用一个现场(context)表示,现场由程序计数器、寄存器组和所要求的现场状态字组成。

在操作系统中,为了支持并发活动,引入了进程的概念,在传统的操作系统中,每个进程只存在一条控制线索和一个程序计数器。但在有些现代操作系统中,提供了对单个进程中多条控制线索的支持。这些控制线索通常称为线程(threads),有时也称为轻量级进程(lightweight processes)。

线程是比进程更小的活动单位,它是进程中的一个执行路径。一个进程可以有多条执行路径,即线程。这样,在一个进程内部就有多个可以独立活动的单位,可以加快进程处理的速度,进一步提高系统的并行处理能力。

线程可以这样来描述:

① 线程是进程中的一条执行路径;

② 它有自己私用的堆栈和处理机执行环境(尤其是处理器寄存器);

③ 它共享分配给父进程的主存;

④ 它是单个进程所创建的许多个同时存在的线程中的一个。

进程和线程既有联系又有区别,对于进程的组成,可以高度概括为以下几个方面:

① 一个可执行程序,它定义了初始代码和数据;

② 一个私用地址空间(address space),它是进程可以使用的一组虚拟主存地址;

③ 进程执行时所需的系统资源(如文件、信号灯、通信端口等),是由操作系统分配给进程的;

④ 若系统支持线程运行,那么每个进程至少有一个执行线程。

进程是任务调度的单位,也是系统资源的分配单位;而线程是进程中的一条执行路径,当系统支持多线程处理时,线程是任务调度的单位,但不是系统资源的分配单位。线程完全继承父进程占有的资源,当它活动时,具有自己的运行现场。

线程的应用是很广泛的。如,字处理程序在活动时,可以有一个线程用于显示图形,另一个线程用来读入用户的键盘输入,还有第三个线程在进行拼写和语法检查。又如,网页服务器需要接收用户关于网页、图像、声音等请求。一个网页服务器可能有众多客户的并发访问。为此,网页服务器进程是多线程的。服务器创建一个线程以监听客户请求;当有请求产生时,服务器将创建另一个线程来处理请求。

**2. 线程的特点与状态**

1) 线程的特点

相对进程而言,线程的创建与管理的开销要小得多。因为线程可以共享父进程的所有程序和全局数据,这意味着创建一个新线程只涉及最小量的主存分配(线程表),也意味着一个进程创建的多个线程可以共享地址区域和数据。

在进程内创建多线程,可以提高系统的并行处理能力。例如,一个文件服务器,某时刻它正好封锁在等待磁盘操作上,如果这个服务器进程具有多个控制线程,那么当另一个线程在等待磁盘操作时,第二个线程就可以运行,比如它又可接收一个新的文件服务请求。这样可以提高系统的性能。

从图 4.11(a)中看到,计算机系统 A 有三个进程,每个进程各自创建了一个线程。它们拥有私有的指令计数器、私有的栈区、私有的寄存器集合和地址区域。在这种情况下,这些进程和线程都是独立的活动单位,线程的优点没有充分体现出来。

从图 4.11(b)中看到,在计算机系统 B 中的一个进程包含了三个线程。每一个线程运行进程中的一个程序段,并拥有自己的指令计数器和记录它活动轨迹的栈。这样,进程中就有三条执行路径,增强了并行处理能力。

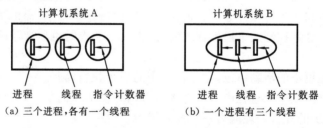

图 4.11    进程和线程

2) 线程的状态变迁

如果一个系统支持线程的创建与线程的活动,那么处理机调度的最小单位是线程而不是进程。一个进程可以创建一个线程,那么它具有单一的控制路径,一个进程也可创建多个线程,那么它就具有多个控制路径。这时,线程是争夺 CPU 的单位。线程也有一个从创建到消亡的生命过程,在这一过程中它具有运行、等待、就绪或终止几个状态。

(1) 创建。建立一个新线程,新生的线程将处于新建状态。此时它已经有了相应的主存空间和其他资源,并已被初始化。

(2) 就绪。线程处于线程就绪队列中,等待被调度。此时它已经具备了运行的条件,一旦分到 CPU 时间,就可以立即去运行。

(3) 运行。一个线程正占用 CPU,执行它的程序。

(4) 等待。一个正在执行的线程如果发生某些事件,如被挂起或需要执行费时的输入/输出操作时,将让出 CPU,暂时中止自己的执行,进入等待状态。等待另一个线程唤醒它。

（5）终止。一个线程已经退出,但该信息还没被其他线程所收集(在 UNIX 术语中,父线程还没有做 wait)。

线程与进程一样是一个动态的概念,也有一个从产生到消亡的生命周期,如图 4.12 所示。

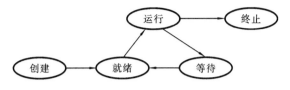

图 4.12　线程的生命周期

线程在各个状态之间的转化及线程生命周期的演进是由系统运行的状况、同时存在的其他线程和线程本身的算法等因素共同决定的。在创建和使用线程时,应注意利用线程的方法宏观地控制这个过程。

3）用户线程和内核线程

用户线程是在内核的支持下,在用户层通过线程库实现的。线程库提供对线程创建、调度和管理等方面的支持。由于内核并不知道用户级的线程,所以用户线程的创建和调度是在用户空间内进行的,不需要内核干预。因此,用户级线程通常能快速的创建和管理,但用户线程也有缺点。如果内核是单线程的,那么任何一个用户级线程执行了一个线程等待的系统调用,就会引起整个进程的阻塞,即使还有其他线程可以在应用程序内运行。用户线程库的例子有:POSIX Pthread、Mach C-thread 和 Solaris 2 UI-thread。

内核线程由操作系统直接支持。内核在其空间内执行线程创建、调度和管理。由于线程的管理是由操作系统完成的,所以内核线程的创建和管理比在用户级创建和管理用户线程要慢;但正是由于内核管理线程,当一个线程执行等待的系统调用时,内核能调度应用程序内的另一个线程去运行。而且,在多处理器环境下,内核能在不同的处理器上调度线程。绝大多数的现代操作系统都支持内核线程,如 Windows NT、Windows 2000、Solaris 2 等。

# 4.3　进 程 控 制

## 4.3.1　进程控制的概念

进程控制的职责是对系统中的全部进程实施有效的管理,它是处理机管理功能的一部分,当系统允许多进程并发执行时,为了实现共享、协调并发进程的关系,处理机管理就必须提供对进程实行有效控制的功能。操作系统的核心具有创建、撤销进程和实施进程间同步、通信等功能。这些功能是由一些具有特定功能的程序段组成的,而且是通过执行各种原语操作来实现各种控制和管理功能的。原语是一种特殊的系统调用,它可以完成一个特定的功能,一般为外层软件所调用,其特点是原语执行时不可中断,所以原语操作具有原子性,即它是不可再分的。在操作系统中,原语是作为一个基本单位出现的。

用于进程控制的原语有:创建原语、撤销原语、阻塞原语、唤醒原语等。

对于用户来说,在多进程环境中,它具有一个主进程和可能出现的同时活动的子进程。为了完成用户程序的任务,用户必须控制这些进程的活动。操作系统应能提供控制功能,用户则通过服务请求方式获得这些功能。

## 4.3.2　进程创建

进程管理的基本功能之一是能创建各种新的进程,这些新进程是一个与现有进程不同的实体。在系统生成时,要创建一些必需的、承担系统资源分配和管理工作的系统进程。对于用户作业,每当调作业进入系统时,由操作系统的作业调度程序为它创建一个进程。这个进程还可以创建一些子进程,以完成一些并行的工作。创建者称为父进程,被创建者称为子进程,创建父进程的进程称为祖父进程,这样就构成了一个进程家族。但用户不能直接创建进程,而只能通过操作系统提供的进程创建原语,以系统请求方式向操作系统申请创建进程。

无论是系统或是用户创建进程都必须调用创建原语来实现。创建原语的主要功能是创建一个指定标识符的进程。主要任务是形成该进程的进程控制块 pcb。所以,调用者必须提供形成 pcb 的有关参数,以便在创建时填入。这些参数是:进程标识符、进程优先级、本进程开始地址等,其他资源从父进程那里继承。如在 UNIX 系统中,父进程创建一个子进程时,该子进程继承父进程占用的系统资源,以及除进程内部标识符外的其他特性。

创建原语的形式为

create（name,priority,start_addr）

其中,name 为被创建进程的标识符;priority 为进程优先级;start_addr 为某程序的开始地址。进程创建原语的算法描述见 MODULE 4.5。

**MODULE 4.5　进程创建**

```
算法 create
输入:新进程的符号名,优先级,开始执行地址
输出:新创建进程的内部标识符 pid
{
    在总链队列上查找有无同名的进程;
    if(有同名进程)
      return(错误码);                /* 带错误码返回 */
    从 pcb 资源池申请一个空闲的 pcb 结构;
    if(无空 pcb 结构)
        return(错误码);              /* 带错误码返回 */
    用入口参数设置 pcb 内容;
    置进程为"就绪"态;
    将新进程的 pcb 插入就绪队列;
    将新进程的 pcb 插入总链队列;
    return(新进程的 pid);

}
```

在程序中,"从 pcb 资源池申请一个空闲的 pcb 结构"这一条语句要稍加说明。pcb 资源池是 pcb 集合,如图 4.13所示。它是在系统区开辟的一片区域,用来存放所有进程的进程控制块。该集合的大小为 n×(pcb_size)。其中,pcb_size 为 pcb 结构的大小,n 为系统具有的 pcb 个数。pcb 集合的 n 值由系统生成时确定。系统初始化时,每个 pcb 结构中进程标识符单元内都存放"−1",表示该 pcb 结构为空。当创建原语执行成功后,该项内容为新创建进程的标识符。

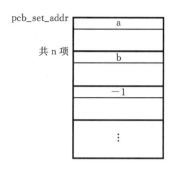

图 4.13  pcb 集合

## 4.3.3  进程撤销

一个进程由进程创建原语创建,当它完成了其任务之后就希望终止自己。这时,应使用进程撤销原语,其命令形式为 kill(或 exit)。该命令没有参数,其执行结果也无返回信息。它的功能是将当前运行的进程(因为是自我撤销)的 pcb 结构归还到 pcb 资源池,所占用的资源归还给父进程,从总链队列中摘除它,然后转进程调度程序。因为调用者自己已被撤销,所以应由进程调度程序再选一个进程去运行。进程撤销原语算法描述见 MODULE 4.6。

**MODULE 4.6  进程撤销**

```
算法   kill
输入:无
输出:无
{
      由运行指针得当前进程的 pid;
      释放本进程所占用的资源给父进程;
      该进程从总链队列中摘除;
      释放此 pcb 结构;
      转进程调度;
}
```

## 4.3.4  进程阻塞

有了创建原语和撤销原语,虽然进程可以从无到有、从存在到消亡,但还不能完成进程各种状态的变迁。例如,由"运行"转变为"阻塞",由"阻塞"转变为"就绪"的状态变迁还需要操作系统进程控制模块的支持。这两种变迁可直接使用阻塞原语和唤醒原语来实现,也可能在进程同步或通信时发生。下面先讨论阻塞原语(或称挂起命令)。

当进程需要等待某一事件完成时,它可以调用阻塞原语把自己挂起。而一旦被挂起,它只能由另一个进程唤醒。进程阻塞原语形式为

susp(chan)

入口参数 chan:进程等待的原因。

阻塞命令的功能是停止调用进程的执行,将 CPU 现场保留到该进程的 pcb 现场保护区;然后,改变其状态为"等待",并插入到等待 chan 的等待队列;最后使控制转向进程调度,以选择下一个进程。进程阻塞(挂起)原语的算法描述见 MODULE 4.7。

**MODULE 4.7    进程阻塞(挂起)**

```
算法 susp
输入:chan 等待的事件(阻塞原因)
输出:无
{
    保护现行进程的 CPU 现场到 pcb 结构中;
    置该进程为"阻塞"态;
    将该进程 pcb 插入到等待 chan 的等待队列;
    转进程调度;
}
```

## 4.3.5   进程唤醒

进程由"运行"转变为"阻塞"状态是由于进程必须等待某一事件的发生,所以处于阻塞状态的进程是绝对不可能叫醒自己的。比如,若某进程正在等待输入/输出操作完成或等待别的进程发消息给它,则只有当该进程所期待的事件出现时,才由发现者进程用唤醒原语叫醒它。一般说来,发现者进程和被唤醒进程是合作的并发进程。唤醒原语的形式为

wakeup(chan)

唤醒原语的功能是当进程等待的事件发生时,唤醒等待该事件的进程。进程唤醒原语的算法描述见 MODULE 4.8。

**MODULE 4.8    进程唤醒**

```
算法   wakeup
输入:chan 等待的事件(阻塞原因)
输出:无
{
    找到该阻塞原因的队列指针;
    for(等待该事件的进程)
    {
        将该进程移出此等待队列;
        置进程状态为"就绪";
        将进程 pcb 插入就绪队列;
    }
}
```

唤醒原语的最后一步可以转进程调度,也可返回现行进程。这要由系统设计者决定。按常理,当发现者进程唤醒了一个等待某事件的进程后,控制仍应返回原进程。但有的系统,为了造成更多的调度机会,一般在实施进程控制功能后转进程调度,以便让调度程序有机会去选

择一个合适的进程来运行。

## *4.3.6　进程延迟

**1. 通用延迟过程**

当某进程需要延迟一段时间再执行时,它发出 delay 命令,由操作系统的延迟过程完成此功能。进程延迟过程的算法描述见 MODULE 4.9,其功能是将需要延迟的进程的 pcb 结构按其延迟时间加入到延迟队列中的适当位置上。首先保护调用者的 CPU 现场,再计算请求延迟进程所需延迟的时间,这一时间是 clock_ticks,它是由进程所需延迟的秒数乘以时钟速率而得到的,即 clock_ticks＝secs×(clock_rate),然后以 clock_ticks 数值为依据检索延迟队列,把这个延迟进程插入到延迟队列的合适位置中。

**MODULE 4.9　进程延迟**

```
算法 delay
输入:seconds /* 需延迟的秒数 */
输出:无
{
        保护调用进程的 CPU 现场;
        clock_ticks＝seconds×(clock_rate);              /* 需延迟的机内时间 */
        封锁延迟队列;
        以 clock_ticks 值检索延迟队列;
        找到合适位置插入;                       /* 延迟队列按需延迟时间的升序排序 */
        解锁延迟队列;
        置该进程为延迟状态;
        转进程调度;
}
```

延迟队列结构如图 4.14 所示。为了实现延迟功能,在 pcb 中增加了一个 deltatime 项,其内容为进程所需延迟的 clock_ticks 总数与延迟队列中前一个进程的 clock_ticks 总数之差。假定进程 A、进程 B 和进程 C 所需延迟的 clock_ticks 总数分别为 2,5 和 10,则在 $pcb_a$、$pcb_b$ 和 $pcb_c$ 的 deltatime 这一项中的内容分别为 2,3 和 5,即延迟队列按延迟时间升序排列。

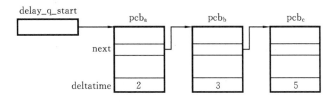

图 4.14　延迟队列结构

假定有一个进程需延迟的 clock_ticks＝8,它应插入图 4.14 所示的队列的什么位置呢?首先应将 clock_ticks 值送入要延迟进程 pcb 的 deltatime 项中(记为 $deltatime_{new}$),然后以此值与延迟队列中的每一个进程的 deltatime(记为 deltatime $pcb_i$)相减得 time,即 time＝

$\text{deltatime}_{\text{new}} - \text{deltatime pcb}_i$。若此差值为正,则以这个差值作为要延迟进程的 deltatime 项的新值,继续比较。当差值为负值时,表示已找到了合适的位置,应将要延迟进程的 pcb 插入到相比较的这个进程的前面,而后者的 deltatime 值应为二者相减的差值(取正值),至此,这一工作就完成了。图 4.15 所示为将一个延迟进程插入延迟队列的过程。

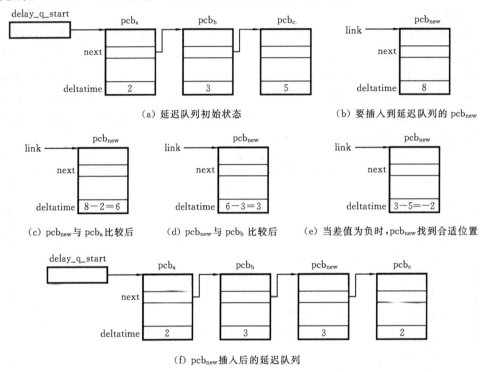

图 4.15   将一个延迟进程插入延迟队列的过程

**2. 延迟唤醒进程**

当某一进程延迟时间到时,由延迟唤醒进程把它唤醒。延迟唤醒进程是一个系统进程,它在系统初始化时被创建,之后它连续地执行直到系统关闭。该进程是由时钟中断激活的,当时钟中断来到时,它取延迟队列首元素,将其 deltatime 值减 1,并判断是否为零。若为零,则将该进程移入就绪队列,然后中断返回,等下一次时钟中断的到来。若不为零,则该进程也返回,再等待下一次时钟中断的到来。

不论是延迟唤醒进程还是通用延迟过程都要使用延迟队列。为了保证队列的完整性,在进行队列操作时必须封锁延迟队列,操作完毕后再解锁。

# 4.4   进程的相互制约关系

在多进程系统中,诸进程可以并发执行,并以各自独立的速度向前推进。但由于它们共享系统资源并必须协作,因而进程之间存在错综复杂的相互制约关系。

## 4.4.1 进程竞争与合作

在操作系统环境中,活动的大量的并发进程有着相互制约关系。这种相互制约关系分为两种情况:一种是由于竞争系统资源而引起的间接相互制约关系;另一种是由于进程之间存在共享数据而引起的直接相互制约关系。

**1. 竞争系统资源**

进程间的相互制约关系,有一种情况是由于竞争系统资源而引起的间接相互制约关系。这些进程共享系统资源,在这种情况下,各进程对共享资源的使用是通过操作系统的资源管理程序来协调的。凡需使用共享资源的进程,先向系统提出申请,然后由操作系统的资源管理程序根据资源情况,按一定的策略来实施分配。比如,进程对处理机的共享是靠操作系统的进程调度程序来协调的;又如,当系统采用分页存储管理技术时,各进程对主存页面的共享是靠操作系统的分页存储管理程序来协调的。当进程 A 向系统要求资源 R,但得不到满足时,资源管理程序将其状态改为“等待”,并标明等待原因是等资源 R;反之,当另一进程释放资源 R时,资源管理程序唤醒等资源 R 的进程,使其转为“就绪”状态。

**2. 进程协作**

当进程之间存在共享数据时,将引起直接的相互制约关系。例如,并发进程之间共享了某些数据、变量、队列等,为了使各进程不致因争夺共享数据而发生混乱,保证数据的完整性,需要正确地处理进程协作的问题。解决进程协作问题的方法是操作系统提供一种同步机构。各进程利用这些同步机构来使用共享数据,实现正确的协作。

为什么会出现进程需要协作的问题呢? 有以下几种原因。

(1)信息共享。由于多个用户可能对同样的信息感兴趣(例如,共享文件),所以,操作系统必须提供支持以允许这对些资源类型的并发访问。由于对信息(或称数据)的共享,这些进程是合作进程。

(2)并行处理。如果一个任务在逻辑上可以分为多个子任务,这些子任务可以并发执行以加快该任务的处理速度。由于这些子任务是为了完成一个整体任务而并发执行的,它们之间一定有直接的相互制约关系,这些进程称为合作进程。

进程之间的直接相互制约关系必然导致进程之间需按一定的方式进行信息传递,这就是进程通信的关系。进程通信关系又可细分为:进程互斥、进程同步和进程的直接通信。

## 4.4.2 进程互斥的概念

进程之间的直接相互制约是通过进程通信来实现的,它们之间需要交换信息以便达到协调的目的,也就是需要同步。进程同步广义的定义是指对于进程操作的时间顺序所加的某种限制。例如,“操作 A 应在操作 B 之前执行”,“操作 C 必须在操作 A 和操作 B 都完成之后才能执行”等。在这些同步规则中有一个较特殊的规则是,“多个操作决不能在同一时刻执行”,如“操作 A 和操作 B 不能在同一时刻执行”,这种同步规则称为互斥。下面讨论临界资源、临界区和互斥的概念。

### 1. 临界资源

先通过几个例子(如两个进程共享硬件资源、共享公用变量、共享数据表格)来说明临界资源的概念。

1) 进程共享打印机

打印机是系统资源,应由操作系统统一分配。此例是想说明,若将打印机由多用户直接使用会出现什么问题。假定进程 A、B 共享一台打印机,若让它们任意使用,那么可能发生的情况是,两个进程的输出结果将交织在一起,很难区分。解决这一问题的办法是,进程 A 要使用打印机时应先提出申请,一旦系统把资源分配给它,就一直为它所独占。这时,即使进程 B 也要使用打印机,它必须等待,直到进程 A 用完并释放后,系统才把打印机分配给进程 B 使用。由此可见,虽然系统中可同时有许多进程,它们共享各种资源,然而有些资源一次只能为一个进程所使用。

2) 进程共享公共变量

并发进程对公用变量进行访问和修改时,必须加以某种限制,否则会产生与时间有关的错误,即进程处理所得的结果与访问公共变量的时间有关。例如,有两个进程共享一个变量 $x$($x$ 可代表某种资源的数量),这两个进程在一个处理机 C 上并发执行,分别具有内部寄存器 $r_1$ 和 $r_2$,两个进程可按下列 a、b 两种方式对变量 $x$ 进行访问和修改。

方式 a    $p_1$: $x_1 = x; r_1 = r_1 + 1; x = r_1;$

   $p_2$:                                    $r_2 = x; r_2 = r_2 + 1; x = r_2;$

---

方式 b    $p_1$: $r_1 = x;$                             $r_1 = r_1 + 1; x = r_1;$

   $p_2$:                    $r_2 = x; r_2 = r_2 + 1; x = r_2;$

在 a 方式下,两个进程各对 $x$ 作加 1 操作,相应地 $x$ 增加了 2;而按 b 方式对变量 $x$ 进行修改,虽然两个进程各自对 $x$ 作了加 1 操作,但 $x$ 却只增加了 1。

所以,当两个(或几个)进程可能异步地改变公共数据区内容时,必须防止两个(或几个)进程同时存取和改变公共数据。如果未提供这种保证,被修改的区域一般就不可能达到预期的变化。当两个进程公用一个变量时,它们必须顺序地使用,一个进程对公用变量操作完毕后,另一个进程才能去访问并修改这一变量。

3) 进程共享公共表格

下面再举一例,此例是两个系统进程公用一张表格。假定进程 A 负责为用户作业分配打印机,进程 B 负责释放打印机。它们共用一张如表 4.2 所示的打印机分配表。

进程 A 分配打印机的过程是:

① 逐项检查分配标志,找出分配标志为 0 的台号;

② 将该台号分配标志置 1;

③ 将用户名和设备名填入分配表中相应位置。

进程 B 释放打印机的过程是:

① 逐项检查分配表的各项信息,找出分配标志为 1、且用户名和设备名与被释放的名字相同的台号;

② 将该台号分配标志置 0;

表 4.2　打印机分配表

| 打印机台号 | 分 配 标 志 | 用 户 名 | 用户定义的设备名 |
| --- | --- | --- | --- |
| 0 | 1 | 甲 | PRINT |
| 1 | 0 | | |
| 2 | 1 | 乙 | OUTPUT |
| 3 | 0 | | |

③ 清除该台号用户名和设备名。

假定进程 B 在释放用户甲占用的第 0 台号打印机、执行第③步之前被夺走 CPU,接着执行进程 A。若进程 A 发现第 0 台号分配标志为 0,则把该台分配出去,并填入用户名和设备名,然后 CPU 返回到进程 B。B 继续执行第③步,结果把刚才进程 A 填入的名字清除掉。若不允许打断进程 B 对分配表的访问和修改操作,则进程 A 就不会把尚未完全收回的第 0 台号打印机分配出去,而是分配另一台。

通常把一次仅允许一个进程使用的资源称为临界资源。许多物理设备,如输入机、打印机、磁带机等都具有这种性质。除了物理设备外,还有一些软件资源,如变量、数据、表格、队列等也都具有这一特点。它们虽可为若干进程所共享,但一次只能为一个进程所利用。

**2. 临界区**

在每个进程中,访问临界资源的那段程序能够从概念上分离出来,称为临界区或临界段。它就是进程中对公共变量(或存储区)进行审查与修改的程序段,称为相对于该公共变量的临界区。诸进程进入临界区必须互斥,即仅当进程 A 进入临界区完成对 X 的操作,并退出临界区后,进程 B 才允许访问其对应的临界区。

如图 4.16 所示的三个并发进程,其中 ab、ef 段分别对某一变量 Q 进行写入操作,cd 段对该变量 Q 进行读出操作。此时,Q 为这三个进程共享的临界资源,而 ab、cd、ef 就是对 Q 进行操作的临界区。在任一时刻,这三个进程中最多只允许有一个进程可以进入临界区,否则就会造成混乱。

值得注意的是,共享临界资源的各进程都有访问临界资源的临界区,所以相对于同一临界资源会有若干个临界区。相对于同一公共变量的若干个临界区,则必须是一个进程执行完毕,出了临界区,另一个进程才能进入它的临界区。

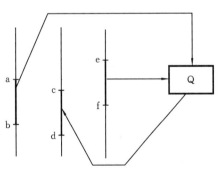

进程 A　进程 B　进程 C

图 4.16　具有临界区的并发进程

为了禁止两个进程同时进入临界区内,可以采用硬件的方法,如设置“测试并设置”指令;也可采用各种不同的软件算法来协调它们的关系。但是,不论是软件算法或硬件方法都应遵循下列准则。

(1)当有若干进程欲进入它的临界区时,应在有限时间内使进程进入临界区。换言之,它们不应相互阻塞而致使彼此都不能进入临界区。

（2）每次至多有一个进程处于临界区。

（3）进程在临界区内仅逗留有限的时间。

**3. 互斥**

通常把允许若干进程均能访问和修改的存储单元称为公共变量。对公共变量或公用存储区这样的临界资源的共享具有这样的特点：共享的各方不能同时读写同一数据区，只有当一方读、写完毕后，另一方才能读、写。

在操作系统中，当某一进程正在访问某一存储区域时，就不允许其他进程来读出或者修改该存储区的内容；否则，就会出现无法估计的错误。通常将进程之间的这种相互制约关系称为互斥。

一般采用同步机构实现进程互斥。同步机构在 4.5 节中讨论。

## 4.4.3    进程同步的概念

互斥解决了并发进程对临界区的使用问题。这种基于临界区控制的交互作用是比较简单的，只要诸进程对临界区的执行时间互斥，每个进程就可忽略其他进程的存在和作用。

另外，还需要解决异步环境下的进程同步问题。所谓异步环境是指：相互合作的一组并发进程，其中每一个进程都以各自独立的、不可预知的速度向前推进；但它们又需要密切合作，以实现一个共同的任务，即彼此"知道"相互的存在和作用。例如，相互合作的进程之间需交换一定的信息，当某进程未获得其合作进程发出的消息之前，该进程就等待，直到所需信息收到时才变为就绪状态（即被唤醒）以便继续执行，从而实现了诸进程的协调运行。

所谓同步，就是并发进程在一些关键点上可能需要互相等待与互通消息，这种相互制约的等待与互通信息称为进程同步。同步意味着两个或多个进程之间根据它们一致同意的协议进行相互作用。同步的实质是使各合作进程的行为保持某种一致性或不变关系。要实现同步，一定存在着必须遵循的同步规则。

**1. 同步的例子**

1）病员就诊

同步的例子不仅在操作系统中存在，在日常生活中也大量存在。例如，医生为某病员看病，认为需要作某些化验，于是，就为病员开了化验单。病员取样送到化验室，等待化验完毕交回化验结果，然后继续看病。医生为病员看病是一个活动（或称进程），化验室的化验工作又是另一个活动，它们是各自独立的活动单位，但它们共同完成医疗任务，所以需要交换信息。上述这两个合作进程之间有一种同步关系：化验进程只有在接收到看病进程的化验单后才开始工作；而看病进程只有获得化验结果后才能继续为该病员看病，并根据化验结果确定医疗方案。看病进程与化验进程的同步关系如图 4.17 所示。

2）计算进程和打印进程

下面，再举一个操作系统中进程合作的例子：计算进程（compute process，CP）和打印进程（input-output process，IOP）共享一个单缓冲区的同步问题，如图 4.18 所示。其中，计算进程

图 4.17  看病进程与化验进程的同步关系

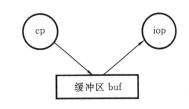

图 4.18  计算进程和打印进程共享
单缓冲区的同步问题

负责对数据进行计算,打印进程负责打印计算结果。当计算进程对数据的计算尚未完成,未把结果送入缓冲区之前,打印进程无法执行打印操作。一旦计算进程把计算结果送入缓冲区时,就应该给打印进程发出一信号,打印进程收到该信号后,便可从缓冲区取出计算结果打印。与之对应,在打印进程未把缓冲区的计算结果取出打印之前,计算进程也不能再把下一次计算结果送入缓冲区;这同样需要打印进程在取走缓冲区中的计算结果时,给计算进程发送一个信号,而计算进程只有在收到该信号后才能将下一个计算结果送入缓冲区。计算进程和打印进程之间就是用这种发信号方式实现同步的。

# 4.5  同 步 机 构

在进程并发执行的过程中,进程之间存在协作的关系,例如有互斥、同步的关系。为了实现进程间正确的协作,操作系统必须提供实现进程协作的措施和方法,称为同步机构。操作系统提供的同步机构有锁和上锁、开锁操作;还有一个称为信号灯(或称信号量)的同步机构,包括信号灯和 P、V 操作。这两个同步机构都可以方便地实现进程互斥,而信号灯比锁的功能更强一些,它还可以方便地实现进程同步。

## 4.5.1  锁和上锁、开锁操作

在大多数同步机构中,必须用一个标志来代表某种资源的状态。比如,标志为零,表示未被使用,否则表示已被使用。这一标志经常被称为锁或信号灯。所以,锁和信号灯是大多数同步机构所采用的一个物理实体。

在锁这一同步机构中,对应于每一共享数据块或设备都要有一个单独的锁位。按惯例,常用锁位值为"0"表示资源可用,而用"1"表示资源已被占用。这样,进程使用某一共享资源之前必须完成下列动作(即关锁操作):

① 检测锁位的值(是 0 还是 1);

② 如果原来的值为 0,将锁位置为 1(表示占用资源);

③ 如果原来的值为1(即资源已被占用),则返回第①步再考察。

当进程使用完资源后,它将锁位置成"0",称为开锁操作。

系统可提供在一个锁位 w 上的两个原语操作 lock(w)和 unlock(w),其算法描述见 MODULE 4.10 和 MODULE 4.11。

**MODULE 4.10  上锁原语**

```
算法 lock
输入:锁变量 w
输出:无
{
    test: if(w= =1)
            goto test;     /* 测试锁位的值 */
            else w=1;     /* 上锁 */
}
```

**MODULE 4.11  开锁原语**

```
算法 unlock
输入:锁变量 w
输出:无
{
    w = 0;     /* 开锁 */
}
```

在测试锁位的值和置锁位的值为 1 这两步之间,锁位不得被其他进程所改变,这是应该绝对保证的。一般可采用"原语"来实现,有些机器在硬件中设置了"测试并设置"指令,保证了第一步和第二步的不可分离性。

在上述简单的上锁原语中,goto 语句使执行 lock(w)原语的进程占用处理机而等待进入互斥段(称为"忙等待")。为此,可将上锁原语和开锁原语作进一步修改。修改后的上锁过程和开锁过程见 MODULE 4.12 和 MODULE 4.13。

**MODULE 4.12  改进的上锁原语**

```
算法 lock1
输入:锁变量 w
输出:无
{
    while(w= =1)
    {
        保护现行进程的 CPU 现场;
        将现行进程的 pcb 插入 w 的等待队列;
        置该进程为"等待"状态;
        转进程调度;
    }
    w = 1;             /* 上锁 */
}
```

MODULE 4.13 改进的开锁原语

```
算法 unlock1
输入:锁变量 w
输出:无
{
    if(w 等待队列不空)
    {
        移出等待队列首元素;
        将该进程的 pcb 插入就绪队列;
        置该进程为"就绪"状态;
    }
    w = 0;    /* 开锁 */
}
```

## 4.5.2 信号灯和 P、V 操作

信号灯是交通管理中的一种常用设备,交通管理人员利用信号灯的状态(颜色)实现交通管理。操作系统中使用的信号灯正是从交通管理中引用过来的一个术语。

**1. 信号灯**

信号灯是一个确定的二元组(s,q),s 是一个具有非负初值的整型变量,q 是一个初始状态为空的队列。整型变量 s 代表资源的实体或并发进程的状态,操作系统利用信号灯的状态对并发进程和共享资源进行管理。一般,当信号灯的值大于或等于零时,表示绿灯,进程可以继续推进;若信号灯的值小于零时,表示红灯,进程被阻。整型变量 s 的值可以改变,以反映资源或并发进程状态的改变。为了对信号灯的值进行修改,操作系统提供称为 P、V 操作的一对原语来进行。其可能的取值范围是负整数值、零、正整数值。信号灯是操作系统中实现进程间同步和通信的一种常用工具。

一个信号灯的建立必须经过说明,即应该准确说明 s 的意义和初值(注意:这个初值必须不是一个负值)。每个信号灯都有相应的一个队列,在建立信号灯时,队列为空。

**2. P、V 操作**

信号灯的数值仅能由 P、V 操作加以改变。对信号灯的 P 操作记为 p(s)。p(s)是一个不可分割的原语操作,即取信号灯值减 1,若相减结果为负,则调用 p(s)的进程被阻,并插入到该信号灯的等待队列中,否则可以继续执行。

P 操作的主要动作如下:

① s 值减 1;

② 若相减结果大于或等于 0,则进程继续执行;

③ 若相减结果小于零,该进程被封锁,并将它插入到该信号灯的等待队列中,然后转入进程调度程序。

P 操作的算法描述见 MODULE 4.14。

对信号灯的 V 操作记为 v(s)。v(s)是一个不可分割的原语操作,即取信号灯值加 1,若相加结果大于零,进程继续执行,否则,要帮助唤醒在信号灯等待队列上的一个进程。

MODULE 4.14　P 操作

```
算法 p
输入:变量 s
输出:无
{    s－－;
     if(s< 0)
     {   保留调用进程 CPU 现场;
         将该进程的 pcb 插入 s 的等待队列;
         置该进程为"等待"状态;
         转进程调度;
     }
}
```

V 操作的主要动作如下:

① s 值加 1;

② 若相加结果大于零,进程继续执行;

③ 若相加结果小于或等于零,则从该信号灯的等待队列中移出一个进程,解除它的等待状态,然后返回本进程继续执行。

V 操作的算法描述见 MODULE 4.15。

MODULE 4.15　V 操作

```
算法 v
输入:变量 s
输出:无
{
     s++;
     if (s<=0)
     {
         移出 s 等待队列首元素;
         将该进程的 pcb 插入就绪队列;
         置该进程为"就绪"状态;
     }
}
```

# 4.6　进程互斥与同步的实现

## 4.6.1　使用上锁原语和开锁原语实现进程互斥

使用上锁原语和开锁原语可以解决并发进程的互斥问题。任何欲进入临界区的进程,必须先执行上锁原语。若上锁原语顺利通过,则进程可进入临界区;在完成对临界资源的访问后再执行开锁原语,以释放该临界资源。进程使用临界资源的操作步骤如图 4.19 所示。

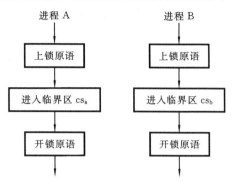

图 4.19　进程使用临界资源的操作

这两个进程使用上锁原语和开锁原语实现临界资源的操作可描述为 MODUEL 4.16。

**MODUEL 4.16　使用上锁原语和开锁原语实现进程互斥**

```
程序 task1
main( )
{
    int w=0;         /* 互斥锁 */
    cobegin
        ppa( );
        ppb( );
    coend
}
ppa( )            ppb( )
{                 {
    ⋮                 ⋮
    lock(w);          lock(w);
    cs_a;             cs_b;
    unlock(w);        unlock(w);
    ⋮                 ⋮
}                 }
```

## 4.6.2　使用信号灯实现进程互斥

使用信号灯能方便地解决临界区问题。设 mutex 是用于互斥的信号灯,赋初值为 1,表示该临界资源未被占用。只要把进入临界区的操作置于 p(mutex) 和 v(mutex) 之间,即可实现进程互斥。此时,任何欲进入临界区的进程,必先在互斥信号灯上执行 P 操作,在完成对临界资源的访问后再执行 V 操作。由于互斥信号灯的初始值为 1,故在第一个进程执行 P 操作后 mutex 值变为 0,表示临界资源为空闲,可分配给该进程,使之进入临界区。若此时又有第二个进程欲进入临界区,也应先执行 P 操作,结果使 mutex 变为负值,这就意味着临界资源已被占用,因此,第二个进程被阻塞。并且,直到第一个进程执行 V 操作,释放临界资源而恢复 mutex 值为 0 后,才唤醒第二个进程,使之进入临界区,待它完成临界资源的访问后,又执行 V 操作,使 mutex 恢复到初始值。

设两个并发进程 $p_a$ 和 $p_b$,具有相对于变量 n 的临界段 $cs_a$ 和 $cs_b$,用信号灯实现它们的互斥描述见 MODULE 4.17。

**MODULE 4.17    用信号灯实现进程互斥**

```
程序 task2
main( )
{
    int mutex=1;            /* 互斥信号灯 */
    cobegin
        pa( );
        pb( );
    coend
}


pa( )                       pb( )
{                           {
         ⋮                        ⋮
    p(mutex);               p(mutex);
    csa;                    csb;
    v(mutex);              v(mutex);
         ⋮                        ⋮
}                           }
```

对于两个并发进程,互斥信号灯的值仅取 1、0 和 −1 三个值。

若 mutex=1,表示没有进程进入临界区;

若 mutex=0,表示有一个进程进入临界区;

若 mutex=−1,表示一个进程进入临界区,另一个进程等待进入。

## 4.6.3    进程同步的实现

进程的同步可以通过信号灯的 P、V 操作来实现。用信号灯的 P、V 操作实现进程同步的关键是要分析清楚同步进程之间的相互关系,即什么时候某个进程需要等待,什么情况下需要给对方发一个信息;还需要分析清楚同步进程各自关心的状态。依据分析的结果就可以知道如何设置信号灯,如何安排 P、V 操作。

在病员看病的例子中,医生的看病进程要与化验室的化验进程的同步,可用信号灯的 P、V 操作来实现。首先设置两个同步用的信号灯 $s_1$、$s_2$,然后通过信号灯的 P、V 操作实现化验进程和看病进程的同步。其算法描述见 MODULE 4.18。

MODULE 4.18　进程同步

```
程序 task3
main( )
{
    int s₁＝0;          /* 表示有无化验单 */
    int s₂＝0;          /* 表示有无化验结果 */
    cobegin
        labora( );
        diagnosis( );
    coend
}
labora( )
{   while(化验工作未完成)
    {
        p(s₁);          /* 询问有无化验单,若无则等待 */
        化验工作;
        v(s₂);          /* 送出化验结果 */
    }
diagnosis( )
{   while(看病工作未完成)
    {
        看病;
        v(s₁);          /* 送出化验单 */
        p(s₂);          /* 等化验结果 */
        diagnosis;      /* 诊断 */
    }
}
```

从此例可看出,信号灯可以解决进程的同步问题。一般同步问题可以分为两类:一类是保证一组合作进程按逻辑需要所确定的执行次序;另一类是保证共享缓冲区(或共享数据)的合作进程的同步。下面先讨论第一类问题的解法。

**1. 合作进程的执行次序**

若干进程为了完成一个共同任务需要并发执行,然而这些并发进程之间根据逻辑上的需要,有的操作可以没有时间上的先后次序,即无论是谁先做,最后的计算结果都是正确的。但有的操作有一定的先后次序,也就是说它们必须遵循一定的同步规则,只有这样,并发执行的最后结果才是正确的。

为了描述的方便,可用一个图来表示进程集合的执行时间轨迹。图的连接描述了进程间开始和结束的次序约束。此图称为进程流图。如用 s 表示系统中某一任务启动,f 表示完成,则可用图 4.20 所示的进程流图来表示这一组合作进程执行的先后次序。

图 4.20(a)说明 $p_1$、$p_2$、$p_3$ 这三个进程依次顺序执行,只有在前一个进程结束后,后一个进程才能开始执行,当 $p_4$ 完成时,这一组进程全部结束。图 4.20(b) 则表示 $p_1$、$p_2$、$p_3$、$p_4$ 这四个进程可以同时执行。图 4.20(c)、(d) 中描述的进程执行次序是混合式的,既有顺序的、也有

并行的。如在图 4.20(d) 中，$p_1$ 执行结束后，$p_2$、$p_5$、$p_7$ 可以开始执行，$p_2$ 结束后 $p_3$、$p_4$ 可开始执行，而只有当 $p_4$、$p_5$ 都结束时 $p_6$ 才能开始执行等。

对于这样一类问题如何用信号灯解决，说明如下。

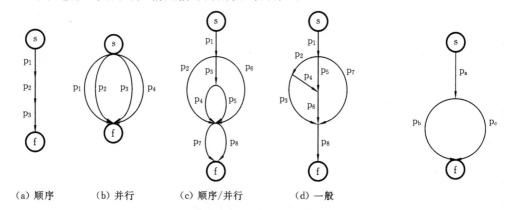

（a）顺序　　（b）并行　　（c）顺序/并行　　（d）一般

图 4.20　进程流图

图 4.21　三个并发程序
的进程流图

设 $p_a$、$p_b$、$p_c$ 为一组合作进程，其进程流图如图 4.21 所示。

图 4.21 说明任务启动后 $p_a$ 先执行，当它结束后，$p_b$、$p_c$ 可以开始执行，当 $p_b$、$p_c$ 都执行完毕，任务结束。为了确保这一执行顺序，设两个同步信号灯 $s_b$、$s_c$ 分别表示进程 $p_b$ 和 $p_c$ 能否开始执行，其初值均为 0。这三个进程同步的算法描述见 MODULE 4.19（其他逻辑部分省略）。

**MODULE 4.19　进程同步**

```
程序 task4
main( )
{
    int s_b=0;        /* 表示 p_b 进程能否开始执行 */
    int s_c=0;        /* 表示 p_c 进程能否开始执行 */
    cobegin
        p_a( );
        p_b( );
        p_c( );
    coend
}


p_a( )                p_b( )                p_c( )
{                     {                     {
    ⋮                     p(s_b);               p(s_c);
    v(s_b);               ⋮                     ⋮
    v(s_c);               ⋮                     ⋮
}                     }                     }
```

**2. 共享缓冲区的合作进程的同步**

诸进程的另一类同步问题是共享缓冲区的同步。通过下例可说明这类问题的同步规则及信号灯解法。

设某计算进程 cp 和打印进程 iop 公用一个单缓冲,如图 4.18 所示。其中进程 cp 负责不断地计算数据并送入缓冲区 buf 中,进程 iop 负责从缓冲区 buf 中取出数据去打印。

这两个进程可以并发执行,但由于它们公用一个缓冲区,所以必须遵循一个同步规则,即对缓冲区的操作应作某种限制,以使最终的输出结果是正确的。4.1.3 节介绍的誊抄实例的第二个方案,它和正在讨论的例子是类似的。在那个方案中,由于对两个程序的执行没有作任何限制,所以打印出的信息是错误的。

通过分析可知,进程 cp 和进程 iop 必须遵循以下同步规则:

① 当进程 cp 把计算结果送入 buf 时,进程 iop 才能从 buf 中取出结果去打印,即当 buf 内有信息时,进程 iop 才能执行,否则必须等待;

② 当进程 iop 把 buf 中的数据取出打印后,进程 cp 才能把下一个计算结果数据送入 buf 中,即只有当 buf 为空时,进程 cp 才能执行,否则必须等待。

这一同步规则可推广为:如果发送者企图放一个信息到一个满的 buf 中时,它必须等到接收者从该 buf 中取走上一个信息;而如果接收者企图从一个空的 buf 中取下一个信息时,它必须等到发送者放一个信息到这个 buf 中(假定所有信息的发送次序和接收次序精确相同)。

为了遵循这一同步规则,这两个进程在并发执行时必须通信,即进行同步操作。为此,设置两个信号灯 $s_a$ 和 $s_b$。信号灯 $s_a$ 用来表示缓冲区中是否有可供打印的计算结果,其初值为 0。每当计算进程把计算结果送入缓冲区后,便对 $s_a$ 执行 $v(s_a)$ 操作,表示已有可供打印的结果。打印进程在执行前须先对 $s_a$ 执行 $p(s_a)$ 操作。若执行 P 操作后 $s_a=0$,则打印进程可执行打印操作;若执行 P 操作后 $s_a<0$,表示缓冲区中尚无可供打印的计算结果,打印进程被阻。信号灯 $s_b$ 用来表示缓冲区有无空位置存放新的信息,其初值为 1。当计算进程算得一个结果,要放入缓冲区之前,必须先对 $s_b$ 作 $p(s_b)$ 操作,看缓冲区是否有空位置。若执行 P 操作后 $s_b=0$,则计算进程可以继续执行,否则,计算进程被阻,等待打印进程从缓冲区取走信息后将它唤醒。打印进程把缓冲区中的数据取走后,便对 $s_b$ 执行 $v(s_b)$ 操作,用以和计算进程通信。即告之缓冲区信息已取走,又可存放新的信息了。上述两个进程之间的同步算法描述见 MODULE 4.20。

**MODULE 4.20 进程同步**

```
程序 task5
main( )
{
    int s_a＝0;        / * 表示 buf 中有无信息 * /
    int s_b＝1;        / * 表示 buf 中有无空位置 * /
    cobegin
        cp( );
        iop( );
    coend
}
cp( )
{
```

续 MODULE

```
        while(计算未完成)
        {
              得到一个计算结果;
              p(s_b);
              将信息送到缓冲区中;
              v(s_a);
        }
}
iop( )
{
        while(打印工作未完成)
        {
              p(s_a);
              从缓冲区中取出信息;
              v(s_b);
              从打印机上输出;
        }
}
```

## 4.6.4　生产者—消费者问题

　　生产者—消费者问题是一种同步问题的抽象描述。计算机系统中的每个进程都可以消费（使用）或生产（释放）某类资源，这些资源可以是硬资源（如主存缓冲区、外设或处理机），也可以是软资源（如临界区、消息等）。当系统中进程使用某一资源时，可以看做是消耗，且将该进程称为消费者。而当某个进程释放资源时，则它就相当于一个生产者。比如在上例中，计算进程和打印进程公用一个缓冲区，进程 cp 计算数据并送入缓冲区，进程 iop 从缓冲区中取出数据去打印，因此，对数据而言进程 cp 相当于生产者，进程 iop 相当于消费者。当两个进程之间互通信件时，也可抽象为一个发信件进程产生消息，然后把它放置到缓冲存储器中去，与此平行地，一个读消息进程从缓冲存储器中移走信息并处理（消费）它。

　　通过一个有界缓冲区把一群生产者 $p_1$、$p_2$、$\cdots$、$p_m$ 和一群消费者 $c_1$、$c_2$、$\cdots$、$c_k$ 联系起来，如图 4.22 所示。假定这些生产者和消费者是互相等效的。只要缓冲区未满，生产者就可以把产品送入缓冲区，类似地，只要缓冲区未空，消费者便可以从缓冲区中取走物品并消耗它。生产

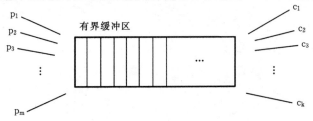

图 4.22　生产者—消费者问题

者和消费者的同步关系将禁止生产者向满的缓冲区输送产品,也禁止消费者从空的缓冲区中提取物品。

　　在生产者—消费者问题中,信号灯具有两种功能:其一,它是跟踪资源的生产和消费的计数器;其二,它是协调资源的生产者和消费者之间的同步器。消费者通过在一个指派给它的信号灯上做 P 操作来表示消耗一个资源,而生产者通过在同一信号灯上做 V 操作来表示生产一个资源。在这种信号灯的实施中,计数在每次 P 操作后减 1,而在每次 V 操作中增 1。这一计数器的初始值是可利用的资源数目。当资源不可利用时,将申请资源的进程放置在等待队列中。如果有一个资源释放,在等待队列中的第一个进程被唤醒并得到资源的控制权。

　　为解决这一类生产者—消费者问题,应该设置两个同步信号灯:一个说明空缓冲区的数目,用 empty 表示,其初值为有界缓冲区的大小 n;另一个说明满缓冲区(即信息)的数目,用 full 表示,其初值为 0。由于本例中有 $p_1$、$p_2$、$\cdots$、$p_m$ 个生产者和 $c_1$、$c_2$、$\cdots$、$c_k$ 个消费者,故它们在执行生产活动和消费活动中要对有界缓冲区进行操作。由于有界缓冲区是一个临界资源,必须互斥使用,所以,还需设置一个互斥信号灯 mutex,其初值为 1。生产者—消费者问题的算法描述见 MODULE 4.21。

MODULE 4.21　生产者—消费者问题

```
程序 prod_cons
main( )
{
    int full=0;          /* 满缓冲的数目 */
    int empty=n;         /* 空缓冲区的数目 */
    int mutex=1;         /* 对有界缓冲区进行操作的互斥信号灯 */
    cobegin
        p₁( );p₂( );…;pₘ( );
        c₁( );c₂( );…;cₖ( );
    coend
}

producer( )                      consumer( )
{                                {
    while(生产未完成)                 while(还要继续消费)
    {                                {
            ⋮                            p(full);
        生产一个产品;                     p(mutex);
        p(empty);                        从有界缓冲区中取产品;
        p(mutex);                        v(mutex);
        送一个产品到有界缓冲区;            v(empty);
        v(mutex);                            ⋮
        v(full);                         消费一个产品;
    }                                }
}                                }
```

# 4.7　进程通信

## 4.7.1　进程间通信的概念

前面介绍了几种同步机构,如锁和信号灯,并发进程通过操作系统提供的这些机构达到协调同步的目的。但利用这种同步机构实现的进程同步是通过共享的存储器来实现的,另外,这些装置常常限制为一个字或几个字的信息存储,因而进程间传递的只能是单一的信号。这种通信方式是一种较低级的、间接的通信方式。然而,进程之间的信息交换包含更复杂的结构,它们可能要传递大量的信息,为了实现进程间更有效的同步,应采用直接的进程通信方式。

操作系统提供的另一种称为进程通信(interprocess communication,IPC)的机制让协作进程实现彼此间的通信。IPC 机制是一个进程与另一个进程间共享消息的一种方式。消息(message)是发送进程形成的一个信息块,通过信息的语法表示传送内容到接收进程。IPC 是利用消息,明确地将信息从一个进程的地址空间拷贝到另一个进程的地址空间,而不使用共享存储器的一种通信机制。IPC 通信机制适合于分布环境下处于不同结点上进程间的通信,应用范围比较广。

由于现代操作系统都提供存储保护手段,一个用户程序执行时只能在自己的存储空间范围内访问,不能进入另一个用户的存储空间。所以上述的消息传递只能通过操作系统提供的支持才能实现。也就是说,从一个进程的地址空间打包信息形成消息,并从消息中拷贝信息到另一个进程的地址空间的活动,是由操作系统提供的 IPC 机制来实现的,发送或接收消息需要操作系统的干预。使用消息来共享信息的示意图如图 4.23 所示。

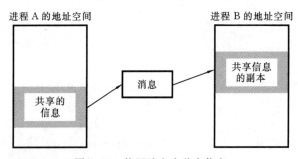

图 4.23　使用消息来共享信息

## *4.7.2　信箱通信

所谓进程通信是指进程之间可直接以较高的效率传递较多数据的信息交换方式。这种信息交换方式需要消息传递系统,主要包括信箱、消息发送和接收功能模块。

使用信箱传递消息时,所使用的信箱可以位于用户空间中,是接收进程 B 地址空间的某一个空闲的部分。也可以放置在操作系统的空间中。这两种方法各有特点,到底采用哪一种方法,由操作系统的设计者根据需求来决定。图 4.24 所示为使用用户空间中的信箱实现消息传递。

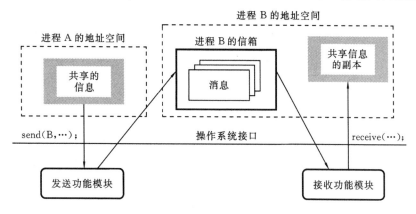

图 4.24 使用用户空间中的信箱实现消息传递

从图 4.24 中,可以看到信箱在接收进程的地址空间中。这时,接收调用可以用库例程实现,因为信息是在进程 B 的地址空间中拷贝。这种方法的缺点是:编译器和加载程序必须为每个进程分配信箱的空间;另一个问题是,接收进程有可能覆盖信箱的部分内容,从而造成错误。

另一种方式是,在操作系统空间中存放接收进程的信箱,并且消息的拷贝是在接收进程发出接收消息的系统调用时进行。这种方法中信箱的管理由操作系统负责,这就防止了对消息和信箱数据结构的随意破坏,因为任一个进程都不能直接访问信箱。这种方法的缺点是:要求操作系统为所有进程分配主存信箱,由于系统空间有限,这可能对通信进程数有所限制。图 4.25 所示为使用系统空间中的信箱实现消息传递。

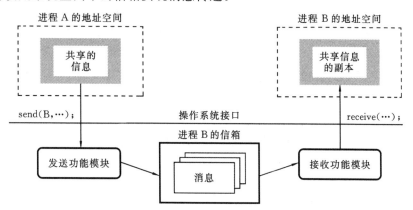

图 4.25 使用系统空间中的信箱实现消息传递

## *4.7.3 send 和 receive 原语

在消息通信中,接收方和发送方之间有一个协议,使双方都认可其中的消息格式。在大多数消息传递机制中都使用消息头,用于标识与消息有关的信息,包括发送进程的标识符、接收进程的标识符以及消息中传送信息的字节数等。消息头能够被系统中所有的进程所理解。

在信箱通信中,除了定义信箱结构外,还需要定义发送原语和接收原语。发送原语和接收原语一般有两种选项,这两个原语都有同步和异步两种语义。

**1. Send 原语**

send 原语可以是同步或者异步的。这取决于发送方是否希望通过接收方来同步自己的操作。异步 send 操作将消息传送到接收方的信箱中,然后允许发送进程继续运行,而不必等待接收方真正读取了这一消息。因此,完成了异步 send 操作的发送方不用关心接收方在什么时候真正收到了消息。

同步 send 操作包含了同步策略。当发送方发送了一个消息后,将会阻塞发送进程,直到接收进程成功地接收到消息。发送进程和接收进程有类似于生产者—消费者的合作关系。发送方是生产者,不断地产生消息,接收方是消费者,不断地读取消息。可以用信号灯的 P、V 操作实现二者的同步。在实现同步 send 操作时,当发送方发送了一个消息后,应在表示消息是否被接收的信号灯(message received)上做 P 操作;而当接收进程读取了该消息时,应在信号灯(message received)上做 V 操作,表示接收方已读取(收到)消息,若发送方正处于阻塞状态,则唤醒发送进程。

**2. Receive 原语**

receive 原语可以是阻塞或非阻塞的。阻塞的 receive 操作与 UNIX 或 Windows 2000 中文件正常的读操作一样,即当一个进程调用 receive 时,如果信箱中没有消息,该进程会被挂起,直到有消息放入信箱中;若信箱中有消息,执行 receive 原语的进程立即获得一个消息并返回。因此,当信箱为空时,阻塞的 receive 操作同步了发送方和接收方的操作。根据同步规范,其效果如同接收方在接收之前,在表示消息是否发送的信号灯(message transmitted)上做 P 操作;而当发送进程发送消息时,在信号灯(message transmitted)上做 V 操作一样。

非阻塞的 receive 操作要接收消息时,如果信箱中有消息,就返回消息;若无消息则返回一个标志,表示还没有可用消息,控制立即返回到调用进程。这种方法允许接收进程查询信箱,如果信箱中没有所需要的消息,接收进程可以继续做其他的工作。

# 4.8　UNIX 系统的进程管理

## 4.8.1　UNIX 系统的进程及映像

**1. 进程映像的组成**

进程从结构上来说都是由程序(包括数据)和一个进程控制块组成的。UNIX 系统中的进程实体称为进程映像(image)。它由三部分组成:进程基本控制块 proc 结构、正文段和数据段。UNIX 进程映像如图 4.26 所示。

在 4.2.4 节中讨论了进程控制块的概念。进程控制块描述了进程的特征,如进程名、优先级、占用资源情况、进程被中止执行时的 CPU 现场(包括指令计数器、处理器状态、通用寄存器、堆栈指针等信息)。它包含的信息丰富,占用的存储区较大。为了解决这一问题,UNIX 系统把进程控制块分成两部分,即把最常用的一部分信息常驻主存,作为基本控制块,称为 proc 结构。系统将所有的 proc 结构组成一张 proc 表,常驻主存。另一部分存放进程中较不常用的一些信息,例如:文件占用情况、运行时间记录以及一些工作单元等。这一部分作为扩充控制块,称为 user 结构,它和进程的其他数据信息放在一起组成进程数据段,它通常放在磁盘上,需要时才调入。所以,维持一个进程的代价相对而言就低多了。

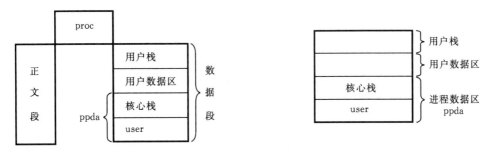

图 4.26　进程映像　　　　　　　　图 4.27　进程数据段

进程包含正文段和数据段。正文段是纯过程,可以由若干个进程所共享,它只能读和执行。而数据段可读、可执行、可写。如果一个进程没有正文段,那么就只能把要执行的指令放在数据段里执行。进程数据段分三部分:最高端是用户栈,中间是用户数据区,低端称为进程数据区(per process data area,PPDA)。ppda 又分为两部分,其上面是核心栈,下面是 user 结构,进程数据段的结构如图 4.27 所示。

**2. 共享正文段**

系统为了对正文段进行单独管理,设置了一个正文表 text(它由几十个表项组成),每项描述一个正文段。text 表的 C 语言说明如下所示:

```
struct text
{
    int     x_daddr;        / * 磁盘地址 * /
    int     x_caddr;        / * 主存地址 * /
    int     x_size;         / * 主存块数,每块 64 字节 * /
    int     x_iptr;         / * 文件主存 i 节点地址 * /
    char    x_count;        / * 共享进程数 * /
    char    x_ccount;       / * 主存副本的共享进程数 * /
} text[NTEXT];
```

正文段平时存放在磁盘上,需要时才复制到主存。由于每个进程的正文段最初都是从文件中复制过来的,所以用 x_iptr 表示它来自哪个文件。

**3. 进程基本控制块**

进程基本控制块是 proc 型的数据结构,用 C 语言说明如下:

```
struct proc
{
    char    p_stat;          /* 进程状态 */
    char    p_flag;          /* 进程特征 */
    char    p_pri;           /* 进程优先数 */
    char    p_sig;           /* 软中断号 */
    char    p_uid;           /* 用户号 */
    char    p_time;          /* 驻留时间 */
    char    p_cpu;           /* 有关进程调度的时间变量 */
    char    p_nice;          /* 用于计算优先数 */
    int     p_ttyp;          /* 控制终端 tty 结构的地址 */
    int     p_pid;           /* 进程号 */
    int     p_ppid;          /* 父进程号 */
    int     p_addr;          /* 数据段地址 */
    int     p_size;          /* 数据段大小 */
    int     p_wchan;         /* 等待的原因 */
    int     p_textp;         /* 对应正文段的 text 项地址 */
} proc[NPROC];
```

这里假定 NPROC = 50。

p_stat 的记忆符和对应的值表示如下：

NULL    0    此 proc 结构为空；

SSLEEP  1    睡眠；

SWAIT   2    等待；

SRUN    3    运行或就绪,运行的 proc 可由 user 内的 u_procp 指出；

SIDL    4    创建进程时的过渡状态；

SZOMB   5    僵死状态；

SSTOP   6    被跟踪。

p_flag 是一字位串。下面是该字位串中每一位的记忆符和对应的八进制数表示,其右边是该位为 1 时的意义。

SLOAD    01    在主存；

SSYS     02    进程 0[#]；

SLOCK    04    锁住,不能换出主存；

SSWAP    010    正在换出；

STRC     020    被跟踪；

SWTED    040    跟踪标志。

## 4. 进程扩充控制块

进程扩充控制块是 user 型数据结构,用 C 语言描述如下：

```
struct user
{
    int    u_ rsav[2];              / * 保留现场保护区指针 * /
    char   u_ segflg;               / * 用户或核心空间标志 * /
    char   u_ error;                / * 返回出错代码 * /
    char   u_ uid;                  / * 有效用户号 * /
    char   u_ gid;                  / * 有效组号 * /
    int    u_ procp;                / * proc 结构地址 * /
    char   * u_ base;               / * 主存地址 * /
    char   * u_ count;              / * 传送字节数 * /
    char   * u_ offset[2];          / * 文件读写位移 * /
    int    * u_ cdir;               / * 当前目录 i 节点地址 * /
    char   * u_ dirp;               / * i 节点当前指针 * /
    struct
    {   int u_ ino;
        char u_ name[DIRSIZ];
    }   u_ dent;                    / * 当前目录项 * /
    int    u_ ofile[NOFILE];        / * 用户打开文件表,NOFILE＝15 * /
    int    u_ arg[5];               / * 存系统调用的自变量 * /
    int    u_ tsize;                / * 正文段大小 * /
    int    u_ dsize;                / * 用户数据区大小 * /
    int    u_ ssize;                / * 用户栈大小 * /
    int    u_ utime;                / * 用户态执行时间 * /
    int    u_ stime;                / * 核心态执行时间 * /
    int    u_ cutime;               / * 子进程用户态执行时间 * /
    int    u_ cstime;               / * 子进程核心态执行时间 * /
    int    * u_ ar0;                / * 当前中断保护区内 $r_0$ 地址 * /
        ⋮
} u;
```

u 指向当前进程的 user 结构。其中,分量表示为"u_分量名"。例如 u. u_procp 表示当前 proc 结构的地址。

图 4.28 更进一步描述了进程映像中进程基本控制块 proc 结构、正文段和数据段之间的关系。其中,共享正文段、用户数据区和用户栈位于用户态地址空间,其他位于核心态地址空间。

## 4.8.2  UNIX 进程的状态及变迁

进程是有生命期的。一个进程的生命期从概念上可分成为一组状态,这些状态刻画了进程,描述了进程生命的演变过程。UNIX 系统的进程状态描述如下,其进程状态变迁如图4.29所示。

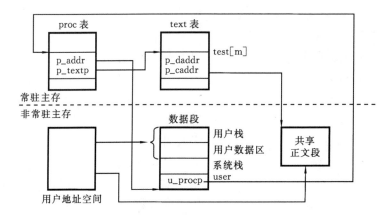

图 4.28　进程映像中各部分的关系

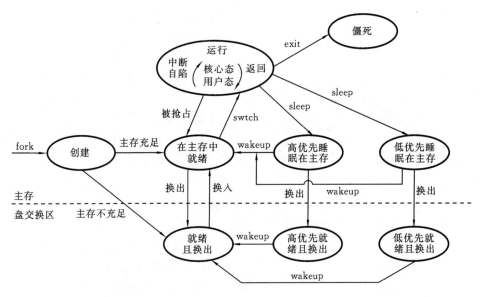

图 4.29　UNIX 系统进程状态变迁

**1. 运行状态**

运行状态表示进程正在处理机上运行。

状态 p_ stat 设置为 SRUN。

标志 p_ flag 中的 SLOAD ＝1,表示该进程映像全部在主存中。

在这种状态下,核心态下的主存管理机制正指向进程数据区 ppda。

进程的运行状态实际上是在核心态和用户态两种状态下转换,所以有用户运行状态和核心运行状态之分。当一个进程在用户态下执行它的代码,需要系统服务时,进程执行系统调用,核心就要为进程完成资源分配或提供各种操作服务。核心并不是以独立的进程身份去运行,而是包含在每个进程中,是每个进程的一部分。当进程执行系统调用时,它进入"核心态运行"状态。当该系统调用完成时,该进程又进入"用户态运行"状态,此时它在用户态下运行。所以,在图 4.29 中,在执行状态下因中断或自陷会由用户态转入核心态,处理之后由核心态返回用户态。

**2. 就绪状态**

1）在主存中就绪

在主存中就绪状态是指进程没被执行，但处于就绪状态，只要核心调度到它即可执行。

状态 p_ stat 设置为 SRUN。

标志 p_ flag 中的 SLOAD =1。

核心态下的主存管理机制不指向该进程的 ppda，即主存管理不反映此进程的主存映像。

2）就绪且换出

就绪且换出状态是指进程处于就绪状态，但它正存放在辅存上，对换进程（进程 0）必须把它换入主存，核心才能调度到它去执行。其他标志与在主存中的就绪状态完全相同。

**3. 睡眠状态**

睡眠状态是进程为了等待某种事件发生而被迫暂时停止前进时所处的一种状态，相当前面提到的阻塞状态或等待状态。

因使进程等待的原因有多种，且有轻重缓急之分，所以依睡眠的原因不同分为高优先睡眠和低优先睡眠。进入睡眠状态的进程的映像可以在主存，也可以在外存。

1）高优先睡眠

进程因等待较紧迫的事件而进入睡眠状态，且进程映像可在主存中，也可以不在主存中，而在盘交换区（辅存上）。

状态 p_ stat 设置为 SSLEEP。

标志 p_ flag 中 SLOAD = 1（或 = 0）。

在 UNIX 系统中，每一个进程都有一个优先数 p_pri，它决定了该进程所具有的优先级。优先数越小，优先级越高。系统进行进程调度时选择优先级最高的就绪进程占用处理机。

进程进入睡眠状态时，系统按其睡眠原因设置它被唤醒后应具有的优先数。若进程等待的事件紧迫，设置的优先数为负，则称这种睡眠状态为高优先睡眠状态。反之为低优先睡眠状态，其相应的状态字节 p_ flag 设置为 SWAIT。

以下三种情况下，进程进入高优先睡眠状态。

（1）0$^{\#}$ 进程（交换进程）在入睡时总是处于最高优先级睡眠状态，因为它的优先数最低（为 $-100$）。它一旦被唤醒，在所有进程中，它具有最高优先级，马上可以得到 CPU 的执行权。这是因为 0$^{\#}$ 进程的作用对整个系统的性能有很大影响。当它运行时，可以将盘交换区（辅存）上可以调入主存的进程迅速调入，使系统有较多的调度对象，从而进行合理调度。

（2）因资源请求不能得到满足的进程进入高优先级睡眠状态。这样，当它被唤醒时能继续重复请求资源，从而以较快速度获得并使用资源。它们的优先级与资源竞争的程度以及操作的缓急程度有关。例如，当进程因竞争输入/输出缓存而得不到满足时，它的优先数为 $-50$，这时对 I/O 缓存的竞争相当激烈。

（3）当某进程要求读、写快速设备上某一字符块时，该进程进入高优先级睡眠状态以等待操作结束。其目的是为了提高这类设备的使用效率。例如，当进程为等待磁盘输入/输出操作结束而进入睡眠状态时，赋予它的优先数为 $-50$。

总之，涉及系统全局以及紧缺资源的进程、等待发生的事件进行速度比较快的进程将进入高优先级睡眠状态。

2) 低优先睡眠

进程等待的事件不那么紧迫,则进入低优先睡眠(或称等待)状态,进程的映像可在主存或不在主存。

状态 p_ stat 设置为 SWAIT。

标志 p_ flag 中的 SLOAD=1(或 =0)。

下面两种情况下,进程进入低优先睡眠状态。

(1) 进程在用户态下运行,在进行同步操作时需要睡眠,这时进入低优先级睡眠状态。例如,当父进程为等待子进程终止(见下一节)而进入睡眠状态时,其优先数为 40;进程定时睡眠(延迟)时,其优先数被设置为 90。

(2) 进程因等待低速字符设备输入/输出操作结束而睡眠,这时进入低优先睡眠状态。例如,进程等待行式打印机输出和终端输入而睡眠时,它的优先数被设置为 10。

**4. 创建状态**

进程刚被创建时处于变迁状态,该进程存在,但还没有就绪,也未睡眠。创建状态是除 0# 进程以外所有进程的初始状态。

**5. 僵死状态**

进程执行了系统调用 exit 后处于僵死(zombie)状态。它等待父进程作善后处理。它所占用的系统资源已基本放弃,但它留下一个记录,该记录可被其父进程收集,其中包含出口码及一些计时统计信息。僵死状态是进程的最后状态。此时 p _ stat 置为 SZOMB。

**6. 进程状态变迁**

UNIX 系统中进程状态变迁如图 4.29 所示。该图说明了 UNIX 系统中进程可能的状态、可能的状态变迁及原因。下面参照图 4.29,讨论一个进程的状态变迁过程,它并不一定遍历图中所有的状态。首先进程 A 执行系统调用 fork,以创建一个子进程 B,这时子进程 B 进入"创建"状态,并最终会转换到"就绪"状态或"就绪且换出"状态。假定主存充足,则该进程进入"在主存中就绪"状态。进程调度程序最终将选取这个进程 B 去执行。这时,它便进入"核心态运行"状态,在此状态下完成它的 fork 调用部分。

当该进程完成系统调用时,进入"用户态运行"状态,此时进程在用户态下运行。过一段时间后,时钟可能中断处理机,进程再次进入"核心态运行"状态。当时钟中断处理程序结束了中断服务时,核心可能决定调度另一个进程(当拥有更高优先级的进程存在时),这时进程 B 进入"在主存中就绪"状态。最后,调度程序还要选取进程 B 去运行,它便进入"运行"状态,再次在用户态下运行。

如果进程需要请求磁盘输入/输出操作,则发出系统调用,它便进入核心态运行,成为"核心态运行"状态。这时,进程需等待输入/输出的完成,因此它进入"在主存中高优先睡眠"状态,一直睡到被告知输入/输出已经完成。当 I/O 完成时,硬件便中断 CPU,中断处理程序唤醒该进程,使它进入"在主存中就绪"状态。

当进程完成时,它发出系统调用 exit,进入"核心态运行"状态,经处理后进入"僵死"状态。

## 4.8.3 进程的创建

在 UNIX 系统的系统调用的分类中,有关进程管理的系统调用有十几个。这一节主要讨论创建一个新进程的系统调用 fork。

在 UNIX 系统中,用户创建一个新进程的唯一方法是使用系统调用 fork。调用进程称为父进程,而新创建的进程叫做子进程。系统调用 fork 的语法格式如下。

pid = fork( );

fork 系统调用的主要功能是为新进程建立一个进程映像,这包括 proc、正文段及数据段。子进程的执行程序可以包含在父进程的正文段中。若还想改变,则可以通过另一个系统调用,即执行一个新文件 exec 来实现。在进程新创建时完全继承父进程的正文段,而子进程的 proc 及数据段的信息除为数不多的几个变量(如进程标识、时间变量)不同之外,全部复制父进程的信息。建立子进程映像这一工作由 newproc 函数完成。该函数返回值为 0。

这里应注意到,子进程继承了父进程的系统栈,即父进程的系统栈指针及栈内保存的信息(包括返回地址)都是相同的。由此看来,父子进程都将返回到调用 newproc() 的下一个单元。虽然 newproc() 调用的返回值为 0,但父子进程再返回到此处的值却不同。父进程使用系统调用 fork 创建子进程。进入 fork 处理程序后首先执行 newproc 函数,父进程将从该函数直接返回,返回值为 0。而子进程经 newproc 处理后已建立了映像,它将作为一个独立的进程参与调度。当进程调度程序调度到它时让它投入运行,从 swtch 返回时,返回值为 1。所以 fork() 在调用 newproc() 后根据返回值为 0 或 1 决定是父进程返回还是子进程返回。若为父进程返回,则将子进程标识数送入栈内 r0 保护单元,作为返回值返回,接着使原返回地址加 2,使其跳过子进程返回处;若为子进程返回,则将进程运行时间参数置 0,并将父进程标识数送栈内 r0 保护单元。由于 fork 系统调用在 C 编译时以调用子程序方式转变为汇编形式,所以 fork 的汇编子程序中包含:

sys　fork;　　带相应系统调用号的自陷指令

clr　r0

子进程从 sys fork 指令返回时执行 clr r0,所以子进程从 fork 的返回值为 0(因 r0 为 0),父进程处理部分使栈中保护的 PC(返回地址)值加 2,于是自陷返回后跳过 clr r0 指令,所以父进程从 fork 的返回值为子进程标识数(即 r0 之值)。因此,用户可以根据 fork 的返回值来判断是从父进程返回,还是由子进程返回。通常用如下方法使用 fork:

n = fork( );

if　(n)

｛

　　/＊ 父进程代码 ＊/

｝

else

｛

　　/＊ 子进程代码 ＊/

｝

系统调用 fork 的功能及 newproc 的算法描述分别见 MODULE 4.22 和 MODULE 4.23。父子进程的流程如图 4.30 所示。

**MODULE 4.22　进程创建**

算法 fork
输入:无
输出:父进程返回为子进程的 pid,
　　　子进程返回为 0
{
　　newproc();　　 /＊ 建立一个子进程 ＊/
　　判断从 newproc 返回的值;
　　if(返回值为 0)
　　{
　　　　子进程标识数送入栈内 r0 保护单元;
　　　　栈内保护的返回地址加 2;
　　　　return(r0);
　　}
　　else
　　{
　　　　父进程标识数送入栈内 r0 保护单元;
　　　　子进程运行时间参数清零;
　　　　return(r0);
　　}
}

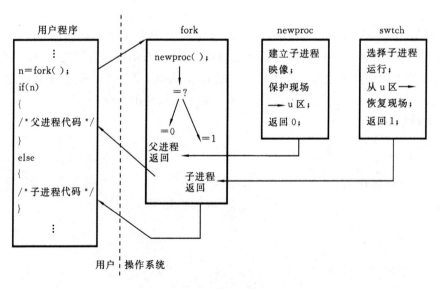

图 4.30　父子进程的流程

MODULE 4.23　建立一个子进程

```
算法 newproc
输入:无
输出:0
{
        在 proc 表中找出空闲 proc 结构;
        填入初值:p_stat = SRUN;
        p_ pid = pid;
        SLOAD = 1;
        从父进程的 proc 中复制
        p_ textp,p_ size,p_ ttyp,p_ nice;
        正文表 x_count 加 1;
        x_ccount 加 1;
        打开文件的访问计数 f_count 加 1;
        复制父进程的栈指针和现场保护区;        /* 父子进程有相同的栈指针、
                                             现场信息及返回地址 */

        为子进程数据段申请主存;
        if(申请到)
            复制父进程数据段到新区;
        else
        {
            复制父进程数据段到盘交换区;
            SLOAD = 0;
        }
        return(0);
```

## 4.8.4　进程终止与等待

**1. 进程自我终止**

UNIX 系统中的进程执行系统调用 exit 来终止运行。执行了该调用的进程进入僵死状态,释放它的资源,撤销进程映像,但保留它的进程表项,待父进程去处理。系统调用 exit 的语法格式如下。

exit(status);

其中,status 是终止进程向父进程传递的参数。父进程用 wait 取得该参数。

exit 的主要任务是把终止进程自 fork 执行以来所占用的系统资源退还给系统。在 fork 系统调用中,为子进程申请了 proc 结构,以便让子进程与父进程共享正文段,并从父进程复制数据段,还与父进程共享一些文件。即使子进程调用 exec 更换了新的进程映像,它仍然占用上述资源。exit 要放弃子进程(即现在的终止进程)的正文段,如果与父进程共享就取消共享,如果没有共享,就释放它的存储区,释放数据段,关闭共享的文件。proc 结构则交给父进程去释放。

除了交回上述资源外,子进程还要把从创建以来,自己及所有子进程运行 CPU 的时间总和交给父进程,这个时间记录在自己的 user 结构内的如下变量中:u. u_utime,u. u_stime,u._cutime,u. u_cstime。为此,子进程在 exit 中把 ppda 区中包含 user、大小为 512 个字节的块通过主存缓冲区写到磁盘上的一个存储区中,然后把此块的块号存入子进程 proc 结构内的 p_addr 中,再置子进程p_stat为 SZOMB,最后转进程调度程序 swtch。

以后父进程在 wait 中可根据这个 p_addr 的值找到磁盘上的那个存储块,将它读入缓冲区中,再从中取出时间数据加到自己 user 中的对应项上去。最后,wait 把子进程的 proc 结构释放。进程终止的算法描述见 MUDULE 4.24。

**MODULE 4.24　进程终止**

```
算法 exit
输入:给父进程的返回码
输出:无
{
    关闭所有打开的文件;
    放弃正文段;
    将进程 user 结构暂存到盘块上;
    修改 proc:p_ addr 为此盘块号;
    将 p_ stat 置为 SZOMB;
    释放本进程数据段;
    if(父进程未找到)
        将 1# 进程作为父进程;
    唤醒父进程和 1# 进程;
    将自己的所有子进程的父进程改为 1# 进程;
    向父进程发自己僵死的信号;
    转 swtch;
}
```

**2. 等待进程的终止**

一个进程可以通过系统调用 wait 使它的执行与子进程的终止同步。系统调用 wait 的语法格式如下。

pid = wait(stat_addr);

其中,pid 是僵死子进程的进程号,stat_addr 是一个地址指针,它将含有子进程的退出状态码。

MODULE 4.25 给出了系统调用 wait 的算法。该算法寻找父进程的某个僵死子进程。如果该进程没有子进程,则返回一个错误码。如果找到一个僵死子进程,则核心取该子进程的 pid 及子进程在 exit 调用中提供的参数,并通过系统调用返回这些值。这样,一个退出的进程可以定义各种返回码来给出退出的原因,并以这种方式来实现父子进程间的通信。

如果执行 wait 的进程有子进程,但没有僵死的子进程,则该进程睡眠在可被中断的优先级上,直到出现"子进程退出"的软中断信号才被唤醒。

等待进程终止的算法描述见 MODULE 4.25。

**MODULE 4.25　等待进程的终止**

```
算法 wait
输入:存放退出进程的状态的变量地址
输出:子进程的标识号,子进程退出码
{
    if   (等待进程没有子进程)
        return(错误码);
    for(;;)              /* 该循环直到从循环内返回时结束 */
    {
        if(等待进程有僵死子进程)
        {
            取任一僵死子进程;
            将子进程的 CPU 使用量加到父进程;
            释放子进程的 proc;
            return(子进程标识号,子进程退出码);
        }
        睡眠在可中断的优先级上(事件:子进程退出);
    }
}
```

## 4.8.5　进程的睡眠与唤醒

进程在请求资源得不到满足或等待某一事件发生时,都要调用 sleep 进入睡眠状态,等到资源可以满足,或等待事件来到时通过 wakeup 唤醒。当进程间有直接的相互作用时,进程之间可能要等待某种状态或某一信号来到,它们也可用 sleep 和 wakeup 来实现同步。

**1. 进程睡眠**

进程调用 sleep 进入高、低优先级睡眠状态。sleep 的调用格式如下。

sleep(chan,pri);

其中,chan 表示睡眠原因,一般是一个变量、数组或数据结构的指针,例如,某进程因竞争使用某一资源不能得到满足而进入睡眠状态时,睡眠原因就是一个指针,它指向代表该资源的一个数据结构;pri 是被唤醒后该进程的优先数,若其值为负,则该进程进入高优先级睡眠状态,否则进入低优先级睡眠状态。sleep 的算法描述见 MODULE 4.26。

对换进程是负责进程映像换进换出的进程,这是在系统不具备请求调页的能力下提供的。如果系统具备请求调页的机构,则这一工作将由系统调页程序完成。

**2. 唤醒睡眠进程**

系统调用 wakeup(chan)可唤醒所有由 chan 导致睡眠的进程,该系统调用对应的服务例程是在事件来到时由中断处理程序或核心的其他服务程序调用的。wakeup 的调用格式如下。

wakeup(chan);

MODULE 4.26　进程睡眠

```
算法 sleep
输入:睡眠原因 chan
     优先数 pri
输出:无
{
    提高处理机执行级来屏蔽所有中断;
    置该进程状态为睡眠;
    if (pri < 0)
    {
        p_wchan=chan;         /* 修改当前 proc 结构 */
        p_pri=pri;
        s_stat=SSLEEP;
        重置处理机优先级为进程进入睡眠时的值;
        swtch( );               /* 转进程调度 */
    }
    else
    {
        p_wchan = chan;        /* 修改当前 proc 结构 */
        p_pri = pri;
        p_stat = SWAIT;
        if(0# 因无进程换出而等待)
        唤醒 0# 进程;            /* 唤醒对换进程 */
        重设处理机优先级为进程进入睡眠时的值;
        swtch( );               /* 转进程调度 */
    }
}
```

chan 的意义与 sleep 中的 chan 相同。wakeup 的算法描述见 MODULE 4.27。该算法的主要任务是对睡眠在输入的睡眠原因上的每一个进程,将其状态置为"就绪",把它们从睡眠进程的队列中移出,放到有资格被调度的进程的队列中;然后,核心清除 proc 表中的睡眠地址域。如果被唤醒的进程尚未装入主存,核心就唤醒对换进程,并将该进程换入主存;否则,如果唤醒的进程比正在执行的进程更有资格运行,那么核心就设置再调度标志。wakeup 程序并不立即使一个进程被调度,它只是使该进程变为就绪状态,以便有资格被调度。

MODULE 4.27　进程唤醒

```
算法 wakeup
输入:睡眠原因
输出:无
{
    提高处理机执行级来屏蔽所有中断;
    查找睡眠原因;
```

续 MODULE

```
    for(每个在该原因上睡眠的进程)
    {
        将进程移出此等待队列;
        置进程状态为"就绪";
        将进程加入就绪队列中;
        清除 proc 表中的睡眠原因域;
        If(进程尚未装入主存)
                唤醒对换进程(进程 0);
        else
        if(被唤醒的进程比当前运行进程的优先级高)
                设置调度标志;
    }
    将处理机的执行级恢复为原来的级别;
}
```

# 习　题　4

4-1　试解释下列名词:程序的顺序执行,程序的并发执行。

4-2　什么是与时间有关的错误? 试举一例说明。

4-3　什么是进程? 进程与程序的主要区别是什么?

4-4　图 4.2 标明程序段执行的先后次序。其中,I 表示输入操作、C 表示计算操作、P 表示打印操作、下角标说明是对哪个作业进行上述操作。请指明:

(1) 哪些操作必须有先后次序,其原因是什么?

(2) 哪些操作可以并发执行,其原因又是什么?

4-5　如图 4.7 所示,设一誊抄程序,将 f 中记录序列正确誊抄到 g 中,这一程序由 get、copy、put 三个程序段组成,它们分别负责获得记录、复制记录、输出记录。这三个程序段对 f 中的 m 个记录进行处理时有大量操作,要求画出誊抄此记录序列操作的先后次序图。(假设 f 中有 1,2,…,m 个记录,s、t 为设置在主存中的软件缓冲区,每次只能装一个记录。)

4-6　进程有哪几种基本状态? 在一个系统中为什么必须区分出这几种状态?

4-7　某系统进程状态变迁图如图 4.31 所示,所采用的调度方式为非剥夺方式,回答以下问题:

(1) 发生变迁 2、变迁 3、变迁 4 的原因是什么?

(2)下述因果变迁是否可能发生? 如果可能的话,在什么情况下发生?

　　① 3→1　② 2→1　③ 3→2　④ 4→1

4-8　什么是进程控制块? 它有什么作用?

4-9　n 个并发进程共用一个公共变量 Q,写出

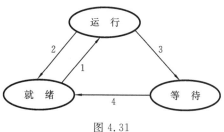

图 4.31

用信号灯实现 n 个进程互斥时的程序描述,给出信号灯值的取值范围,并说明每个取值的物理意义。

4-10　图 4.32 (a)、(b)分别给出了两个进程流图。试用信号灯的 P、V 操作分别实现如图 4.32 (a)、(b)所示的两组进程之间的同步,并写出程序描述。

4-11　在如图 4.33 所示的进程流图中,有五个进程合作完成某一任务。说明这五个进程之间的同步关系,并用 P、V 操作实现之,要求写出程序描述。

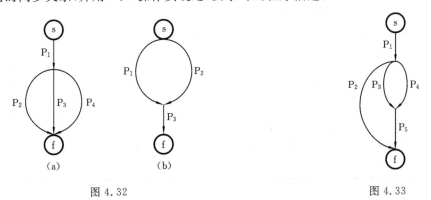

图 4.32　　　　　　　　　　　　　　图 4.33

4-12　如图 4.34 所示,get、copy、put 三个进程共用两个缓冲区 s、t(其大小为每次存放一个记录)。get 进程负责不断地把输入记录送入缓冲区 s 中,copy 进程负责从缓冲区 s 中取出记录复制到缓冲区 t 中,而 put 进程负责把记录从缓冲区 t 中取出打印。试用 P、V 操作实现这三个进程之间的同步,并写出程序描述。

图 4.34

4-13　什么是进程的互斥,什么是进程的同步?同步和互斥这两个概念有什么联系与区别?

4-14　在一个实时系统中,有两个进程 p 和 q,它们是循环运行的。循环进程 p 每隔 1 秒由脉冲寄存器(REG)获得输入,并把它累计到一个整型变量 w 中,同时清除脉冲寄存器。循环进程 q 则每隔 1 小时输出这个整型变量的内容并将它复位。系统提供标准的输入输出过程 input 和 output,并提供系统调用 delay(seconds)。试给出这两个进程并发活动的程序描述。

4-15　在生产者—消费者问题中,设置了三个信号灯,一个用于互斥的信号灯 mutex,其初值为 1;另外两个信号灯是:full(初值为 0,用以指示缓冲区内是否有物品)和 empty(初值为 n,表示可利用的缓冲区数目)。试写出此时的生产者—消费者问题的描述。

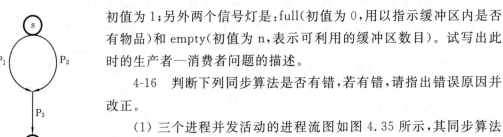

4-16　判断下列同步算法是否有错,若有错,请指出错误原因并改正。

(1) 三个进程并发活动的进程流图如图 4.35 所示,其同步算法描述如下。

main( )

图 4.35

```
{
    int s = -1;
    cobegin
        p₁( );
        p₂( );
        p₃( );
    coend
}
p₁( )                    p₂( )                    p₂( )
{                        {                        {
    ⋮                       ⋮                        p(s);
                                                     ⋮
    v(s);                   v(s);
}                        }                        }
```

（2）设 A、B 两进程共用一缓冲区 t，A 向 t 写入信息，B 则从 t 读出信息，算法如图 4.36 所示。

（3）设 A、B 为两个并发进程，它们共享一临界资源，其执行临界区的算法如图 4.37 所示。

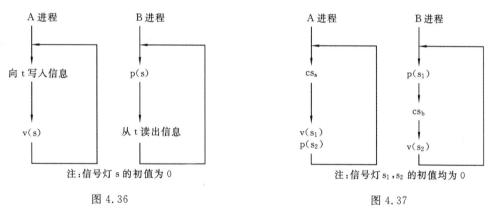

图 4.36　　　　　　　　　　图 4.37

4-17　试说明进程创建的主要功能是什么？

4-18　用于进程控制的原语主要有哪几个？

4-19　什么是线程，线程与进程有什么区别？

4-20　试说明 UNIX 进程的映像结构。

4-21　在 UNIX 系统中进程有哪些状态，这些状态如何变迁，变迁的原因又是什么？

# 第5章 资源分配与调度

## 5.1 资源管理概述

### 5.1.1 资源管理的目的和任务

计算机系统拥有大量的资源。所谓资源是指执行一个用户程序所需要的全部硬件、软件和数据。系统的一个重要功能是将它所管理的各种资源,按照用户要求在所有用户之间进行合理的分配。随着计算机硬件和软件技术的发展,操作系统应管理的软、硬件的种类和数量愈来愈多。这不仅促进了操作系统的发展,而且产生了深入研究资源的客观要求。尽管各种资源的性质不尽相同,但从本质上看,它们除了具有"个性"之外,还具有"共性"。人们研究资源的统一概念,研究资源的使用方法和管理策略,以便寻求一种资源管理的普遍原则和系统方法。

现代操作系统的一个重要特点是多任务处理,在计算机系统中可以同时有多个任务同时执行。在批处理系统中将一个用户提交的算题任务视为一道作业,由于采用脱机方式,为使一个算题任务能得到最后结果,计算机系统必须按指定步骤对初始数据进行处理,这一加工过程便形成了一个作业。当作业进入主存时处于执行状态,操作系统为其建立相应的进程。而在分时操作系统和个人计算机操作系统中,用户任务提交给系统时建立相应的进程。对计算机系统而言,作业和进程是请求系统资源的顾客,而操作系统是提供资源、满足用户请求的服务员,资源是被存取的对象。操作系统为响应作业或进程对各类资源的请求,需要一批负责各类资源管理、分配的服务员,这些服务员就是资源管理程序。

**1. 资源的静态分配和动态分配**

资源的分配方法有静态分配和动态分配两种。在批处理系统中,对作业一级采用资源静态分配方法。作业所需要的资源是在调度到这个作业时,根据用户给出的信息(如所需主存大小、需使用的外部设备等)进行分配,并在作业运行完毕后释放所获得的全部资源。这种分配通常称为资源的静态分配。而进程所需要的资源是在进程运行中根据运行情况动态地分配、使用和释放的。这种分配通常称为资源的动态分配。

在现代计算机系统中,有限的资源和大量的资源请求之间存在着矛盾。以充足的资源去做到"有求必应",这一途径是有吸引力的,但遗憾的是提供足够多的资源来满足系统中诸进程的并发要求是不现实的。为此,在进行资源管理时必须采取某种技术,使一些互相竞争的进程共享有限的资源。资源管理的目的是为用户提供一种简单而有效地使用资源的方法,充分发挥各种资源的作用,它应达到的目标是:

① 保证资源的高利用率;

② 在"合理"时间内使所有顾客有获得所需资源的机会;

③ 对不可共享的资源实施互斥使用;

④ 防止由资源分配不当而引起的死锁(见 5.4 节)。

这些目标之间是有矛盾的。如目标②意味着使用户满意,为了达到这一点,通常就不得不在目标①方面作出一些牺牲。这是因为,资源利用率越高,进程在资源请求得到满足之前的平均等待时间就越长。在使用户满意和资源利用率之间进行折中是评价资源分配和调度策略的标准之一。在确保响应时间的实时系统中,希望这种折中偏向于用户,而在批处理系统中它可能要偏向于资源的高利用率。在一个企图同时提供批处理和分时服务的系统中,这就会引起管理上的困难。

**2. 资源管理的任务**

为了实现上述目标,资源管理模块的任务是解决资源分配问题,在资源分配中严防发生死锁现象;解决对资源的存取和使用方法的问题,并提供对资源存取的控制和实施安全保护措施。为此,不论是软件资源还是硬件资源,对它们的管理都应包含以下四个方面内容。

(1)资源数据结构的描述。用于资源分配的数据结构应包含该类资源最小分配单位的描述信息,如该资源的物理名、逻辑名、类型、地址、分配状态等。这些信息记录了该类资源的分配情况,如哪些还没被占用,哪些已被占用,谁正在使用等。另外,在资源数据结构中还应包含对该资源的存取权限、密级、最后一次存取时间、记账信息以及该类资源使用的特性等。

(2)确定资源的分配原则和调度原则。在资源分配时,一方是为数众多的请求者;另一方是数量小于请求者的系统资源。为此,需要确定一组原则,用以决定资源应分给谁,何时分配,分配多少等问题。

(3)执行资源分配。根据所确定的原则以及用户的要求,执行资源分配。当资源不再需要时,收回资源以便重新分配给其他作业和进程使用。

(4)存取控制和安全保护。这一问题在各类资源管理中都是存在的,尤其是对程序资源(文件)的管理最为突出。

任何一个用户对任一文件的存取都要经过存取控制验证模块的检查。只有合法的用户进行合法的操作才能通过合法性检查,否则将为系统所俘获。由于对某一文件的操作将转换成对某个设备(磁盘或字符设备)的操作,所以对某些外部设备的存取可以认为在它的上一层已进行了合法性检查。当然,根据实际需要也可对各种外部设备作进一步的存取权限的检查。有的系统对磁盘的某些操作采用锁、密码的方法,以实现对磁盘的存取控制。对主存单元的存取同样也要经过主存保护硬件的检查,只有检查通过者才能进行相应操作,以保证同存于主存的各个用户程序的隔离。至于对中央处理机的存取权,可以认为处于就绪队列的进程具有存取 CPU 的权限。存取控制和安全保护问题已越来越引起人们的重视。

由于各类资源都具有各自的特性,所以对各类资源的具体描述会各有侧重。

## 5.1.2  资源的分类方法

资源分类的方法有多种,可以依据不同的标准,对各类资源进行分类。

### 1. 物理资源和程序资源

在计算机系统资源中,某些资源是机器的组成部件,如中央处理机、主存、I/O 通道、外部设备等。另外一些资源,则是程序设计与程序执行过程中形成的,如消息、服务(应用)程序或文件等。一般称前一类资源为物理资源,称后一类资源为程序资源。在计算机解决应用问题时,程序资源一定要用到物理资源(如存储器)。

### 2. 单一访问入口的资源和多访问入口的资源

一般情况下,中央处理机、暂时用于某一进程的各存储器、私有文件或带有访问保护的共享文件、某些外部设备(如打印机、图形显示终端等)以及各类不可重入的服务程序等都属于单一访问入口的资源。单一访问入口的资源具有的特征是一次只能为一个进程使用。

带有多路选择的输入输出通道、可重入的程序与服务程序、某些被允许读出的文件(如公用文件)等都属于多访问入口的资源。多访问入口的资源可同时为多个进程共享使用。

### 3. 等同资源

对某类资源,可能有多个完全相同的设备,或称有多个实例。在某些条件下,申请者申请该类资源时,无论分配给他哪一个具体的设备,对申请者而言,都是等效的。在这种情况下,这些资源是等同的。例如,各台打印机、磁盘的各扇区,主存中的各块等都是一些等同资源。

### 4. 虚拟资源

系统所管理的资源数量总是有限的,比如,只有一台 CPU、一定容量的主存、数量一定的外部设备等,它们无法同时满足所有申请资源的要求。但是,人们却可以取得这样的效果,似乎每个进程都拥有它所申请的全部资源。这种客观效果是通过系统提供的虚拟资源的方法得到的。用户看到的资源并不是那些物理的、实际的资源,而是经过改造的、使用方便的虚拟资源。这不仅可以提高资源利用率,实现多用户共享,同时使用户能方便地、简单地使用资源,避免须对繁杂的物理设备特性了解后,才能使用设备的弊病。

如对于主存储器的使用,系统为用户提供逻辑地址空间,也就是提供虚拟存储器。用户只需用逻辑地址编程,而且地址空间大小不受限制。操作系统的存储管理功能为用户实现逻辑地址到物理地址的映射,并提供对主存的扩充。如果一个用户程序要求的存储空间很大,则只需将它的一部分安排在主存中,而其余部分留在外存上,并由操作系统自动实现这两类存储器之间的信息交换,从而为用户提供了虚拟存储器。

类似地,系统可为用户提供虚拟外部设备。比如,像打印机这样的单一访问入口设备本来是只能为一个用户独占使用的,但为了满足多用户共享的需要,系统为用户提供虚拟打印机。操作系统的设备管理就要实现虚、实设备的转换。在这种情况下,一个进程与一台真正的打印机之间进行的信息交换,是分两步来完成的:① 在进程控制之下,在主存与虚拟打印机之间进行信息交换;② 在操作系统的假脱机系统(simultaneous peripheral operation on line,Spool)又称为外部设备联机同时操作控制之下,在物理的打印机和虚拟打印机之间进行信息交换。另外,设备管理还提供逻辑设备以方便用户的使用和提高资源的利用率。

对中央处理机而言,当多进程并发执行时,每一个进程就相当于一个逻辑处理机,它是一个独立的活动单位,进程控制块 PCB 中保留了进程动态运行时各种信息(如中央处理机现场信息)。当某一进程被调度到真正占用中央处理机时,物理的处理机和逻辑的处理机在此时便统一了。关于系统提供的各种虚拟资源及采用的技术,将在以后的章节中进一步介绍。

## 5.1.3　资源管理的机制和策略

在讨论资源管理的问题时,从资源管理的机构和策略这两个方面开展讨论是有益的,因为这抓住了资源管理的实质问题。

机构指的是进行资源分配所必需的基本设施和部件,它包括描述资源状态的数据结构(如描述各类资源的资源信息块、描述各类资源中最小分配单位的资源描述器),还包括保证不可共享资源互斥使用的同步机构(如锁,上锁原语,开锁原语,信号灯的 P、V 操作等)以及对不能立即得到满足的资源请求进行排队的手段(如等待各种资源的队列)等。

策略则给出这些机构所使用的方法,它们涉及在相应资源满足的情况下,批准请求的决策,包括死锁问题和系统平衡问题,即制定资源分配的原则。当某类资源空闲时,将它分给哪一个请求者? 分多少? 占用多长时间? 确定这样一类问题的原则就是资源分配的策略。

# 5.2　资源分配机制

为了对系统中的各类资源进行分配和实现存取控制,需要有描述资源的数据结构。下面以统一的观点来描述它们的数据结构形式。

## 5.2.1　资源描述器

每类系统资源都有一个最小分配单位。例如,主存储器可以分成若干个主存块,然后以块为单位进行分配。对于磁盘的分配,一般以磁盘中的一个扇区(又称为磁盘块)作为最小分配单位;而文件则是作为一个信息的独立逻辑单位的面貌出现的。

描述各类资源的最小分配单位的数据结构称为资源描述器 RD (resource descriptor,RD)。存放于一个描述器中的信息取决于资源的特性及对该资源的管理方式。最简化的描述器可以用一个二进制位来实现,它表示该资源是可用的,还是已分配的。当然,一般来说描述器中的信息比这要复杂得多。表 5.1 中列出了资源描述器一般应包括的内容。

对于各类资源而言,若它具有若干个(n 个)资源分配单位,则描述该类资源的数据结构就是由 n 个描述器组织

表 5.1　资源描述器

| 资源名 |
| --- |
| 资源类型 |
| 最小分配单位的大小 |
| 最小分配单位的地址 |
| 分配标志 |
| 描述器链接信息 |
| 存取权限 |
| 密级 |
| 最后一次存取时间 |
| 记账信息 |
| 资源其他特性 |

而成的。描述器的组织方式取决于资源分配单位的数量和这一数量是固定不变的、还是可以变化的这一特征。如果分配单位的数量是固定的,那么,这一数据结构可以是一种表格形式。如果分配单位的数量是变化的,则这一数据结构就是一个队列结构,它的入口是动态地建立的;另一个可行的方案是,这一数目变化范围是可知的,并且在变化不大的情况下,也可用一个数组来表示,这个数组包括的单元数应等于入口可能达到的最大值。

## 5.2.2 资源信息块

为了对每类资源实施有效的分配,必需设置相应的资源信息块 rib(resource information block),这样一个数据结构应能说明资源、请求者以及实施分配所需的必要信息。对于每一类可利用的资源,可将其组织成可利用资源队列。对于资源请求者而言,由于存在着多进程同时提出存取同一类资源的可能性,因而系统必须按一定的原则将这些请求排序,这就形成了该类资源的等待队列。在资源信息块中有指向这两个队列的队列指针,另外还有一项为该类资源分配程序的入口地址。资源信息块的结构如图 5.1 所示。

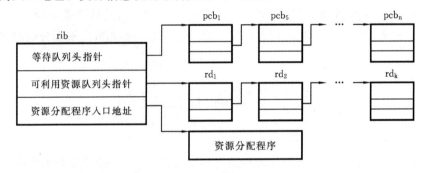

图 5.1 资源信息块

资源分配程序是接收分配命令将资源分配给请求者的例程。它检索资源等待队列和可利用资源队列,并根据资源分配原则确定资源等待队列中哪一个进程能分配到一个单位的资源。资源分配程序包括:分配程序和回收程序(或称为去分配程序)。当进程请求资源时,控制转到相应的资源分配程序,若有可利用的资源,则予以分配;否则,此进程进入等待资源队列中。当进程执行释放资源命令时,控制转到回收程序,它把释放的资源加入到可利用资源的队列中,然后试着释放等待该资源的进程。

# 5.3 资源分配策略

## 5.3.1 概述

资源分配的方式取决于设计者所选择的目标,以及与应用每一类资源相联系的特定限制。

其目的是使吞吐率尽可能地高,响应时间尽可能地短,即既要充分地利用系统各种资源,又要尽可能地满足用户要求。但是,这两个目的有时候是彼此矛盾的。例如,满足用户的一个很重要的因素是系统的响应时间,要保证响应时间尽量短,就必须使每个要用到的资源能随时提供使用。在这种情况下,这些资源就不可能被充分地利用。

资源分配问题,在一般情况下由两个方面组成,即管理请求队列的排序(分配策略)与在等同资源间选择资源(选择资源的策略)。在实施分配时有如下多种可能的时机:

- 当请求者发出一个明确的资源请求命令时;
- 当处理机空闲时;
- 当一个存储区被释放变为空闲时;
- 当一个外部设备发生完成中断时。

相应的资源分配程序就试着去满足请求或等待这些资源的请求。根据设计者所选择的不同目标,分配程序可以用以下不同的策略选择一个请求:

- 按照请求来到的次序进行查看;
- 将进程请求者的优先级结合到每一个请求中;
- 满足能更合理地应用这一资源的那个请求。

对于每一类资源,一般总有各种可行的算法且很难确定出所谓"绝对好"的算法。因为,在估计它们的质量时,总会出现一些矛盾的因素,如资源的最佳应用与算法的复杂程度之间的矛盾。下面举两个简单的例子来对这一问题稍加说明,更详细的内容将在后面的章节中介绍。

例如,按区分配的存储器:它有两种最流行的放置策略(选择可用分区的策略),即用容量够用的第一个空闲区去满足一个请求;或用容量够用的最小空闲区去满足一个请求。

又如,输入输出设备:当请求使用某类外设中的一个设备时,可随机地分配该资源中的一个可被利用的设备;或者去寻找一个外设,以使硬通道的负载分配更为合理。

## 5.3.2　先请求先服务

先请求先服务是一种最简单的资源分配策略,称为先请求先服务、又称先进先出(first in first out,FIFO)策略。这种先请求先服务的策略不对请求的特征、执行时间长短等作任何考虑,其好处是实现较简单。与该策略相适应的队列按提出请求的先后次序排序。每一个新产生的请求均排在队尾,而当资源可用时,资源分配程序则从队列中选取第一个请求,并满足其需要。

这种策略可用于对进程或作业的调度,也可用于对外部设备、主存储区的分配。当对处理机的分配采用 FIFO 策略时,一个进入就绪状态的进程被安置在就绪队列的末端,进程被调度时从队列中移出第一个进程并给予它控制 CPU 的权利。此时就绪队列的组织可如图 5.2 所示。

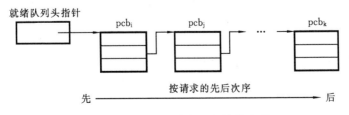

图 5.2　按自然顺序排列的就绪队列

批量处理系统在作业调度时采用这种策略。在这种系统中,作业按来到的先后次序排队,当有作业撤离系统时,作业调度程序就审核是否有一个作业所申请的系统资源能得到满足,如果能,则予以调度。而审核的顺序是依照队列已排好的次序进行。对于这种策略,如果一些短的作业在长作业之后来到,则它们的响应时间就很长。请读者考虑,应如何克服这一缺点。

### 5.3.3　优先调度

优先调度策略是一种比较灵活的调度策略,它可以优先照顾需要尽快处理的作业或进程,以及它们的各种请求。

在优先调度策略下,对于每一个进程(或作业)指定一个优先级,这一优先级反映了进程要求处理的紧迫程度。进程调度队列是按进程的优先级由高到低的顺序排列的,队首为优先级最高者。当某一进程要入队时,按其优先级的高低插到相应的位置上。

在进程动态运行过程中,对设备、主存提出请求时应予以动态分配。这时,把进程请求者的优先级结合到每一个请求中去,相应的资源等待队列也是按进程的优先级排序的。

建立在优先级基础上的策略,可以用只有一个队列的办法来实现,也可以用多个队列的办法来实现,对于后者,每一优先级上有多个进程。按优先级排序的就绪队列结构有多种情况,图 5.3 给出了两种可能的情况。

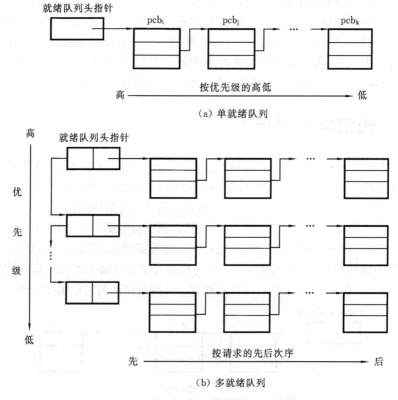

图 5.3　按优先级排列的就绪队列结构

## *5.3.4　针对设备特性的调度

对于磁盘这一类具有高速度、大容量的存储设备而言,在繁重的输入/输出负载下,会有若干输入/输出请求在等待同一设备。操作系统往往要采取一定的调度策略从要求访问的诸请求中按最佳次序执行。输入/输出请求的某些排序,可以降低为输入/输出请求服务的总时间,从而提高系统效率。

### 1. 移臂调度

假如对磁盘同时有五个访问请求,它们要求访问的盘区的物理位置如下。

| 柱面号 | 盘面号 | 块号 |
| --- | --- | --- |
| 5 | 2 | 1 |
| 5 | 3 | 8 |
| 5 | 3 | 5 |
| 40 | 6 | 3 |
| 2 | 7 | 7 |

如果当前移动臂处于 1 号柱面上,若按上述次序访问磁盘,移动臂将从 1 号柱面移至 5 号柱面,再移至 40 号柱面,然后回到 2 号柱面。显然,这样移臂是很不合理的。如果将访问请求进行排序,即按照以下顺序进行访问时,则可以节省移臂时间。

| 柱面号 | 盘面号 | 块号 |
| --- | --- | --- |
| 2 | 7 | 7 |
| 5 | 2 | 1 |
| 5 | 3 | 8 |
| 5 | 3 | 5 |
| 40 | 6 | 3 |

移臂调度:在满足一个磁盘请求时,总是选取与当前移动臂前进方向上最近的那个请求,使移臂距离最短。

### 2. 旋转调度

进一步考察对 5 号柱面的三次访问,按上述次序,那么可能要使盘旋转接近两圈才能访问完毕。再一次将访问请求进行排序,即按照如下顺序访问。

| 柱面号 | 盘面号 | 块号 |
| --- | --- | --- |
| 2 | 7 | 7 |
| 5 | 2 | 1 |
| 5 | 3 | 5 |
| 5 | 3 | 8 |
| 40 | 6 | 3 |

显然,对 5 号柱面大约只要旋转一圈或不到一圈就能访问完毕。

旋转调度:在满足一个磁盘请求时,总是选取与当前读写头旋转方向上最近的那个请求,使旋转圈数最少。

由此可见,对于旋转类设备,在启动之前按调度策略对请求进行排序是十分必要的。对于磁盘和磁鼓都应使用旋转调度策略使得旋转圈数最少。对于活动臂磁盘组,还应考虑使移臂时间最短的调度策略,即移臂调度。这些都是与设备特性有关的调度策略。

# 5.4 死 锁

## 5.4.1 死锁的概念

操作系统的基本特征是并发与共享。系统允许多个进程并发执行,并且共享系统资源。为了最大限度地利用系统资源,操作系统应采用动态分配的策略。然而采用这种策略时,若分配不当,可能会出现进程之间互相等待资源又都不能向前推进的情况,即造成进程相互死等的局面。事实上,不同进程对资源的申请可能按某种先后次序得到部分满足,这就可能造成其中的两个或几个进程彼此间相互封锁的情况。即每个进程"抓住"一些为其他进程所等待的资源不放,其结果谁也得不到它所申请的全部资源,这些进程都无法继续运行。

**1. 同类资源的死锁**

假定一组进程竞争某一同类资源,若资源分配不当,就可能出现互相死等的局面。

设一个具有 3 个磁带驱动器的系统,现有 3 个进程,某时刻,每个进程都占用了一个磁带驱动器。如果每个进程都不释放已占用的磁带驱动器,而且还需要另一个磁带驱动器,那么这 3 个进程就会处于互相死等的状态,这种状态称为死锁。在这种情况下,每个进程都在等待事件"磁带驱动器释放",但没有一个进程能从等待状态下解脱。这个例子说明了涉及同一种资源类型的死锁。

**2. 非同类资源的死锁**

设某系统拥有非同类资源各一台:一台打印机和一台输入机,并为进程 $p_1$、$p_2$ 所共享。在某时刻 t,进程 $p_1$ 和 $p_2$ 分别占用了打印机和输入机。在时刻 $t_1(t_1>t)$,$p_1$ 又申请输入机,但由于输入机被 $p_2$ 占有,因此 $p_1$ 处于等输入机的状态。而到时刻 $t_2(t_2>t_1)$,$p_2$ 又申请打印机,但由于打印机被 $p_1$ 占有,因此 $p_2$ 处于等打印机的状态。显然,在 $t_2$ 以后,$p_1$ 和 $p_2$ 都无法继续运行下去了。此时,系统出现了僵持局面,也称为出现了死锁现象。

上述情况可用信号灯的 P、V 操作来描述。设信号灯 $s_1$ 和 $s_2$,$s_1$ 表示打印机($r_1$)可用,初值为 1;$s_2$ 表示输入机($r_2$)可用,初值为 1。

$p_1$、$p_2$ 对打印机和输入机的申请和释放的描述如下。

```
进程 p₁                    进程 p₂
  ⋮                          ⋮
p(s₁);                     p(s₂);
占用 r₁;                   占用 r₂;
p(s₂);                     p(s₁);
```

```
占用 r₂;                    占用 r₁;
   ⋮                          ⋮
v(s₁);                     v(s₂);
释放 r₁;                    释放 r₂;
v(s₂);                     v(s₁);
释放 r₂;                    释放 r₁;
   ⋮                          ⋮
```

信号灯 $s_1$、$s_2$ 的初值皆为 1,若 $p_1$、$p_2$ 进程都完成了第一次 P 操作,分别将信号灯 $s_1$、$s_2$ 的值减至 0。显然,没有一个进程能够通过它们的第二个 P 操作,从而发生了僵持现象。

另外,在生产者—消费者问题中(见 MODULE 4.21),如果将生产者执行的两个 P 操作顺序颠倒(改动后的生产者程序如下),那么死锁情况也会发生。即

```
while (生产未完成)
{
        ⋮
    生产一个产品;
      p(mutex);
      p(empty);
    送一个产品到有界缓冲区;
      v(mutex);
      v(full);
}
```

在这种情况下,当缓冲区都为满时,生产者仍可顺利执行 p(mutex)操作,于是它获得了对缓冲区的存取控制权。然后,当它执行 p(empty)操作时,由于没有空缓冲区而被挂起。能够将这个生产者进程释放的唯一途径是消费者从缓冲区取出一个产品,并执行 v(empty)操作。但在此时,由于缓冲区已被挂起的生产者所占有,所以没有一个消费者能够取得对缓冲区的存取控制权。因此,出现了生产者和消费者的互相死等的局面,也就是说产生了死锁。

由于操作系统中的死锁一般是由资源分配不当而引起的,所以它的定义常常这样描述:在两个或多个并发进程中,如果每个进程持有某种资源而又都等待着别的进程释放它或它们现在保持着的资源,在未改变这种状态之前都不能向前推进,称这一组进程产生了死锁。

死锁是两个或多个进程被无限期地阻塞、相互等待的一种状态。发生死锁时,涉及的这一组进程,每个进程都占用了一定的资源但又都不能向前推进。在这种情况下,计算机虽然处于开机状态,但这一组进程确未做任何有益的工作。

## 5.4.2　产生死锁的原因和必要条件

### 1. 产生死锁的原因

并发进程共享系统资源,在竞争资源时可能会产生称为死锁的后果。产生死锁的根本原因是系统能够提供的资源个数比要求该资源的进程数要少。当系统中两个或多个进程因申请

资源得不到满足而等待时,若各进程都没有能力进一步执行时,系统就发生死锁。

资源竞争现象是具有活力的、必需的,虽然它存在着发生死锁的危险性,但是,竞争并不等于死锁。在并发进程的活动中,存在着一种合理的联合推进路线,这种推进路线可使每个进程都运行完毕。

下面对死锁现象作一非形式说明,死锁图解如图 5.4 所示。

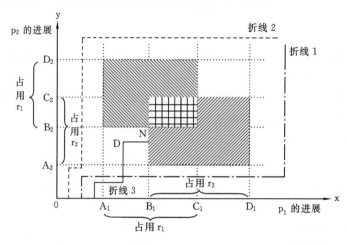

图 5.4 死锁图解

在图 5.4 中,$r_1$ 和 $r_2$ 分别为打印机和输入机,它们为进程 $p_1$ 和 $p_2$ 所共享。当系统中只有一台处理机时,在每个时刻只允许一个进程运行,在进程调度的作用下,两个进程交替地向前推进。

以 x、y 轴分别表示 $p_1$ 和 $p_2$ 进程的进展(以完成指令的条数来度量)。从空间原点开始的任何一个梯形折线被称为两个进程的共同进展路径(这样的路径不管在哪个坐标上都只能增加,不能倒退,因为指令的执行是不能倒退的)。这一轨迹的水平部分表示 $p_1$ 的运行期,其垂直部分表示 $p_2$ 的运行期(在单处理机情况下,只可能存在水平和垂直部分)。在图 5.4 中有三条折线,它们分别表示三种可能的联合推进路径。下面,讨论在这三种情况下,$p_1$ 和 $p_2$ 能否运行完毕。

(1) 第一条折线(以折线经过的几个关键点说明其轨迹)运行情况如下。

$p_1$ 运行;$p_2$ 运行。

$p_1$ 运行:$A_1$,$p_1$ request($r_1$);$B_1$,$p_1$ request($r_2$);$C_1$,$p_1$ release($r_1$);$D_1$,$p_1$ release($r_2$)。

$p_2$ 运行:$A_2$,$p_2$ request($r_2$);$B_2$,$p_2$ request($r_1$);$C_2$,$p_2$ release($r_2$);$D_2$,$p_2$ release($r_1$)。

(2) 第二条折线运行情况如下。

$p_1$ 运行;$p_2$ 运行;$p_1$ 运行。

$p_2$ 运行:$A_2$,$p_2$ request ($r_2$);$B_2$,$p_2$ request ($r_1$);$C_2$,$p_2$ release ($r_2$);$D_2$,$p_2$ release ($r_1$)。

$p_1$ 运行:$A_1$,$p_1$ request ($r_1$);$B_1$,$p_1$ request ($r_2$);$C_1$,$p_1$ release ($r_1$);$D_1$,$p_1$ release ($r_2$)。

在这两种情况下,$p_1$ 和 $p_2$ 都可顺利地运行完成。

(3) 第三条折线运行情况如下。

$p_1$ 运行;$p_2$ 运行。

$p_1$ 运行:$A_1$,$p_1$ request($r_1$)。$p_2$ 运行:$A_2$,$p_2$ request($r_2$)(进入 D 区)。

$p_1$ 运行：$B_1$，$p_1$ request$(r_2)$（$p_1$ 等待）。$p_2$ 运行：$B_2$，$p_2$ request$(r_1)$（$p_2$ 等待），到达死锁点 N。在第三种情况下出现死锁。

由此可知,产生死锁的原因是:① 系统资源不足;② 进程推进顺序非法。

在多道程序运行时,按照一定的顺序联合推进,如果能使系统中所有进程都运行完毕,通常称这样的推进顺序是合法的。若按某种顺序联合推进,进入死锁图解中的危险区 D 时,将导致死锁的发生,该推进顺序便是非法的。

**2. 产生死锁的必要条件**

下面给出产生死锁的四个必要条件。

（1）互斥条件。涉及的资源是非共享的,即一次只有一个进程使用。如果有另一个进程申请该资源,那么申请进程必须等待,直到该资源被释放。

（2）不剥夺条件(非抢占)。进程所获得的资源在未使用完毕之前,不能被其他进程强行夺走,即只能由获得该资源的进程自己来释放。

（3）占有并等待(部分分配)。进程每次申请它所需要的一部分资源。在等待一新资源的同时,进程继续占用已分配到的资源。

（4）环路条件(循环等待)。存在一种进程的循环链,链中的每一个进程已获得的资源同时被链中下一个进程所请求。

## *5.4.3　系统模型

**1. 资源的申请与释放**

在计算机系统中有大量的并发进程在活动,这些活动包括资源的申请与释放。进程在使用资源前必须申请资源,使用完毕后必须释放资源。一个进程可能会申请许多资源以完成其指定的任务。显然,进程所申请的各类资源的最大数量不能超过系统所拥有的该类资源的数量。比如,系统拥有打印机 2 台,那么一个进程就不能申请 3 台打印机。

在正常操作模式下,进程按如下顺序使用资源。

（1）申请。进程使用资源前必须以系统服务请求方式提出申请,由操作系统的资源分配程序进行分配。若该类资源可用,予以分配;否则,申请进程等待在该资源的等待队列上。

（2）使用。进程对资源进行操作。例如,如果资源是打印机,进程就可以在打印机上输出打印了。

（3）释放。进程对资源使用完毕,操作系统的资源回收程序收回该资源,并试着唤醒等待该资源的进程。

资源的申请和释放是通过操作系统提供的系统功能调用实现的,有的也可以通过进程同步机构,如信号灯的 P、V 操作来实现。

**2. 系统状态分析**

为了预防死锁应能观察系统的情况,以分析某一时刻系统是否处于一个合理的状态。

假定一个系统包括 n 个进程和 m 类资源,可描述如下。

① 一组确定的进程集合,这些进程能够以竞争方式运行,记为

$$p = \{p_1, p_2, \cdots, p_i, \cdots, p_n\}$$

② 一组不同类型的资源集合,每个资源都只有一个访问入口,记为

$$r = \{r_1, r_2, \cdots, r_j, \cdots, r_m\}$$

在这里,将那些可以完全一样地加以应用的一组资源称为同类资源。系统的初始状态是由一个矢量 **w** 来说明的,它给出了在该系统中各类可利用资源的总数目。

$$\mathbf{w} = \{w_1, w_2, \cdots, w_j, \cdots, w_m\}$$

系统状态是由进程对资源的请求、获得或释放而改变的。故必须要能说明每个时刻进程对资源的请求和占有情况。

在某一给定时刻 t,系统状态是由资源分配矩阵 **a**(t) 和资源请求矩阵 **d**(t) 来描述的。它们分别表明已分配给各进程的各类资源数目和这些进程在时刻 t 还需申请各类资源的最大需求量。

在任一时刻 t,资源请求矩阵可表示为 **d**(t)。其中,元素 $d_{ij}$ 表示进程 $p_i$ 需请求 j 类资源 $r_j$ 的最大需求量。

$$\mathbf{d}(t) = \begin{bmatrix} d_{11} & d_{12} & \cdots & d_{1m} \\ d_{21} & d_{22} & \cdots & d_{2m} \\ \vdots & \vdots & & \vdots \\ d_{n1} & d_{n2} & \cdots & d_{nm} \end{bmatrix}$$

资源分配矩阵可表示为 **a**(t)。其中,元素 $a_{ij}$ 表示分配给进程 $p_i$ 的第 j 类资源 $r_j$ 的数目。

$$\mathbf{a}(t) = \begin{bmatrix} a_{11} & a_{12} & \cdots & a_{1m} \\ a_{21} & a_{22} & \cdots & a_{2m} \\ \vdots & \vdots & & \vdots \\ a_{n1} & a_{n2} & \cdots & a_{nm} \end{bmatrix}$$

系统的状态只能通过以下三种操作来改变。

① 申请资源:一个进程 $p_i$ 申请得到 n 个 j 类资源,其中 $n \leqslant w_j(t)$。

② 接收资源:当满足一定条件时,将 n 个 j 类资源分配给进程 $p_i$。即

　　$a_{ij}(t) = a_{ij}(t) + n$;

　　$d_{ij}(t) = d_{ij}(t) - n$;

　　$w_j(t) = w_j(t) - n$。

③ 释放资源:一个进程 $p_i$ 释放 m 个 j 类资源。即

　　$a_{ij}(t) = a_{ij}(t) - m$;

　　$w_j(t) = w_j(t) + m$。

在一个系统中,如果满足下述条件,则认为系统的状态是合理的,它是可以实现的。

① 一个给定进程,不能申请比系统中所拥有的该类资源数还要多的资源。

② 在每一时刻,每个进程都不会拥有它未曾申请的资源。

③ 在每一给定时刻,所有进程所接收到的某类资源总数,不会超过系统所拥有的该类资源总数。

如果从某一时刻 t 开始,有着一系列的可以实现的系统状态能使所有进程都能得到它们所申请的资源,并能使它们运行完毕,则必定不会出现死锁。

要防止死锁的发生,必须保证系统状态是合理的。为此,预防死锁的思想是系统中存在的一组进程必须事先宣布它们所需要的各类资源数目。对某一类资源而言,如果该组中的第一个进

程的那些未得到满足的申请数目小于在时刻 t 系统可以分配的资源数,则这个进程的资源请求将得到满足并且执行,最后释放它得到的全部资源,系统中相应的资源数目增加。如果第二个进程的那些未得到满足的申请数目小于这一时刻系统可以分配的资源数,则这个进程又可执行……对于其他进程,也可以依此类推。这些进程都能得到它们所申请的资源,并执行结束。如果对系统中各类资源都满足上述情况,那么就存在着一组可以实现的系统状态,则不会发生死锁。

因此,预防死锁的原理是必须对接收资源的操作予以检查控制(或从资源分配方案本身来保证),使系统的状态总是合理的。排除死锁的原理是设法使系统脱离死锁状态,重新进入合理状态。

**3. 资源分配图**

系统资源分配的有向图可以更为精确地描述死锁现象。该有向图由一个节点集合 V 和一个边集合 E 组成。节点集合 V 分为系统活动进程集合和系统所有资源类型集合两种。

系统活动进程集合描述为

$$P = \{p_1, p_2, \cdots, p_n\}$$

系统所有资源类型集合描述为

$$R = \{r_1, r_2, \cdots, r_m\}$$

在系统资源分配有向图中,以矩形框代表资源,用圆圈表示进程。从进程 $p_i$ 到资源类型 $r_j$ 的有向边记为 $p_i \rightarrow r_j$,称为资源的请求边,它表示进程 $p_i$ 已经申请了资源类型 $r_j$ 的一个实例,并正在等待该资源。从资源类型 $r_j$ 到进程 $p_i$ 的有向边记为 $r_j \rightarrow p_i$,称为资源的分配边,它表示资源类型 $r_j$ 的一个实例已经分配给进程 $p_i$。

图 5.5 给出了一个资源分配图。由于资源类型 $r_j$ 可能有多个实例,所以在矩形框中用圆点表示实例数。注意,申请边只指向矩形 $r_j$,而分配边则必须由矩形内的某个圆点指向进程。当进程 $p_i$ 申请资源类型 $r_j$ 的一个实例时,在资源分配图中加入一条申请边。当该申请得到满足时,申请边立即转换为分配边。当进程对该资源使用完毕后,立即释放资源,因此删除分配边。

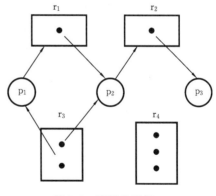

图 5.5 资源分配图

图 5.5 所示的资源分配图描述了以下情况。

(1) 集合 P,R,E。

P = $\{p_1, p_2, p_3\}$;

R = $\{r_1, r_2, r_3, r_4\}$;

E = $\{p_1 \rightarrow r_1, p_2 \rightarrow r_2, r_1 \rightarrow p_2, r_2 \rightarrow p_3, r_3 \rightarrow p_1, r_3 \rightarrow p_2\}$。

(2) 资源实例。

资源类型 $r_1$ 有 1 个实例;资源类型 $r_2$ 有 1 个实例;

资源类型 $r_3$ 有 2 个实例;资源类型 $r_4$ 有 3 个实例。

(3) 进程状态。

进程 $p_1$ 占有资源类型 $r_3$ 的 1 个实例,等待资源类型 $r_1$ 的 1 个实例;

进程 $p_2$ 分别占有资源类型 $r_1$、$r_3$ 的 1 个实例,等待资源类型 $r_2$ 的 1 个实例;

进程 $p_3$ 占有资源类型 $r_3$ 的 1 个实例。

根据资源分配图的定义,可以证明:如果图没有环,那么系统就没有发生死锁。如果图有环,那么可能存在死锁。

如果环涉及一组资源类型,而每个资源类型只有一个实例,那么有环就意味着出现死锁,即环所涉及的进程发生了死锁。在这种情况下,环就是死锁存在的充分必要条件。

如果每个资源类型有多个实例,那么有环并不意味着已经出现了死锁。在这种情况下,环是死锁存在的必要条件,而不是充分条件。

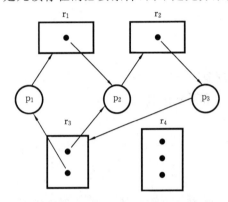

图 5.6　存在死锁的资源分配图

为了说明这一概念,在图 5.5 所示的资源分配图中,增加一个进程 $p_3$ 对资源类型 $r_3$ 的申请,如图 5.6 所示。由于当前没有空闲的资源实例可用,所以就增加了 $p_3 \rightarrow r_3$ 的资源的请求边。这时,系统有两个环,即

$p_1 \rightarrow r_1 \rightarrow p_2 \rightarrow r_2 \rightarrow p_3 \rightarrow r_3 \rightarrow p_1$;

$p_2 \rightarrow r_2 \rightarrow p_3 \rightarrow r_3 \rightarrow p_2$

环 $p_1 \rightarrow r_1 \rightarrow p_2 \rightarrow r_2 \rightarrow p_3 \rightarrow r_3 \rightarrow p_1$ 会发生死锁。进程 $p_2$ 等待着为进程 $p_3$ 所占用的资源类型 $r_2$ 的一个实例,进程 $p_3$ 等待着进程 $p_1$ 或 $p_2$ 释放其所占用的资源类型 $r_3$ 的一个实例,进程 $p_1$ 等待着进程 $p_2$ 释放其占用的资源类型 $r_1$ 的一个实例。

而环 $p_2 \rightarrow r_2 \rightarrow p_3 \rightarrow r_3 \rightarrow p_2$ 则不一定会发生死锁。进程 $p_2$ 等待着为进程 $p_3$ 所占用的资源类型 $r_2$ 的一个实例,进程 $p_3$ 等待着进程 $p_1$ 或 $p_2$ 释放其所占用的资源类型 $r_3$ 的一个实例。该环涉及另一个进程 $p_1$ 的资源申请和占用的情况。假定,进程 $p_1$ 只占有资源类型 $r_3$ 的一个实例,而没有申请其他资源,那么进程 $p_1$ 在使用完毕后,会释放该资源,从而使进程 $p_3$ 获得资源类型 $r_3$ 的一个实例,则不会发生死锁。

图 5.7 说明了系统中 I/O 设备共享时的死锁情况。系统拥有 $r_1$ 和 $r_2$ 两类资源,每类资源各有一个实例。由图 5.7 可见,进程 $p_1$、$p_2$ 的资源分配边和资源请求边形成一个环路。

除上例外,存储器或辅存的共享在一定条件下也可能发生死锁。如系统中有一个包含有 m 个分配实例的存储器,它为 n 个进程所共享,且每个进程都要求 k 个分配单位,当 $m \leqslant n(k-1)$ 时,同样可能发生死锁。图 5.8 绘出了一个简化了的存储器共享的情况,其中 m＝5,n＝

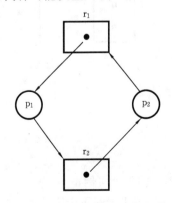

图 5.7　I/O 设备共享时的死锁情况

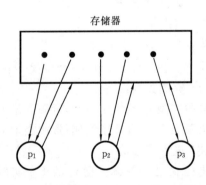

图 5.8　存储器共享时的死锁情况

3,k＝3。当 $p_1$、$p_2$ 分别获得 2 个实例、$p_3$ 获得 1 个实例时,主存被分配完毕。此时,系统进入一个不安全状态,因为在它们都要求下一个所需的资源实例时,便发生死锁(此时,它们都指望其他进程释放出主存空间,但谁也不能再向前推进一步)。

## 5.4.4 解决死锁问题的策略

并发进程共享系统资源时如处理不当,可能发生死锁。死锁不仅会在两个进程之间发生,也可能在多个进程之间、甚至在系统的所有进程之间发生。此外,死锁不仅在动态使用外设时发生,也可能在动态使用存储区和数据库时发生,或在进程通信过程中以及在利用信号灯作同步工具时,由于 p 操作顺序不当而产生。在早期的操作系统中,系统规模较小,结构简单,而且资源的分配常常采用静态方法,死锁问题的严重性尚未暴露。但是,随着系统规模的增大,软件系统日趋庞大和复杂,系统资源的种类日益增多,因而,产生死锁的可能性也大大增加。由于死锁的发生会给系统带来严重的后果,因此,处理系统死锁问题引起了人们的普遍注意,并对它进行了深入的研究。

为了使系统不发生死锁,必须设法破坏产生死锁的四个必要条件之一。

条件(1)是难以否定的,因为某些资源(如打印机或可写文件)是由其性质决定为非共享的。但是,采用虚拟设备技术能排除非共享设备死锁的可能性。

条件(2)是很容易否定的。它只要制订一个如下的规则即可:若某进程的资源请求被拒绝时,则必须释放所有已获得的资源;如果需要,再和其他资源一起申请。然而,实现这种策略并不容易。比如说,要暂时先将打印机让出来,则会造成几个任务交叉输出的情况。即使资源可以方便地被抢占,但为保护和恢复被抢占时的状态将花费相当大的开销,所以系统一般采用让资源占有者自己释放资源,而不采用抢占的方式。但系统所有资源中,只有中央处理机被抢占所产生的开销相对较小(通常只保存现行进程的现场),因此,可以将处理机看做可强迫抢占的资源。在进程调度中,有一种就是可抢占的进程调度方式。

对于条件(3),既容易否定,也容易实现。可以规定各进程所需要的全部资源只能一次申请,并且在没有获得全部资源之前,进程不能投入运行。在资源分配策略上可以采取静态的一次性资源分配方法来保证死锁不可能发生,这是一种很保守的静态预防死锁的方法。这种方法的缺点是,被分配的资源可能有的使用时间很短,而在长时间内,其他进程却不能访问它们,使资源利用率很低。

为了克服这一缺点,希望能采用动态分配资源的办法,但又必须能预防死锁的发生,这可以从否定环路条件着手。在进行资源分配前考虑是否会出现环路,预测是否可能发生死锁,只要有这种可能性就不予分配,这是一种避免死锁的策略,也可以说是一种动态预防死锁的方法。

若认为上述预防死锁的策略限制过多,那么还有一种更放手的策略,它允许死锁发生,但当死锁发生时能检测出死锁,并有能力实现修复。

所以,归纳起来可以采用下列策略之一来解决死锁问题:

① 采用资源静态分配方法预防死锁;

② 采用资源动态分配、有控分配方法来避免死锁;

③ 当死锁发生时检测出死锁,并设法修复;

④ 忽略死锁,认为死锁不会发生。这种方法为绝大多数操作系统(如 UNIX 系统)所采用。

## 5.4.5 死锁的预防

预防死锁的方法可以分为静态预防和动态避免两种。静态预防方法中采用资源的静态分配,而动态避免方法中采用资源的动态分配。

静态预防死锁的方法是预先分配所有共享的资源。每个用户向系统提交任务时,需一次说明他所需要的资源。在批处理系统中,作业调度程序只能在满足该作业所需的全部资源的前提下才能将它投入运行。当资源一旦分配给该作业后,在其整个运行期间这些资源为它独占。这种方法的缺点如下。

① 一个用户在作业运行之前可能提不出他的作业将要使用的全部设备。

② 用户作业必须等待,直到所有资源满足时才能投入运行。实际上某些资源可能要到运行后期才会用到。

③ 一个作业运行期间,对某些设备的使用时间很少,甚至不会用到。例如,只有当用户作业发生错误时才将他的程序从打印机上输出,但采用这一技术后必须把打印机分配给该作业。所以,采用这种分配技术对系统来说是很浪费的。

## 5.4.6 死锁的避免

为了提高资源利用率,应采用动态分配资源的方法。但是,为了避免可能产生的死锁,在进行资源分配时,应采用某种算法来预测是否有可能发生死锁,若存在可能性,就拒绝企图获得资源的请求。预防死锁和避免死锁的不同在于,前者所采用的分配策略本身就否定了必要条件之一,这样就保证死锁不可能发生;而后者是在动态分配资源的策略下采用某种算法来预防可能发生的死锁,从而拒绝可能引起死锁的某个资源请求。

**1. 有序资源分配法**

在这一方法中,系统中所有资源都给定一个唯一的号码(例如,输入机为 1,图像输入设备为 2,打印机为 3,磁带机为 4,磁盘为 5 等),所有分配请求必须以上升的次序进行。系统要求每个进程:

① 对它所必须使用的而且属于某一类的所有资源,必须一次申请完;

② 在申请不同类的资源时,必须按各类的编号依次申请。

例如,输入机 1,打印机 3,磁带机 4 是一个合法的申请序列;而输入机 1,磁带机 4,打印机 3 为不合法的申请序列。当遵循上升次序的规则时,若资源可用,则分配资源的请求就能批准;若资源还不能利用,则请求者就等待。所以,在实施分配时,分配程序必须调用一个算法,该算法就是考查本次申请的序号是否符合资源序号递增的规定。若符合,则在资源可用的情况下予以分配;否则,拒绝分配。

不难看出,由于对资源申请采取了这种限制,所对应的资源分配有向图不可能形成环路,这就破坏了产生死锁的环路条件,因此不会发生死锁。也可以从另一角度来解释为什么资源按线性方式排序不会发生死锁。因为在任何时刻,总有一个进程占有较高序号的资源,该进程继续申请的资源必然是空闲的,故该进程可一直向前推进。换言之,系统中总有进程可以运行完毕,这个进程执行结束后会释放它所占有的全部资源,这将唤醒等待资源进程或满足其他申请者,系统不会发生死锁。这一方案还有一个优点是,用户不需预先说明各类资源的最大需求量,只要在申请时按序申请即可。

有序资源分配法无疑比静态方法提高了资源利用率,但它的缺点是进程实际需要资源的顺序不一定与资源的编号一致,因而仍然会造成资源的浪费。例如,资源按类型进行线性排队,且假设输入机为 1,打印机为 2,磁带机为 3,磁盘机为 4。当某进程需要先使用磁带机,后使用打印机时,若按这种线性分配方法,则必须先请求打印机,然后再请求磁带机,从而造成了打印机长期地搁置。但是,用户使用资源通常也是有一定顺序的。因此,如对资源进行合理的排序,那么这种方法是有一定的实用价值的。

**2. 银行家算法**

避免死锁的办法是否有效与采用的算法有很大的关系。有效的避免死锁的算法必须能预见将来可能发生的事情,以便在死锁发生前就能觉察出它们的存在。这种预见类型的代表算法是 Dijkstra E W 于 1968 年提出的银行家算法。之所以称为银行家算法,是因为该算法可用于银行系统。

当新进程进入系统时,它必须说明对各类资源类型的实例的最大需求量。这一数量不能超过系统各类资源的总数。当进程申请一组资源时,该算法需要检查申请者对各类资源的最大需求量,如果系统现存的各类资源的数量可以满足当前它对各类资源的最大需求量时,就满足当前的申请;否则,进程必须等待,直到其他进程释放足够的资源为止。换言之,仅当申请者可以在一定时间内无条件地归还它所申请的全部资源时,才能把资源分配给它。为了进一步说明这种算法,可从下面的例子来分析。

假设系统有进程 p、q、r,系统具有某类资源实例共 10 个,目前的分配情况如下。

| 进程 | 已占资源个数 | 还需申请资源个数 |
|------|------|------|
| p | 4 | 4 |
| q | 2 | 2 |
| r | 2 | 7 |

若进程 p、q、r 都再申请一个资源实例,这时应满足哪一个进程的请求呢? 此时,只剩下两个资源实例。如果将剩余的两个资源实例继续分配给 p 或 r,就会形成如下的分配情况。

| 进程 | 已占资源个数 | 还需申请资源个数 |
|------|------|------|
| p | 4 或 5 或 6 | 4 或 3 或 2 |
| q | 2 | 2 |
| r | 2 或 3 或 4 | 7 或 6 或 5 |

此后,p、q、r 中任意一个再提出申请都不能满足,最后就可能产生死锁。然而,q 的申请可以满足,因为 q 最多再申请两个,可以满足它的最大需求。q 得到它所需的资源后在一段有限时间内结束,那时它将归还全部占用的资源实例(共 4 个)。q 归还资源后,系统将持有 4 个资源实例,此时的分配情况如下。

| 进程 | 已占资源个数 | 还需申请资源个数 |
|------|------------|----------------|
| p | 4 | 4 |
| r | 2 | 7 |

显然,p 的申请可以满足,而 r 的申请将被拒绝。

按银行家算法来分配资源是不会产生死锁的。因为,按该算法分配资源时,每次分配后总存在着一个进程,如果让它单独进行下去,必然可以获得它所需的全部资源。也就是说,它能结束,而它结束后可以归还这类资源以满足其他申请者的需要。这也说明了存在一个安全、合理的系统状态序列。所以,按银行家算法可以避免死锁。

银行家算法的主要问题是,要求每个进程必须事先知道资源的最大需求量,而且在系统运行过程中,考查每个进程对各类资源的申请需花费较多的时间。另外,这一算法本身也有些保守,因为它总是考虑可能出现最坏的情况,即所有进程都可能请求最大要求量(类似银行提款),并在整个执行期间随时提出要求。因此,有时为了避免死锁,可能拒绝某一请求,实际上,即使该请求得到满足,也不会出现死锁。过于谨慎及所花费的开销较大是使用银行家算法的主要障碍。

## *5.4.7  死锁的检测与忽略

### 1. 死锁的检测

以上讨论的各种处理死锁的技术虽然保证了不发生死锁,但都保守。发现并恢复技术则较为大胆,因为它允许死锁产生,且当死锁发生时能检测出死锁,并有能力实现恢复。这种方法的价值取决于死锁发生的频率和能够修复的程度。

发现死锁的原理是考查某一时刻系统状态是否合理,即是否存在一组可以实现的系统状态,能使所有进程都得到它们所申请的资源而运行结束。

检测死锁算法的基本思想是:在某时刻 t,求得系统中各类可利用资源的数目向量 w(t),对于系统中的一组进程{$p_1, p_2, \cdots, p_n$},找出那些对各类资源请求数目均小于系统现在所拥有的各类资源数目的进程。可以认为这样的进程可以获得它们所需要的全部资源,并运行结束。当它们运行结束后释放所占有的全部资源,从而使可用资源数目增加,这样的进程加入到可运行结束的进程序列 L 中,然后对剩下的进程再作上述考查。如果一组进程{$p_1, p_2, \cdots, p_n$}中有几个进程不属于序列 L 中,那么它们会产生死锁。

检测可以在每次分配后进行。但是,由于检测死锁的算法比较复杂,所花的检测时间长、系统开销大,因此,也可以选取比较长的时间间隔来进行。只有在可接受的、能够修复的前提下,死锁的检测才是有价值的。在死锁现象发生时,只有在收回一定数目的资源之后,才有可能使系统脱离死锁状态。如果这种收回资源的操作,要扔掉某一作业并且破坏某些信息,那么,运行时间上的损失是很大的。

有许多种可以排除死锁的实用方法,简介如下。

① 最简单的办法是撤销那些陷于死锁的全部进程。

② 从某个存在的中间检测点重新启动各死锁进程,此方法若使用不当,将可能又返回到原先的死锁状态。但是,由于系统的不确定性,故一般不会发生这种情况。

③ 逐个撤销死锁进程,直至死锁不再存在。撤销的次序可以按已使用的资源耗损最小为依据,这种方法意味着每次撤销后,需重新调用检测算法来检查死锁是否还存在。

④ 从死锁进程中逐个地强迫抢占某些资源,直至死锁不再存在。像方法③中指出的一样,抢占次序可以是以花费最小为原则。每次"抢占"后,需要再次调用检测算法。资源被抢占的进程为了再得到该资源,必须重新提出请求。

**2. 死锁的忽略**

由于检测死锁的算法太复杂,系统开销大,所以使用很少。

如果系统可能发生死锁,且不提供进行死锁预防的方法、死锁的检测与恢复的机制,那么可能会出现这种情况:系统已出现死锁,而又不知道发生了什么。在这种情况下,死锁的发生会导致系统性能下降,因为资源被不能运行的进程所占有,而越来越多的进程会因申请资源而进入死锁状态。最后,整个系统停止工作,且需要人工重新启动。

这种方法,看起来不是解决死锁问题的可行方法,但是它却为某些操作系统所使用。对于许多系统而言,死锁很少发生;因此,与使用频繁且开销昂贵的死锁预防、死锁避免、死锁检测与恢复相比,这种方法更为便宜。

实际上常常由计算机操作员来处理系统出现的不正常情况,而不是由系统本身来完成。敏感的操作员最终将注意到一些进程处于阻塞状态,经进一步观察会发现死锁已经发生。通常的修复方法是人工抽去一些作业,并释放它们占有的资源,然后再重新启动系统。

# 习　题　5

5-1　试说明在生产者—消费者问题的描述中,将两个 P 操作的次序颠倒后会不会发生死锁? 为什么? 若将两个 V 操作次序颠倒会出现类似的问题吗?

5-2　什么是死锁? 试举例说明。

5-3　竞争与死锁有什么区别?

5-4　三个进程共享四个同类资源,这些资源的分配与释放只能一次一个。已知每一进程最多需要两个资源,试问:该系统会发生死锁吗? 为什么?

5-5　p 个进程共享 m 个同类资源,每一个资源在任一时刻只能供一个进程使用,每一进程对任一资源都只能使用一有限时间,使用完便立即释放,并且每个进程对该类资源的最大需求量小于该类资源的数目。设所有进程对资源的最大需要数目之和小于 p＋m。试证:在该系统中不会发生死锁。

5-6　图 5.9 表示一带闸门的运河,其上有两架吊桥。吊桥坐落在一条公路上,为使该公路避开一块沼泽地而令其横跨运河两次。运河和公路的交通都是单方向的。运河上的基本运输由驳船担负。在一般驳船接近吊桥 A 时就拉汽笛警告,若桥上无车辆,吊桥就吊起,直到驳船尾部通过此桥为止。对吊桥 B 也按同样次序处理。

(1) 一艘典型驳船的长度为 200 m,当它在河上航行时是否会产生死锁? 若会,其理由是什么?

(2) 如何能克服一个可能的死锁? 请提出一个防止死锁的办法。

(3) 如何利用信号灯的 P、V 操作,实现车辆和驳船的同步?

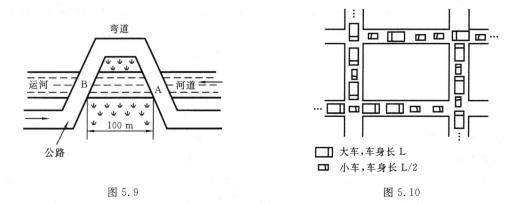

图 5.9                                                    图 5.10

5-7  讨论图 5.10 描述的交通死锁的例子(设各方向上的汽车是单线、直线行驶):

(1)对于产生死锁的四个必要条件中的哪些条件在此例中是适用的?

(2)提出一个简单的原则,它能避免死锁。

(3)若用计算机实现交通自动管理,请用信号灯的 P、V 操作来实现各方向上汽车行驶的同步。

# 第6章 处理机调度

## 6.1 处理机的多级调度

在任何计算机系统中,最关键的资源之一是中央处理机(CPU),每一个任务都必须使用它。那么,处理机以什么方式为多任务所共享呢? 由于处理机是单入口资源,任何时刻只能有一个任务得到它的控制权,即多任务只能互斥地使用处理机。人们对这一种资源最感兴趣的是"运行时间",处理机时间是以分片方式提交给计算任务使用的。这就提出以下几个问题,即处理机时间如何分片? 为适应不同需要和满足不同系统的特点,时间片的长短如何确定? 以什么策略分配处理机? 谁先占用,谁后占用? 这些就是处理机分配的策略问题。另外,还必须注意到每个任务占用处理机时,系统必须建立与其相适应的状态环境。在处理机控制权转接的时刻,系统必须将原任务的处理机现场保留起来,并以新任务的处理机现场设置其状态环境,以确保任务正常地执行。为了实现对处理机时间的分用,系统必须花费交换控制权的开销。交换控制权的频繁程度和开销之间必须权衡,以使系统效率达到理想的程度。

### 1. 批处理系统中的处理机调度

不同类型的操作系统往往采用不同的处理机分配方法。在多用户批处理操作系统中,对处理机的分配分为两级:作业调度和进程调度。在这样的系统中,每个用户提交的算题任务,往往作为系统的一个处理单位,称为作业。这样一道作业在处理过程中又可以分为多个并发的活动单位,称为进程。

作业调度又称为宏观调度,其任务是对提交给系统的、存放在辅存设备上的大量作业,以一定的策略进行挑选,分配主存等必要的资源,建立作业对应的进程,使其投入运行。进入主存中的进程还可以根据需要创建子进程。作业调度使该作业对应的进程具备使用处理机的权利。而进入主存的诸进程,分别在什么时候真正获得处理机,这是由处理机的进程调度(一般又称为微观调度)来决定的。进程调度的对象是进程,其任务是在进入主存的所有进程中,确定哪个进程在什么时候获得处理机,使用多长时间等。

**2. 多任务操作系统中的处理机调度**

分时系统或个人计算机操作系统支持多任务并发执行。系统将用户提交的任务作为进程，一个进程又可以创建多个子进程，这些进程是动态分配系统资源和处理机的单位。在支持多进程运行的系统中，系统创建进程时，应为该进程分配必要的资源。进程调度要完成的任务是当处理机空闲时，以某种策略选择一个就绪进程去运行，并为它分配处理机的时间。

**3. 多线程操作系统中的处理机调度**

在现代操作系统中，有些系统支持多线程运行。在这样的系统中，一个进程可以创建一个线程，也可以创建多个线程。系统为进程分配它所需要的资源（如主存），而处理机的分配单位则为线程，系统提供线程调度程序，其功能是当处理机空闲时，以某种策略选择一个就绪线程去运行，并为它分配处理机时间。

# 6.2　作业调度

## 6.2.1　作业的状态

在批处理系统中，作业调度程序负责对作业一级的处理。当系统调度到一个作业时，必然要为该作业分配必需的资源和创建相应的进程，这时作业进入执行阶段。在此状态下，作业有相应的进程参与处理机的竞争。当进程完成了任务进入完成状态时，它将被撤销。当一个作业的相应进程全部进入完成状态时，该作业也就完成了，将进行撤销等善后处理工作。作业在整个活动期间共有如下几种状态，即后备状态、执行状态、完成状态。

① 后备状态。系统响应用户要求，将作业输入到磁盘后备作业队列上，该作业进入系统，等待调度，称该作业处于后备状态。

② 执行状态。从作业进入主存开始运行，到作业计算完成为止，称该作业处于执行状态。

③ 完成状态。从作业计算完成开始，到善后处理完毕并退出系统为止，称该作业处于完成状态。

作业这几种状态的转换以及与各进程状态之间的关系如图 6.1 所示。

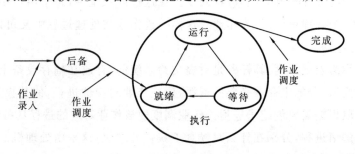

图 6.1　作业的状态及转换

## 6.2.2　作业调度的功能

作业调度的主要任务是完成作业从后备状态到执行状态和从执行状态到完成状态的转变。为了完成这一任务,作业调度程序应包括以下功能。

1) 确定数据结构

系统为每一个已进入系统的作业分配一个作业控制块(job control block,JCB)。作业控制块记录了每个作业在各阶段的情况(包括分配的资源和状态等),作业调度程序根据作业控制块 jcb 的信息对作业进行调度和管理。

2) 确定调度算法

按一定的调度原则(即调度策略)从磁盘中存放的大量作业(后备作业队列)中挑选出一个或几个作业投入运行,即让这些作业由后备状态转变为执行状态,这一工作由作业调度程序完成。作业调度程序所依据的调度原则通常与系统的设计目标有关,并由多个因素决定。如,为了尽量提高系统资源的利用率,应将计算量大的作业和 I/O 量大的作业搭配调度进入系统。为此,在设计作业调度程序时,必须综合平衡各种因素,确定合理的调度算法。

3) 分配资源

为被选中的作业分配运行时所需要的系统资源,如主存和外部设备等。作业调度程序在调度一个作业进入主存时,必须为该作业建立相应的进程,并且为这些进程提供所需的资源。至于处理机这一资源,作业调度程序只保证被选中的作业获得使用处理机的资格,而对处理机的分配工作则由进程调度程序来完成。

4) 善后处理

在一个作业执行结束时,作业调度程序输出一些必要的信息(如作业执行时间、作业执行情况)等,然后收回该作业所占用的全部资源,撤销与其有关的全部进程和作业控制块。

必须指出,主存和外部设备的分配和释放工作实际上是由存储管理程序和外设管理程序完成的。作业调度程序只起到控制的作用,即把一个作业的主存、外设要求转给相应的管理程序,由它们完成分配和回收工作。

## 6.2.3　作业控制块

每个作业进入系统时由系统为其建立作业控制块 jcb。作业存在于系统的整个过程中,相应的 jcb 也存在,只有当作业退出系统时,jcb 才被撤销。因此 jcb 是一个作业存在的标志。每个 jcb 记录与该作业有关的信息,而具体的内容根据作业调度的要求而定。对于不同的系统,其 jcb 内容也有所不同。表 6.1 列出了 jcb 的主要内容。它包括作业名、作业类型、作业状态、该作业对系统资源的要求、已分配给该作业的资源使用情况以及作业的优先级等。

下面就表中各项信息分别加以说明。作业名由用户提供,登记在 jcb 中。估计执行时间是指作业完成计算所需的时间,它是由用户根据经验估计的。最迟完成时间是用户要求完成该作业的截止时间。要求的主存量、外设类型及台数是作业执行时所需的主存和外设的使用量。要求的文件量是指本作业将存储在辅存空间的文件信息总量,输出量是指本作业将输出数据的总量。资源要求均由用户提供。进入系统时间是指该作业的全部信息进入磁盘,其状态转变为后备状态的时间。开始执行时间是指该作业进入主存,其状态由后备状态转变为执行状态的时间。主存地址是指分配给该作业的主存区开始地址。外设台号是指分配给该作业的外设实际台号。在许多情况下主存地址和外设台号是登记在主存管理程序和外设管理程序所掌管的表格中,而不是登记在 jcb 中。控制方式有联机和脱机两种,它们分别表示该作业是联机操作或脱机操作。作业类型是指系统根据作业运行特性所规定的类别,例如可以将作业分成三类:占 CPU 时间偏多的作业,I/O 量偏大的作业以及使用 CPU 和 I/O 比较均衡的作业。优先级反映了这个作业运行的紧急程度,它可以由用户自己指定,也可以由系统根据作业类型、要求的资源、要求的运行时间与系统当前状况动态地给定。作业状态是指本作业当前所处的状态,它可为后备状态、执行状态或完成状态中的任一种状态。

作业运行结束后,在释放了该作业所使用的全部资源之后,作业调度程序调用存储管理程序,收回该作业的 jcb 空间,从而撤销了该作业。

表 6.1　作业控制块

| 作 业 名 | |
| --- | --- |
| 资 源 要 求 | 估计执行时间 |
| | 最迟完成时间 |
| | 要求的主存量 |
| | 要求外设的类型及台数 |
| | 要求文件量和输出量 |
| 资源使用情况 | 进入系统时间 |
| | 开始执行时间 |
| | 已执行时间 |
| | 主存地址 |
| | 外设台号 |
| 类 型 | 控制方式 |
| | 作业类型 |
| 优 先 级 | |
| 作 业 状 态 | |

## 6.2.4　调度算法性能的衡量

作业调度的功能是以一定的策略从后备作业队列中选择作业进入主存,使其投入运行。其关键是要确定作业调度算法。通常,采用平均周转时间和平均带权周转时间来衡量作业调度算法性能的好坏。

作业的平均周转时间 t 为

$$t = \frac{1}{n}\sum_{i=1}^{n} t_i, \quad t_i = tc_i - ts_i \tag{6-1}$$

其中：n 为进入系统的作业个数；$t_i$ 为作业 i 的周转时间；$ts_i$ 为作业 i 进入系统（即进入磁盘后备队列）的时间；$tc_i$ 为作业 i 的完成时间。

平均带权周转时间 w 为

$$w = \frac{1}{n}\sum_{i=1}^{n} w_i, \quad w_i = \frac{t_i}{tr_i} \tag{6-2}$$

其中，$w_i$ 为作业 i 的带权周转时间；$tr_i$ 为作业 i 的实际执行时间。

每个用户总是希望在将作业提交给系统后能立即投入运行并一直执行到完成。这样，他的作业周转时间最短。但是，从系统角度来说，不可能满足每个用户的这种要求。一般来说，系统应选择使作业的平均周转时间（或平均带权周转时间）短的某种算法。因为，作业的平均周转时间越短，意味着这些作业在系统内的停留时间越短，因而系统资源的利用率也就越高。另外，也能使大多数用户感到比较满意，因而总的来说也是比较合理的。

## 6.2.5 作业调度算法

### 1. 先来先服务调度算法

先来先服务调度算法是按作业来到的先后次序进行调度的。换言之，这种算法优先考虑在系统中等待时间最长的作业，而不管它要求执行时间的长短。这种算法容易实现，但效率较低。因为它没有考虑各个作业运行特性和资源要求的差异，所以影响了系统的效率。

假定有四个作业，已知它们进入系统时间和执行时间，若采用先来先服务的调度算法进行调度，则可计算出各作业的完成时间、系统的平均周转时间和平均带权周转时间。从表 6.2 中可以看出，这种算法对短作业不利，因为短作业执行时间很短，若令它等待较长时间，则带权周转时间会很高。

**表 6.2 先来先服务调度算法** （单位：h，并以十进制计）

| 作 业 | 进入系统时间 | 执行时间 | 开始时间 | 完成时间 | 周转时间 | 带权周转时间 |
|---|---|---|---|---|---|---|
| 1 | 8.00 | 2.00 | 8.00 | 10.00 | 2.00 | 1 |
| 2 | 8.50 | 0.50 | 10.00 | 10.50 | 2.00 | 4 |
| 3 | 9.00 | 0.10 | 10.50 | 10.60 | 1.60 | 16 |
| 4 | 9.50 | 0.20 | 10.60 | 10.80 | 1.30 | 6.5 |

平均周转时间 t=1.725
平均带权周转时间 w=6.875

### 2. 短作业优先调度算法

比较磁盘中的作业申请所指出的计算时间，总是选取计算时间最短的作业作为下一次服务的对象。这一算法易于实现，且效率比较高。它的主要弱点是只照顾短作业的利益，而不考虑长作业的利益。如果系统不断地接受新的作业，就有可能使长作业长时间等待而不能运行。如果对上例的作业采用短作业优先调度算法来进行调度，则算出的周转时间和带权周转时间如表 6.3 所示。

**表 6.3　短作业优先调度算法**　（单位：h，并以十进制计）

| 作　　业 | 进入系统时间 | 执行时间 | 开始时间 | 完成时间 | 周转时间 | 带权周转时间 |
|---|---|---|---|---|---|---|
| 1 | 8.00 | 2.00 | 8.00 | 10.00 | 2.00 | 1 |
| 2 | 8.50 | 0.50 | 10.30 | 10.80 | 2.30 | 4.6 |
| 3 | 9.00 | 0.10 | 10.00 | 10.10 | 1.10 | 11 |
| 4 | 9.50 | 0.20 | 10.10 | 10.30 | 0.80 | 4 |

平均周转时间 t＝1.55

平均带权周转时间 w＝5.15

比较上述两种调度算法可以看出，短作业优先调度算法的调度性能要好些，因为作业的平均周转时间和平均带权周转时间都比先来先服务算法的小一些。如果系统的目标是使平均周转时间为最小，那么应采用短作业优先调度算法。

**3. 响应比高者优先调度算法**

先来先服务调度算法与短作业优先调度算法都是比较片面的调度算法。先来先服务调度算法只是考虑作业的等候时间而忽视了作业的执行时间，而短作业优先调度算法则恰好与之相反，它只考虑了用户估计的作业执行时间而忽视了作业的等待时间。响应比高者优先算法是介乎于这两种算法之间的一种折中的算法，它既照顾了短作业，又不使长作业的等待时间过长。一般将作业的响应时间与执行时间的比值称为响应比。即

$$响应比 = 响应时间/执行时间 \qquad (6-3)$$

其中，响应时间为作业进入系统后的等待时间加上估计的执行时间，即为周转时间。因此，响应比可写为

$$响应比＝1＋作业等待时间/执行时间 \qquad (6-4)$$

所谓响应比高者优先算法，就是每调度一个作业投入运行时，计算后备作业表中每个作业的响应比，然后挑选响应比最高者投入运行。由式(6-4)可见，计算时间短的作业容易得到较高的响应比，因此本算法是优待了短作业。但是，如果一个长作业在系统中等待的时间足够长久，其响应时间将随着等待时间的增加而提高，它总有可能成为响应比最高者而获得运行的机会，而不至于无限制地等待下去。

表 6.4 说明了采用响应比高者优先调度算法时上述作业组合运行的情况。

**表 6.4　响应比高者优先调度算法**　（单位：h，并以十进制计）

| 作　　业 | 进入系统时间 | 执行时间 | 开始时间 | 完成时间 | 周转时间 | 带权周转时间 |
|---|---|---|---|---|---|---|
| 1 | 8.00 | 2.00 | 8.00 | 10.00 | 2.00 | 1 |
| 2 | 8.50 | 0.50 | 10.10 | 10.60 | 2.10 | 4.2 |
| 3 | 9.00 | 0.10 | 10.00 | 10.10 | 1.10 | 11 |
| 4 | 9.50 | 0.20 | 10.60 | 10.80 | 1.30 | 6.5 |

平均周转时间 t＝1.625

平均带权周转时间 w＝5.675

采用该算法时,这 4 个作业的执行次序为:作业 1、作业 3、作业 2、作业 4。之所以会是这样的次序,是因为该算法在一个作业运行完时要计算剩下的所有作业的响应比,然后选响应比高者去运行。例如,当作业 1 结束时,作业 2、作业 3、作业 4 的响应比分别为

响应比$_2$＝1＋作业等待时间/执行时间＝1＋(10.00－8.50)/0.5 ＝ 1＋3

响应比$_3$＝1＋作业等待时间/执行时间＝1＋(10.00－9.00)/0.10 ＝ 1＋10

响应比$_4$＝1＋作业等待时间/执行时间＝1＋(10.00－9.50)/0.20 ＝ 1＋2.5

从计算结果可看出,作业 3 的响应比最高,所以让作业 3 先运行。当作业 3 运行结束及以后选中的作业运行结束时,都用上述方法计算出当时各作业的响应比,然后选出响应比高的去运行。

这种算法,虽然其调度性能不如短作业优先调度算法好,但是它既照顾了用户到来的先后,又考虑了系统服务时间的长短,所以它是上述两种算法的一种较好的折中。

**4. 优先调度算法**

优先调度算法综合考虑有关因素,例如作业的缓急程度、作业的大小、等待时间的长短、外部设备的使用情况等,并根据系统设计目标分析这些因素对调度性能的影响,然后按比例确定各作业的优先数(优先数和一定的优先级相对应,优先数可以通过赋值或计算得到,然后对应为某一优先级),系统按作业优先级的高低排序,调度时选取优先级高者先执行。

确定优先级的一种较简单的办法是,当一个作业送入系统时,由用户为自己的作业规定一个优先级,这个优先级反映了用户要求运行的急切程度。但是,有的用户可能为自己的作业规定一个很高的优先级,为了防止这种做法,系统可对高优先级作业收取高的运算费用。更好的办法是作业的优先级不由用户给定,而由系统规定。系统可根据该作业运行时间的长短和对资源要求的多寡来确定。这可以在作业进入系统时确定,也可在每次选择作业时算出。如 LANCASTER 大学所用的 JUNE 系统规定,每当作业调度程序挑选作业时,它要访遍输入井,为等待在那里的每个作业算出一个优先数,确定其优先级,然后根据优先级大小挑选作业。优先数的计算保证使输出量最少、要求执行时间短的作业以及已经等了很久的作业得到优待。即

$$优先数＝等待时间^2－要求执行时间－16×输出量$$

其中,等待时间是指作业在磁盘中已等候的时间(以分计),要求执行时间(以秒计)和输出量(以行计)是根据作业控制块中所记录的相应值推算出来的。

这一系统所体现的思想是,它企图十分迅速地执行各种短作业,但偶尔也要执行一个在磁盘中等候了很久的作业,此时"等待时间"这一项的值已远远超过其他两项之和。

# 6.3　进　程　调　度

## 6.3.1　调度/分派结构

任何进程都必须通过调度/分派模块来使用处理机。进程调度的功能可细分为调度和分派两部分。其中,调度意味着依照完全确定的策略将一批进程进行排序,而分派则是从就绪队

列中移出一个进程并给它提供处理机的使用权。

　　相应的调度程序和分派程序的功能是:调度程序负责将一个进程插入到就绪队列并按一定原则保持队列结构;分派程序是将进程从就绪队列中移出并建立该进程执行的机器状态。

　　调度/分派结构如图 6.2 所示。

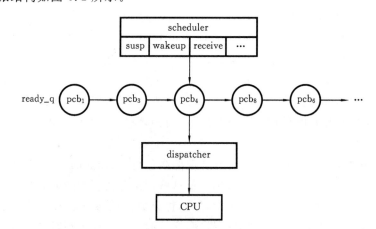

图 6.2　调度/分派结构

　　图 6.2 说明了处理机的分配是由调度和分派这两方面的功能完成的。而进程调度则与进程控制和进程通信的功能有着密切的联系。无论何时,当一个运行进程需要延时或请求挂起时,这个进程就被安置到适当的等待队列中去;而当一个进程被激活、被唤醒、或由于其他事件使某一进程的状态变为就绪时,它将被插入到就绪队列中,并以既定的排序原则保持该队列的结构,如按优先级高低排序,或按请求的先后次序排序等。

　　当处理机空闲,即某一调度时机来到时,如某进程由于某种原因而阻塞(被迫让出处理机),或当一个进程完成其任务正常终止自愿让出处理机时,分派程序将移出就绪队列的第一个元素,并将 CPU 的控制权赋予选中的进程,让该进程的相应程序真正地在处理机上运行。

　　但是,在一些系统中常常只提进程调度的概念,而不细分调度和分派这两个部分。因为这里所说的调度功能实际上分散到某些进程控制原语或通信原语中实现了,所以在这些系统中,调度与分派之间不加区别,并统称为调度程序模块。在这里提出调度/分派结构,是希望读者明确处理机的分配包含有两方面内容:一是按确定的调度原则选一个进程;二是给选中进程赋予处理机的控制权。若要强调后者,就使用"分派程序"这一名词;否则就采用"进程调度程序"这一名词。

## 6.3.2　进程调度的功能和调度准则

**1. 进程调度的功能**

　　在多道程序系统中,用户进程数往往多于处理机数,这将使它们相互争夺处理机。此外,系统进程同样需要使用处理机。这样就需要按一定的策略,动态地把处理机分配给就绪队列中的某一进程,并使之执行。该任务是由进程调度来完成的。进程调度的具体功能如下。

1）记录和保持系统中所有进程的有关情况和状态特征

记录和保持系统中所有进程的有关情况和状态特征是通过对进程控制块 pcb 的内容进行相应的登记、修改，以及将 pcb 在不同的队列中移动而实现的，并由进程控制模块（如进程创建、进程撤销、进程通信等功能模块）来实施。进程在活动期间其状态是可以改变的，如由运行转换到阻塞，由阻塞转换到就绪，由就绪转换到运行。相应的，该进程的 pcb 就在运行指针、各种等待队列和就绪队列之间转换。进程进入就绪队列的排序原则体现了调度思想。

2）决定分配策略

在处理机空闲时，根据一定的原则选择一个进程去运行，同时确定获得处理机的时间。进程调度策略实际上是由就绪队列排序原则体现的。若按优先调度原则，则进程就绪队列按优先级高低排序；若按先来先服务原则，则按进程来到的先后次序排序。入链子程序实施这一功能。当处理机空闲时，分派程序只要选择队首元素就一定满足确定的调度原则。

3）实施处理机的分配和回收

当正在运行的进程由于某种原因要让出处理机时，应将该进程的状态改为“阻塞”，并插入到相应的等待队列中，还须保留该进程的处理机现场。

当调度时机来到时，根据调度原则选择一个进程去运行，把选中进程从就绪队列中移出，改状态为“运行”，并将选中进程的有关处理机现场信息送到相应的寄存器中，真正把处理机控制权交给被选中的进程。

这一部分涉及的功能实际上是“处理机分派程序”的职责。当现行程序不能再继续运行，或者有理由认为应把处理机用于另一进程时，就进入处理机分派程序。

CPU 现场信息的切换（即保留原来运行进程的状态信息，并用保留在选中进程 PCB 中的状态信息设置 CPU 现场）所需时间是额外开销，因为切换时系统并不能做其他的工作。进程切换所需时间因机器不同而不同，它取决于主存速度、必须复制的寄存器的数量、是否有特殊指令（如装入或保存所有单个指令）等因素。切换时间与硬件支持密切相关。例如，有的处理器（如 SUN UltraSPARC）提供了多个寄存器组，切换只需要简单地改变当前寄存器组的指针。当处理器只有一个寄存器组，或活动进程超过了寄存器组的数量时，系统必须在寄存器组与主存之间进行数据复制。而且，操作系统越复杂，这一切换所要做的工作就越多。典型的进程切换时间为 1 $\mu$s 到 1 000 $\mu$s。

进程调度时机可能有以下几种：

① 进程完成其任务时；

② 在一次管理程序调用之后，该调用使现行程序暂时不能继续运行时；

③ 在一次出错陷入之后，该陷入使现行进程在出错处理时被挂起时；

④ 在分时系统中，当进程使用完规定的时间片时，时钟中断使该进程让出处理机时；

⑤ 在采用可剥夺调度方式的系统中，当具有更高优先级的进程要求处理机时。

**2. 进程调度的准则**

不同的进程调度算法具有不同的特点，且可能对某些进程更有利。为了对算法进行选择以适用于特定的应用，必须分析各种算法的特点。为了比较各种进程调度算法，分析员提出了许多准则，这些准则对确定算法的优劣有很大的影响，这些准则涉及如下几个因素。

（1）CPU 使用率。需要使 CPU 尽可能忙。CPU 使用率从 0 到 100 %。对于真实系统，它应从 40 %（轻负荷系统）到 90 %（重负荷系统）。

（2）吞吐量。如果 CPU 忙于执行进程，那么就要评估其工作量。其中一种测量工作量的方法称为吞吐量。吞吐量是指一个时间单元内所完成的进程数量。若系统中短进程多，则吞吐量较高，可能为每秒十个进程。

（3）周转时间。在批处理系统中，从作业进入系统到完成的时间间隔称为周转时间。周转时间是所有时间段之和，包括等待进入主存、在就绪队列中等待、在 CPU 上执行和 I/O 执行时间。利用特权可以分析运行该作业需要花费的时间。

（4）响应时间。对于交互式系统而言，周转时间并不是最佳的准则，通常采用响应时间作为时间度量。响应时间是指从联机用户向计算机发出一个命令到计算机执行完该命令，并将相应的执行结果返回给用户所需的时间。

（5）等待时间。进程调度算法并不影响进程运行和执行 I/O 的时间量，它只影响进程在就绪队列中等待所花费的时间。等待时间是进程在就绪队列中等待所花费时间之和。

人们需要使 CPU 使用率和吞吐量最大化，而使周转时间、响应时间和等待时间最小化。在绝大多数情况下要优化平均度量值，不过在有的情况下，需要优化最小值或最大值，而不是平均值。例如，在分时系统中为了保证所有用户都得到好的服务，可能需要使响应时间最小。

## 6.3.3　调度方式

在优先调度策略下还要确定调度方式。所谓调度方式是指，当一进程正在处理机上执行时，若有某个更为"重要而紧迫"的进程需要进行处理，亦即，若有优先级更高的进程进入就绪队列时，如何分配处理机。通常有两种进程调度方式：一种是仍然让正在执行的进程继续执行，直到该进程完成或发生某事件（如提出 I/O 请求）而进入"完成"或"阻塞"状态时，才把处理机分配给"重要而紧迫"的进程，使之执行，这种进程调度方式称为非剥夺方式；另一种方式则是"重要而紧迫"的进程一到，便暂停正在执行的进程，立即把处理机分配给它，这种方式称为可剥夺调度方式。后者所实施的策略就是可抢占的调度策略。

此外，Shaw 还提出一个选择可抢占策略，该策略是两种极端的抢占和不可抢占策略之间的折中方案。在这种方案下，每个进程不仅被指派一个优先级（与优先数相对应），而且有一对标志（U、V）。该标志可作如下解释：

U＝1 表示该进程可以抢占另一进程；U＝0 表示该进程不可抢占另一进程；

V＝1 表示该进程可以被另一进程抢占；V＝0 表示该进程不可被另一进程抢占。

U、V 之值可以根据进程的动态特征由系统临时提交，这样就使抢占方式具有一定的灵活性。对于一个优先级较高的进程，若 U＝0，则表示它不能剥夺一个优先级比它低的进程使用 CPU 的权利。反之，对于一个优先级较低的进程，若 V＝0，则表示它不允许让另一个进程强行替换它。

## 6.3.4　进程优先数调度算法

处理机分配是由进程调度和作业调度共同来完成的，由于调度本身也要消耗处理机时间，因此不能过于频繁地进行。为此，许多操作系统把调度工作分为两级进行。对于较低一级的调度工作可以较为频繁地进行(例如,每隔几十毫秒进行一次),且只需考虑一小段时间内的情况,所以算法简单,调度所花时间也较少。这一级称为低级调度或短程调度,也就是进程调度。对于较高一级的调度,其目光应比较长远,需考虑的因素较多,算法比较复杂,所以进行的次数应少一些。这种调度称为高级调度或称中程调度。例如,当某作业撤离或新作业进入时,选择一作业进入主存的调度属此种调度。虽然对处理机的分配是分两级进行的,但制定这两级调度的原则应该是一致的,即都必须符合系统总的设计目标。例如,系统采取优先调度策略时,进程优先数应符合于作业优先数的制定原则。

进程优先数调度算法就是一种优先调度,该算法预先确定各进程的优先数,系统将处理机的使用权赋予就绪队列中具备最高优先级(优先数和一定的优先级相对应)的就绪进程。这种算法又可分为不可抢占 CPU 与可抢占 CPU 两种情况。在后一种情况下,无论何时,执行着的进程的优先级总要比就绪队列中的任何进程的优先级高。

优先级设计包括两方面的内容:第一是进程就绪队列必须以进程的优先级排序,具有最高优先级的进程放在队首并且是第一个被分派的进程;第二是决定优先级的数目,在较简单的优先调度算法中,每一个优先级上只能有一个进程。

优先数可以按静态或动态方式指派给进程。以静态方式指派给进程称为静态优先数,它一般在进程被创建时确定,且一经确定后在整个进程运行期间不再改变。被确定的进程优先数可以直接取作业的优先数,但若要更精细些时,静态优先数可按以下各种方法确定:

① 优先数根据进程所需使用的资源来计算(如主存、I/O 设备);
② 优先数基于程序运行时间的估计;
③ 优先数基于进程的类型。

进程所索取的系统资源越多,估计的运算时间越长,其优先级越低。另一种办法是将进程分类,不同类别的进程赋予不同的优先级。例如,可规定系统进程的优先级高于用户进程的优先级,联机用户进程的优先级高于脱机用户进程的优先级等。采用静态优先数调度算法比较简单,但不够精确,因为静态优先数在进程执行之前就确定了,且在整个执行期间都保持不变。然而,随着进程的推进,很多计算优先数所依赖的特征都将随之改变。因此静态优先数并非自始至终都能准确地反映出这些特性。如果能在进程运行中,不断地随着进程特性的改变重新计算其优先数,就可以实现更为精确的调度,从而获得更好的调度性能。这就产生了动态优先数。

在创建一个进程时,根据系统资源的使用情况和进程的当前特点确定一个优先数,而在以后的任一时刻,当进程被重新调度时,或者当耗尽一个时间定额时,优先数被调整,以反映进程的动态变化。例如,进程优先数随着它占用 CPU 时间的延长而下降,随着它等待 CPU 时间的延长而上升。又如,当等待一外设的进程较多时,可以提高使用该设备的进程的优先数,以便该进程更快地释放设备以满足其他进程的需要。

采用优先调度算法使处理机分配相当灵活,尤其是在动态优先数方案中,系统设计者希望优先照顾什么样的进程或提高某类资源的利用率,都可以从优先数的计算方法上反映出来。

## 6.3.5　循环轮转调度

在第 5 章"资源分配与调度"中提到的 FIFO 调度算法是一种最简单的调度算法。

一个进程转为就绪状态时加入就绪队列末端,而调度时则从队首选取进程。在处理机分配上采用这种调度策略可能存在的问题是,当一个进程在放弃对处理机的控制权之前可能执行很长时间,即它将长时间地垄断处理机的使用权,而其他进程的推进受到严重的影响。尤其是在分时系统中,要求对系统的各个终端用户及时响应,为此,系统规定一个时间片。每个进程被调度时分得一个时间片,当这一时间片用完时,该进程转为就绪态并进入就绪队列末端。这一时间片方法称为循环轮转(round-robin)规则。

**1. 简单循环轮转调度**

1) 简单循环轮转调度算法的定义

当 CPU 空闲时,选取就绪队列首元素,赋予时间片。当该进程时间片用完时,则释放 CPU 控制权,进入就绪队列的队尾,CPU 控制权给下一个处于就绪队列首元素。简单循环轮转调度算法如图 6.3 所示。

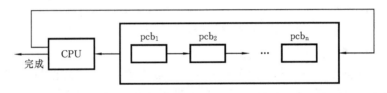

图 6.3　简单循环轮转调度算法

2) 简单循环轮转调度算法的特征

简单循环轮转调度算法是以就绪队列中的所有进程以相等的速度向前进展为特征的。如果就绪队列中有 k 个就绪进程,时间片的长度为 q 秒,则每个进程在每 kq 的时间内可获得 q 秒的 CPU 时间,亦即每个进程是以 1/k 的实际 CPU 速度运行在处理机上。所以,就绪队列的大小成了决定进程以什么样的速度推进的一个重要因素。另外,时间片 q 也是一个十分重要的因素,时间片 q 的计算公式为

$$q = \frac{t}{n}$$

其中,t 为用户所能接受的响应时间,n 为进入系统的进程数目。q 的选择对进程调度有很大的影响。如果 q 取得太大,使所有进程都能在分给它的时间片内执行完毕,则此时的轮转法已经退化为 FIFO 算法;若 q 值选得适中,则将使就绪队列中的所有进程都能得到同样的服务;但当 q 取得很小时,由一个进程到另一个进程的切换时间就变得不可忽略,换言之,过小的 q 值会导致系统开销的增加。因此,q 值必须定得比较适中,通常为 100 ms 或更大。

人们希望时间片要比进程切换时间长。如果进程切换时间约为时间片的 10%,那么约 10% 的 CPU 时间会浪费在进程切换上。

简单轮转法的优点虽比较简单,但由于采用固定时间片和仅有一个就绪队列,故服务质量是不够理想的。进一步改善轮转法的调度性能是沿着以下两个方向进行的:

① 将固定时间片改为可变时间片,这样可从固定时间片轮转法演变为可变时间片轮转法;

② 将单就绪队列改为多就绪队列,从而形成多就绪队列轮转法。

**2. 可变时间片轮转调度**

在固定时间片算法中,q 表示为 $t/n_{max}$,其中,$n_{max}$ 为进入系统的最大进程数。例如,响应

时间 t＝3 s,n＝30,得到 q＝0.1 s,即每 0.1 s 切换一次进程。当就绪队列中的实际进程数少于 $n_{max}$ 时,例如,n＝6 时,由于时间片固定,系统的响应时间便缩短为 0.6 s,但对人们来说,响应时间为 3 s 时,已经很满意,若响应时间再缩短则不会有十分明显的感觉。但是,倘若仍保持响应时间为 3 s,而把时间片增至 0.5 s,这样可显著地减少系统开销,由此,可看出采用可变时间片的好处。

在采用可变时间片算法中,每当一轮开始时,系统便根据就绪队列中已有的进程数计算一次 q 值,然后进行轮转。在此期间所到达的进程都暂不进入就绪队列,而要等到此次轮转完毕后再一起进入。此时,系统根据就绪队列中的进程数重新计算 q 值,然后开始下一轮循环。

## *6.3.6　多级反馈队列调度

多级反馈队列调度(multilevel feedback queue schduling)算法是以使用多个就绪队列为特征的,如图 6.4 所示。多个就绪队列是这样组织的:每个就绪队列的优先级按序递减,而时间片的长度则按序递增;亦即处于序数较小的就绪队列中的就绪进程的优先级要比处于序数较大的队列中的就绪进程的优先级高,但它获得的 CPU 时间片要比后者短。对于每个具有一定优先级的就绪队列中的进程则以先后次序排列。

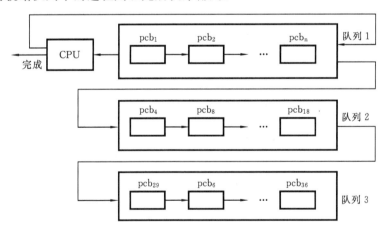

图 6.4　多级反馈队列调度算法

进程从等待状态进入就绪队列时,首先进入序数较小的队列中;当某进程分到处理机时,就给它一个与就绪队列对应的时间片;该时间片用完时,它被迫释放处理机,并进入到下一级(序数增加 1,对应时间片也增加 1 倍)的就绪队列中,虽然它重新执行的时间被推迟了一些,但在下次得到处理机时,时间片却增加了一倍;当处于最大的序数就绪队列时,时间片可以无限大,即一旦分得处理机就一直运行结束。

当 CPU 空闲时,首先从序号最小的就绪队列查找,取队列首元素去运行,若该就绪队列为空,则从序号递增的下一个就绪队列选进程运行。如此类推,序号最大的就绪队列中的进程只有在其上所有队列都为空时,才有机会被调度。

由此可见,这种算法可以先用较小的时间片处理完那些用时较短的进程,而给那些用时较长的进程分配较大的时间片,以免较长的进程频繁被中断而影响处理机的效率。

多级反馈队列调度算法可由下列参数来定义：

- 队列数量；
- 每个队列的调度策略；
- 用以确定进程升级到较高优先级队列的方法；
- 用以确定进程降级到较低优先级队列的方法；
- 用以确定新创建进程进入哪个优先级队列的方法。

多级反馈队列调度算法的参数定义使它成为最通用的 CPU 调度算法。它可以灵活配置以适应特定系统设计的需要。虽然多级反馈队列调度是较通用的 CPU 调度算法，但它也是较复杂的算法。

## 6.3.7 调度用的进程状态变迁图

采用进程状态变迁图来阐述进程调度算法是比较方便的。图 6.5 所示的是一个较简单的进程状态变迁图。

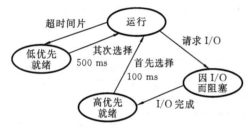

图 6.5 较简单的进程状态变迁图

图 6.5 中指出了两种就绪状态：低优先就绪和高优先就绪。一个进程如果在运行中超过了它的时间片就进入低优先就绪，当它从阻塞状态变为就绪状态时则进入高优先就绪队列。由此可见，进入低优先就绪队列的进程一般是计算量比较大的，即称为受 CPU 限制的进程；而由阻塞变为高优先就绪的进程一般是输入/输出量比较大的进程，即称受 I/O 限制的进程。

图 6.5 描述的系统采用的是优先级调度与时间片调度相结合的调度算法。具体的调度方法如下：

① 首先从高优先级就绪队列中选择一个进程来运行，给定时间片为 100 ms；

② 如果高优先级就绪队列为空，则从低优先级就绪队列中选择一个进程运行，给定时间片为 500 ms。

这种调度策略优先照顾了 I/O 量大的进程，适当照顾了计算量大的进程。同时，对提高计算机系统的资源利用率也是十分有利的。

一种较为复杂的进程状态变迁图如图 6.6 所示。这种调度算法可用于具有页面存储管理的分时操作系统中。

在此变迁图中，阻塞进程分成三组：等待终端 I/O 受阻、等待盘或带 I/O 受阻和等待页面 I/O 受阻。就绪进程也分为三组：高优先就绪、中优先就绪和低优先就绪。

该系统采用的也是优先级调度与时间片调度相结合的调度算法。其具体的调度方法是：

① 当 CPU 空闲时，首先从高优先级就绪队列中选取进程去运行，给定时间片为 100 ms；

② 若此队列为空，则从中优先级就绪队列中选择进程，给定时间片也为 100 ms；

③ 只有在无高、中优先级的就绪进程时才运行低优先级的就绪进程，给定时间片为 500 ms。

此进程状态变迁图具有一个什么样的调度效果，请读者自己分析并得出结论。

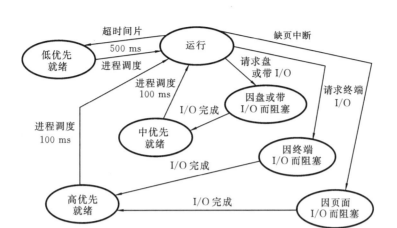

图 6.6　较为复杂的进程状态变迁图

# *6.4　线 程 调 度

　　为了提高并行处理能力,Windows 系统提供多线程技术,并对线程调度采用优先调度算法。系统给每一个线程分配一个优先级。任务较紧急、重要的线程,其优先级就较高;相反则较低。例如,用于屏幕显示的线程需要尽快地被执行,可以赋予较高的优先级;用来收集主存碎片垃圾的回收线程则不那么紧急,可以赋予较低的优先级,等到处理器较空闲时再执行。

　　线程就绪队列按优先级的高低排序。对于优先级相同的线程,则遵循队列"先进先出"的原则,当一个在就绪队列中排队的线程分配到了处理器进入运行状态之后,这个线程称为是被调度的。

　　在 Windows 系统中,线程由 32 位 Windows 应用程序或虚拟设备驱动程序(Vxds)创建。在 Windows 系统中装入应用程序并生成与之相关的进程数据结构时,系统就将这个进程建立成单个的线程。许多应用程序在整个执行过程中只使用单个线程,但有的应用程序也可以创建另一个(或几个)线程来执行某个短期的后台操作。例如,一个字处理应用程序,它以多线程方式运行,其中一个线程控制键盘输入,接收输入的字符;另一个线程用于控制打印。这样,就可以边写作边打印了。某些时候,将一个应用程序设计为多线程操作,可以明显地改善应用程序的执行效果。多线程技术允许一个应用程序在自身范围内进行并发处理,使该应用程序的反应更加灵敏。

　　在 Windows 系统的虚拟机管理程序中,有两个调度程序:初始调度程序和时间片调度程序,它们以线程为调度单位。初始调度程序负责计算线程优先级;时间片调度程序负责确定时间,并分配给线程。其线程调度如图 6.7 所示,具体描述如下:

　　① 初始调度程序考察系统的每个进程,计算进程对应线程的执行优先级值,取 0~31 之间的整数;

　　② 初始调度程序确定当前具有最高优先级值的线程,低于此值的正在运行的线程将被挂

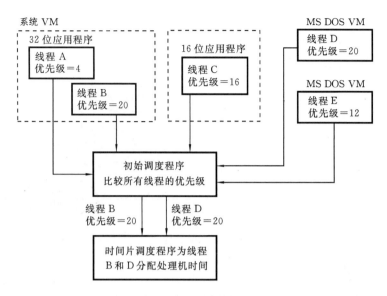

图 6.7 Windows 系统的线程调度

起,一旦某个线程被挂起,初始调度程序在这个时间片期间不会再注意该线程,除非再进行优先级的计算;

③ 时间片调度程序根据优先级值和 VM 的当前状态计算并分配给每个线程时间片的分数;

④ 线程运行;

⑤ 初始调度程序每隔 20 ms 再次计算线程的优先级值并作出评价。

在图 6.7 的例子中,五个活动线程中的两个线程(B 和 D),其执行优先级都为 20,其他三个的值低于 20,时间片调度程序就把下一个时间片划分给线程 B 和 D 使用。

# 6.5 UNIX 系统的进程调度

处理机的分配主要包括三方面工作。首先,将现行进程的 CPU 现场保护到该进程的 pcb 结构中;其次,依调度原则在就绪队列中选择一个进程;最后,恢复选中进程的运行现场。这三方面的工作到底由哪些程序去完成,不同系统可有不同的处理。在 UNIX 系统中,完成这三项工作的程序称为进程切换调度程序 swtch。

## 6.5.1 UNIX 系统的进程调度算法

UNIX 系统的进程调度算法是优先数算法。一个进程优先级的高低取决于其优先数,优先数越小,优先级越高。在进行进程切换调度时,总是选取优先级最高的进程去运行。所以,UNIX 系统的进程切换调度的关键是如何决定进程的优先数。

UNIX 系统确定进程优先数的方法有设置和计算两种。进程优先数的设置方式用于高、低优先级睡眠状态进程。优先数的计算是当进程处在用户态时,每秒由时钟处理程序计算和设置,或者在发生俘获后,返回到用户态之前由俘获处理程序计算和设置。

**1. 优先数的设置**

当进程因某种原因要睡眠时,在核心中调用 Sleep 放弃 CPU,此时设置其优先数。优先数的大小取决于睡眠的原因。如果是等待较紧迫的事件,该进程的优先数设置较小(一般为负数);反之,设置为正数。例如,进程 0(对换进程)等待对换设备传送时优先数置为−100,也就是说进程 0 一旦被唤醒就第一个运行。如果一个进程在等待打印机传送完成,则其优先数置为 10。由于核心程序是事先设计好的,所以这种设置可以根据系统要求而确定。

**2. 优先数的计算**

进程正在或即将转入用户态下运行时,用计算方式确定其优先数。UNIX 计算进程优先数的算式为

$$p\_pri = \min\{127, p\_cpu / 16 - p\_nice + PUSER\}$$

即在 127 和 p_cpu / 16−p_nice + PUSER 两者中取较小值。其中,p_cpu 和 p_nice 都是当前 proc 的分量,p_cpu 反映了进程使用 CPU 的程度;p_nice 是程序可以设置的进程优先数偏置值;PUSER 是固定偏置常数,定为 100。

时钟中断程序每来一个时钟脉冲(如 20 ms)就为当前进程的 p_cpu 加 1,直到 255。这使当前进程的 p_cpu 增大,pri 也增大,于是优先级降低。而每过 1 s,核心中计算优先数的程序又将所有进程的 p_cpu 减 10,直到小于 10 时置为 0。这就使所有未占用 CPU 的进程的 p_cpu 减少,p_pri 也随之减少,于是优先级提高。所以,占用 CPU 时间越长的进程,下次被调度的可能性越小,而未占用 CPU 的进程等待时间越长,下次被调用的可能性就越大。

p_nice 是个正整数,用户可以用 shell 命令 nice 或系统调用 nice 加以修改,以影响某一个进程的优先级。普通用户只能增加 p_nice 的值来增加进程的优先数,从而降低了进程的优先级。只有超级用户可以通过减少 p_nice 的值来提高进程的优先级。

p_cpu 这样的改变方式使进程使用 CPU 的时间与它被调用的机会成为负反馈过程。可用图 6.8 描述。

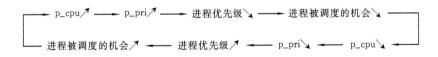

图 6.8　UNIX 系统进程调度中的负反馈过程

这样的负反馈过程使系统中在用户态下运行的各个进程都能比较均衡地享用处理机。

## 6.5.2　进程切换调度程序 swtch

UNIX 系统的进程切换调度程序 swtch 完成进程间的转换,其算法描述如 MODULE 6.1 所示。

MODULE 6.1　进程调度算法

```
算法 swtch
输入:无
输出:无
{
        保留现行进程的现场到其系统栈中;
        for(就绪队列中的每一个进程)
                取在主存、就绪态、优先级最高的进程;
        if(没有找到满足条件的进程)
                机器空闲等待;            /* 下次中断使机器脱离空闲等待状态 */
        将选取的进程从就绪队列中移出;
        切换到被选中进程的映像,恢复其运行;
}
```

swtch 程序的主要任务如下。

① 将调用 swtch 的当前进程的现场信息保留在其系统栈中。

② 扫描 proc 表,找出满足如下条件的进程去运行:

● 在主存 (p_flag 的 SLOAD=1);

● 就绪状态 (p_stat=SRUN);

● 优先数 (p_pri) 最小。

如果找不到这样的进程,则表示 CPU 此时无事可做。这时,CPU 空闲等待,一旦有中断发生,它就退出等待状态重新扫描 proc 表。

③ 找到了所要求的进程后,把该进程的 p_addr 装入存储管理地址映射的寄存器中,并设置好相应的地址映射机构,再恢复该进程的现场。

# 习　题　6

6-1　在多道程序系统中,一个进程向另一个进程转换可以发生在进程用完它的时间片(如 100 ms)之时。试问:使进程状态转换的其他理由和准则是什么?

6-2　某系统的进程状态变迁图如图 6.9 所示(设该系统的进程调度方式为可剥夺方式)。

(1) 说明一个进程发生变迁 3 的原因是什么? 发生变迁 2、变迁 4 的原因又是什么?

(2) 下述因果变迁是否会发生,如果有可能的话,在什么情况下发生?

① 2→5;　② 2→1;　③ 4→5;

④ 4→2;　⑤ 3→5

(3) 根据此进程状态变迁图叙述该系统的调度策略、调度效果。

6-3　某系统的设计目标是优先照顾 I/O 量大的进程,试画出满足此设计目标的进程状态变迁图。

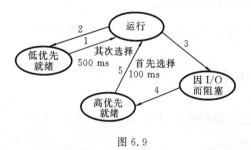

图 6.9

6-4　作业调度和进程调度的任务各是什么？它们有什么联系？

6-5　画出按优先数调度的进程调度算法的程序框图。

6-6　在单道批处理系统中,有下列四个作业分别用先来先服务调度算法和最短作业优先调度算法进行调度,哪一种算法调度性能好些？请按表 6.5 的格式,分别用两张表正确填补表中未填写的各项。

表 6.5　＊＊＊＊调度算法　　　（单位:h,并以十进制计）

| 作　　业 | 进入系统时间 | 执 行 时 间 | 开 始 时 间 | 完 成 时 间 | 周 转 时 间 | 带权周转时间 |
|---|---|---|---|---|---|---|
| 1 | 10.00 | 2.00 | | | | |
| 2 | 10.10 | 1.00 | | | | |
| 3 | 10.25 | 0.25 | | | | |
| 4 | 9.50 | 0.20 | | | | |

平均周转时间 t＝

平均带权周转时间 w＝

6-7　线程调度的主要任务是什么？

6-8　UNIX 系统采用什么样的进程调度算法？其进程切换调度算法 swtch 的主要任务是什么？

# 第7章 主存管理

## 7.1 主存共享特征——空间分片

主存储器与中央处理机一样是计算机系统的重要资源,它为操作系统、各种系统程序和用户程序所共享,任何程序的执行最终都要从主存中存取指令和数据,都必须和主存打交道。

现代操作系统区分两类主存:物理主存和逻辑主存。主存共享的基础当然是物理主存。物理主存由 $0\sim m-1$ 个物理地址组成。物理地址是计算机主存单元的真实地址,又称为绝对地址或实地址。处理机依据绝对地址可以随机存取存放在其内的信息。物理地址的集合所对应的空间组成了主存空间。而主存中的一个区域是物理地址集合的一个递增整数序列子集 $\{n, n+1, \cdots, n+m\}$ 所对应的主存空间。

在多用户多进程系统中,主存以分片方式实现共享。主存中分片的方式有两种:一是划分为大小不等的区域,这些区域根据用户程序实际需要而被分割;二是划分为大小相等的块,以块为单位进行分配,操作系统和用户程序根据需要占用若干主存块。前者一般称为按区(或按段)分配,后者称为按页分配。这些分配方法是实现主存共享的主要方法。

## 7.2 主存管理的功能

对物理主存进行分片是为了容纳系统和多个用户程序。这意味着需要解决主存区域如何分配、各区域内的信息如何保护等问题。如果直接以物理地址提交给用户使用,这对用户来说是十分困难的事。而且,多个用户程序共享主存,由用户自行分配主存更是不可能的事。为了支持多道程序运行,方便用户使用,系统必须为每个用户提供 $0\sim n-1$ 的一组逻辑地址(虚地址),即提供一个虚拟地址空间。每个应用程序相信它的主存是由 0 单元开始的一组连续地址组成。用户的程序地址(指令地址或操作数地址)均为逻辑地址。对于每个逻辑地址,在主存中并没有一个固定的、真实的物理单元与之对应。因此,根据逻辑地址还不能直接到主存中去存取信息,它是一个虚地址或称为相对地址。用户所看到的虚存(逻辑地址)与被共享的主存(物理地址)之间有一定的映射关系。程序执行时,必须将逻辑地址正确地转换为物理地址,此即为地址映射。假定虚存空间由 n 表示,主存空间由 m 表示,那么地址映射可表示成:

$$f: n \rightarrow m$$

为了支持多道程序运行,主存管理必须实现主存分配、主存保护、主存扩充等功能。因此,存储管理的功能可归纳为以下几点:

① 映射逻辑地址到物理主存地址;

② 在多用户之间分配物理主存;

③ 对各用户区的信息提供保护措施;

④ 扩充逻辑主存区。

## 7.2.1 虚拟存储器

**1. 背景**

随着科学技术的不断进步和计算机应用的日益广泛,需要计算机解决的问题越来越多、越来越复杂。有些科学计算或数据处理的问题需要相当大的主存容量,尤其在多道程序系统中主存容量显得更为紧张。当系统提供大容量的辅存时,操作系统把主存和辅存统一管理,实现信息的自动移动和覆盖。当一个用户程序的地址空间比主存可用空间大时,操作系统将这个程序的地址空间的一部分放入主存内,而其余部分放在辅存上。当所访问的信息不在主存时,则由操作系统负责调入所需要的部分。

由于大多数程序执行时,在一段时间内仅使用它的程序编码的一部分,即并不需要在全部时间内将该程序的全部指令和数据都放在主存中,所以,程序的地址空间部分装入主存时,它还能正确地执行,此即为程序的局部性特征。例如以下几种情况。

● 程序通常有处理异常错误条件的代码。由于这些错误即使有也很少发生,所有这种代码几乎不执行。

● 程序的某些选项或特点可能很少使用。例如,美国政府计算机上用于预算的子程序只是在特定的时候才使用。

● 在按名字进行工资分类和按工作证号进行工资分类的程序中,由于这二者每次必定只选用一种,所以只装入其中一部分程序仍能正确执行。

由于人们注意到上面所说的这种事实,所以可以把程序当前执行所涉及的那部分代码放入主存中,而其余部分可根据需要再临时或稍许提前一段时间调入。

**2. 定义**

虚拟存储器(virtual memory)将用户的逻辑主存与物理主存分开,这是现代计算机对虚存的实质性的描述。更为一般的描述是:计算机系统在处理应用程序时,只装入部分程序代码和数据就启动其运行,由操作系统和硬件相配合完成主存和外围联机存储器之间的信息的动态调度,这样的计算机系统好像为用户提供了一个其存储容量比实际主存大得多的存储器,这个存储器称为虚拟存储器。之所以称它为虚拟存储器,是因为这样的存储器实际上并不存在,只是由于系统提供了自动覆盖功能后,给用户造成的一种虚拟的感觉,仿佛有一个很大的主存供他使用一样。虚拟存储不是新概念,1960 年它首次出现在英国 Manchester 大学创立的 ATLAS 计算机系统中。但虚拟存储系统的广泛使用是最近的事。

虚拟存储器的核心问题是将程序的访问地址和主存的可用地址相脱离。程序的访问地址称为虚地址,它可以访问的虚地址范围叫做程序的虚地址空间 V,虚地址范围是由虚地址寄存器的位数决定的。在指定的计算机系统中,可使用的实地址范围叫做计算机的实地址空间 R。当然,虚地址空间可以比实地址空间大,也可以比实际主存小。在多道程序运行环境下,操作系统把实际主存扩充成若干个虚存,系统可以为每个应用程序建立一个虚存。这样每个应用可以在自己的地址空间中编制程序,在各自的虚存上运行。

引入虚存概念后,用户无需了解实存的物理性能,只需在自己的虚存上编制程序,这给用户带来了极大的方便。主存空间的分配由系统完成;逻辑地址转换成物理地址是通过地址变换机构自动完成的,这样,既消除了普通用户对主存分配细节、具体问题了解的困难,方便了用户,又能根据主存的情况和应用程序的实际需要进行动态分配,从而充分利用了主存。而且,多道程序设计所要求的存储保护、程序浮动都可以很方便地实现。

必须指出,实现虚拟存储技术,需要有一定的物质基础。其一是需要有相当容量的辅存,以便足以存放多用户的作业的地址空间;其二是要有一定容量的主存;其三是地址变换机构。那么,引入虚存概念后,应用程序的虚存是否可以无限大,它受什么限制呢? 这一问题请读者思考。

可以部分装入页面的分页存储管理技术、分段存储管理及段页式存储管理方法是利用虚拟存储手段扩充主存的具体例子。

## 7.2.2　主存映射

### 1. 什么是地址映射

处理器在执行指令时,必须把逻辑地址转换为物理地址后,方能存取信息。因为在多用户共享主存时,需要由系统分配主存。一般情况下,一个应用程序分配到的存储空间和它的地址空间是不一致的。因此,程序的相应进程在处理机上运行时,所要访问的指令和数据的实际地址和地址空间中的地址是不同的。这种情况可用图 7.1 来说明。

在程序的地址空间中 100 号单元处有一条指令"mov r$_1$,[500]"。执行这条指令的结果是,将 500 号单元处的数 123 送到寄存器 r$_1$ 中。如果现在将该程序只是简单地装入到主存 1000~1599 号单元,当执行到 1100 号单元处的一条指令时,则将 500 号单元的内容送到 r$_1$ 寄存器。这显然是错误的。由图 7.1 可见,正确的执行应该将 1500 号单元的内容送到 r$_1$ 寄存器。为此,要修改 1100 号单元中指令的地址部分,即把其逻辑地址 500 改为 1500。这种使一个程序装入到与其地址空间不一致的存储空间所引起的、对有关地址部分的调整过程称为地址重定位。这个调整过程就是将程序地址空间中使用的逻辑地址变换成

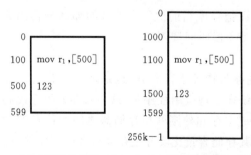

（a）程序地址空间　　（b）存储空间

图 7.1　作业的地址空间装入主存

主存中的物理地址的过程。这种地址变换也叫地址映射。存储管理的功能之一就是实现这种地址变换。

**2. 地址映射方式**

要实现地址变换功能就要建立虚—实地址间的对应关系。物理存储器的管理办法就直接取决于实现这种对应关系的方式和时刻。根据应用程序开发的四个阶段(编辑、编译、连接、运行)可以得到进行地址映射的时机。

1）编程或编译时确定地址映射关系

如果虚—实地址间的对应关系是在程序编写或者程序编译时实现的,则结果为一个不能浮动的程序模块,其程序地址即为物理地址。该程序模块必须被放在主存某一确定的地址中,而且不会改变,因为它所包含的全部地址都是主存的实地址。在这种情况下,申请主存时必须具体地提出申请的主存容量和主存地址,这样一来,主存分配程序在分配时就没有什么活动余地了。这种方法曾在早期计算机中使用。

2）静态地址映射

如果虚—实地址间的对应关系是在把程序装入主存时实现的,那么编译和连接的结果就是一个可以浮动的程序模块。当将这一地址空间装入到主存中的任一位置时,若由主存装入程序对有关地址部分进行调整,则这次确定下来的地址就不再改变。

这种在作业装入过程中随即进行的地址变换方式称为静态重定位或静态地址映射。进行静态重定位的条件是,要求被装入的程序本身是可以重定位的,即对那些需要修改的地址部分具有某种标识,以区别于程序中的其他信息。例如,当重定位装入程序要将如图 7.2(a)中所示的程序装入主存由 m 开始的区域时,就对有标识的地址部分进行相应的调整(详见图 7.2(b))。这样,经修改后的程序就被装入到主存,以后这个程序就可以正确地运行了。

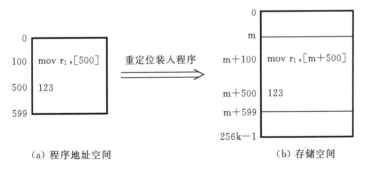

(a) 程序地址空间　　　　　　　　(b) 存储空间

图 7.2　静态重定位的实现

当应用程序在主存中的分配是由主存分配程序处理时,资源管理的效率就提高了。然而,这种在装入时一次定位的方法往往还不能实现对主存最好的管理。因为在这种情况下,一个已开始执行的程序是无法在主存中移动的;同时,如果该程序因某种原因暂时存放到辅存,若再调入主存时还必须把它放回到主存的同一位置上。

3）动态地址映射

如果在程序执行过程中每次访问存储器时,都通过地址变换机构将一个虚地址变换为主存的实际地址,那么虚—实地址间的对应关系是在程序执行过程中实现的。这种地址的动态变换允许在一个程序的执行过程中对该程序进行动态的重新定位。

所谓动态地址映射是指在程序执行期间,随着每条指令和数据的访问自动地、连续地进行映射。这种重定位的实现需要硬件提供手段,且一般是靠硬件地址变换机构实现的。最简单的硬件机构是一个重定位寄存器。图 7.3 给出了利用重定位寄存器实现动态地址重定位的过程。

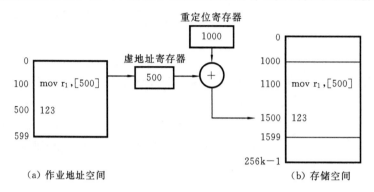

图 7.3    动态地址重定位过程

当某个进程取得 CPU 控制权时,操作系统应负责把该程序在主存的起始地址送入重定位寄存器中,之后在进程的整个运行过程中,重定位寄存器始终起着地址变换的作用。每次访问存储器时,重定位寄存器的内容将被自动地加到逻辑地址中去。经这样变换后,执行的结果是正确的。图 7.3 中所给出的程序直接装入主存从 1000 号单元开始的一个区域中。在它开始执行之前,由操作系统将重定位寄存器置为 1000。当程序执行到 1100 号单元处的指令时,CPU 给出的取数地址为 500,而所希望的数是存放在 1500 号单元内,故经地址变换后得到的地址为 1500,然后以它作为访问主存的物理地址,执行结果是完全正确的。

这种地址变换方式比静态重定位要好。因为静态重定位是用软件办法实现的,需要花费较多的 CPU 时间,动态重定位则是由硬件自动完成的,而且重定位寄存器的内容可由操作系统用特权指令来设置,比较灵活。概括地说,动态重定位能满足以下目标:

① 具有给用户程序任意分配一个主存区域的能力;

② 为了能更多地容纳用户程序,具有只装入用户程序的部分代码即可投入运行的能力;

③ 具有在任何时刻,在主存可用空间中重新分配一个程序的能力;

④ 在改变系统装备时,具有不需要重新编程和重新编辑的能力;

⑤ 对于一个用户程序,具有以间断方式分配主存的能力。

实现地址变换需要有一个硬件的地址变换机构。在使用硬件产生物理地址时会有一定的时钟周期延迟,不过这一延迟是极短的,可以忽略。

## 7.2.3    程序的逻辑组织

计算机的主存储器是一个一维的(或称线性的)存储空间,它的地址从零开始到主存上界顺序编号,这是存储器的组织方式。而程序的地址空间一般可有两种组织方式。程序的地址空间既可以是一维线性结构,也可以是二维段式结构。

**1.　一维地址结构**

在一维地址结构中,所有的程序和数据经编译、连接后成为一个连续的地址空间,确定在线性地址空间中的指令地址或操作数地址只需要一个信息,所以又称为一维地址结构。这种组织形式和机器的硬件完全吻合,传统上采用这种组织方式。

**2.　二维地址结构**

还有另一种组织程序的方式,即将程序分成若干模块或过程,并把可修改的数据和不可修改的数据分开,这样,一个程序可由代码段、数据段、栈段、特别分段等组成。确定在线性地址空间中的指令地址或操作数地址需要两个信息,一个是该信息所在的分段,另一个是该信息在段内的偏移量,所以又称为二维地址结构。

程序的各分段在用户编程时就可以明确地加以区分。这些分段经编译、连接后形成的可执行代码,此时,系统有指向各分段的指针,在程序执行时可方便地实现地址变换。例如,一个编译程序可分别按词法分析、句法分析和代码生成编写三个独立的模块,其数据区可以分成一个保留字表(不可修改的)和一个符号表(编译时,每遇到一个新的标识就要修改该表)这两个部分。将用户程序的地址空间逻辑上划分成程序段和数据段有很多优点。其一,它符合人们的习惯;其二,只要增加少量开销就能对不同的段赋予不同的保护级别;其三,还可实现动态链接,即对分段单独进行编译。只有当某一段要调用另一分段时,才由系统在运行时动态链接。

## 7.2.4　主存分配

在多道程序环境中,主存分配的功能包括制定分配策略、构造分配用的数据结构,响应主存分配请求,决定用户程序的主存位置并将程序装入主存。

管理存储器的策略有以下三种。

① 放置策略——决定主存中放置信息的区域,即确定如何在一些空闲存储区中选择一个空闲区或若干空闲区的原则。

② 调入策略——决定信息装入主存的时机,是在需要信息时调入信息,还是预先调入信息。这是两种不同的调入策略,前者为请调策略,后者为预调策略。

③ 淘汰策略——在主存中没有可用的空闲区(对应用程序所分配的主存区而言)时,决定哪些信息可以从主存中移走,即确定淘汰已占用主存区部分信息的原则。

对主存进行分配时,一般对主存区域的划分有两种不同的方式:一是将主存划分成大小不等的区域;二是将主存等分为一系列大小相等的块。按区分配或段式分配采用第一种划分方式。这种方式使一个主存区域可以存放一个作业程序的连续的地址空间(按区分配),或存放一个作业的一个逻辑分段的地址空间(段式系统)。而页式系统往往采用第二种划分方式,这种方式将一个作业程序的地址空间划分成一系列页面,然后放置到主存的块中去。

下面将会看到,调入策略对页式系统或非页式系统没有多大区别,而淘汰策略和放置策略在页式和非页式系统中是不同的。其差别主要在于页式系统中页的大小固定,而非页式系统处理的信息块大小是可变的。

为了进行主存分配,必须建立相应的数据结构。用于主存分配的数据结构有主存资源信息块(m_rib)、空闲区队列或存储分块表。对于每一次分配,其分配信息必须保留到相应的数据结构中。如果系统提供虚拟存储能力,则对于虚存的分配必须和海量存储器的管理相结合。

主存分配问题直接关系到主存扩充和逻辑地址到物理地址的映射问题,主存管理的这几个功能是不可分割的。

## 7.2.5 存储保护

计算机在多用户使用或多道程序运行的情况下,主存储器往往是按区分配给各道程序使用的。为了互不影响,必须由硬件(软件配合)保证每道程序只能在给定的存储区域内活动,这种措施叫做存储保护。存储保护的目的是防止用户程序之间的互相干扰。例如,现有两个程序 $test_1$ 与 $test_2$,它们各分配到一块存储空间,若 $test_1$ 有错误,可能向 $test_2$ 的存储空间中写入一些杂乱无章的内容,这时即使 $test_2$ 是正确无误的,那也没有办法运行下去。为了防止这种现象的产生,需采取一些隔离性措施。通常的保护手段有上、下界防护与存储键防护等。

上、下界防护是存储保护的一种手段。硬件为分给用户或进程的每一个连续的主存空间设置一对上、下界寄存器,由它们分别指向该存储空间的上界与下界。图 7.4 (a)所示为一种采用上、下界寄存器的方案。这里程序已分配到 20 KB 至 24 KB 的一个区域内。当程序的相应进程要在 CPU 上运行时,由操作系统分别把下界寄存器置为 20 KB,上界寄存器置为 24 KB。在进程运行过程中,产生的每一个访问主存的物理地址 D,硬件都要将它与上、下界比较,判断是否越界。在正常情况下,应满足 $20 KB \leqslant D < 24 KB$。如访问主存的物理地址超出了这个范围,便产生保护性中断。此时,控制将自动地转移到操作系统,它将停止这个有错误的进程。当控制交给另一个程序的相应进程时,操作系统必须调整上、下界寄存器的内容。图 7.4 (b)所示的是采用基址、限长寄存器的办法。基址寄存器用来存放当前正执行着的程序地址空间所占分区的起始地址,限长寄存器用来存放该地址空间的长度。这里的基址寄存器实际上起着重定位寄存器的作用,相应进程运行时所产生的逻辑地址和限长寄存器的内容比较,如超过限长,则发出越界中断信号。

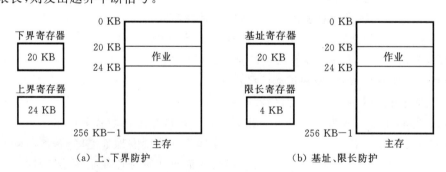

图 7.4 界限寄存器保护

这种保护方案对于保护存储着一组逻辑意义完整的分段的主存区域是十分有效的。

对于主存保护除了防止越界外,还有四种可能的保护方式能指派给每一个区域。这四种方式分别是:①禁止做任何操作;②只能执行;③只能读;④读/写。

允许一个程序从主存块中接收数据的只读保护与只能执行的保护之间的主要差别是共享数据和共享过程之间的不同。完全读/写保护是大多数操作系统进程所要求的。而像实用程序或库程序这样的子系统可能为许多用户所共享,对这些程序采用的均是只能执行的保护方式。

# 7.3  分区存储管理

## 7.3.1  概述

分区存储管理是满足多道程序设计的最简单的一种存储管理方法。它允许多个用户作业共享主存空间,这些作业在主存内是以划分分区而共存的。早期的分区存储管理技术只有固定式分区方法,后来才发展形成动态分区方法。

下面以图 7.5 所示的例子说明动态分区的分配情况。设某系统拥有 256 KB 主存,操作系统占用低端 20 KB 主存区。当有一个作业队列请求进入系统时,动态分区存储管理方案中的初始分区分配如图 7.5 所示。

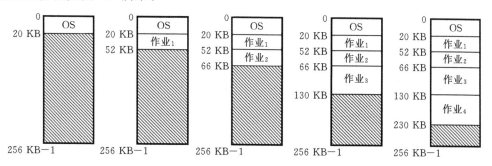

图 7.5  动态分区存储管理方案中的初始分区分配
作业队列:作业$_1$ 32 KB;作业$_2$ 14 KB;作业$_3$ 64 KB;作业$_4$ 100 KB;作业$_5$ 50 KB

每种存储组织方案都包含一定程度的浪费。在动态分区方案中,主存中的作业在开始充入时,只有在主存高址区可能有空闲。但当系统运行一段时间后,作业陆续完成时,它们要释放主存区域,在主存中形成一些空闲区,图 7.6 所示为动态分区方法中存储区的释放。这些空闲区可以被其他作业使用,但由于空闲区和容纳的作业的大小不一定正好相等,因而这样剩余的空闲区域变得更小。当系统运行相当长一段时间后,主存中会出现一些更小的空闲区。

可从以下几个方面来讨论分区存储管理技术:
① 在分区存储管理方案中,如何实现地址映射;
② 动态分区的分配机构;
③ 分区的分配和回收;
④ 三种最基本的放置策略。

在动态分区的分配方法中,对用户程序进行动态分配并实现动态地址映射。一般通过基址寄存器实现动态重定位。基址寄存器的作用就是重定位寄存器,它用来存放一个程序在主存中所占分区的首址。当相应进程运行时,CPU 每次产生的逻辑地址都要加上这个基址寄存

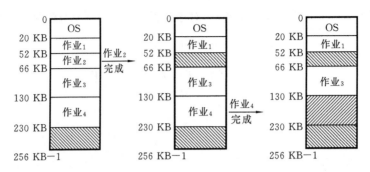

图 7.6　动态分区方法中存储区的释放

器的内容作为访问主存的物理地址。

## 7.3.2　分区分配机构

### 1. 主存资源信息块

在动态分区方法中,描述主存资源的数据结构是主存资源信息块 m_rib,其结构如图 7.7 所示。

m_rib

| 等待队列指针 |
| --- |
| 空闲区队列指针 |
| 主存分配程序入口地址 |

图 7.7　主存资源信息块

pd

| 分配标志 | flag |
| --- | --- |
| 分区大小 | size |
| 勾 链 字 | next |

图 7.8　分区描述器

### 2. 分区描述器和空闲区队列

主存中的每一个分区都有相应的分区描述器说明分区的特征信息。分区描述器 pd 的结构如图 7.8 所示。该结构图中各项内容与分区类型(在主存中有两类不同的分区,一类为已分配区,一类为自由分区)有关,其具体解释如下:

flag ——分配标志,对空闲分区而言为零,对已分配区而言为非零数值;

size ——分区大小,分区可用字数(设为 n)与分区描述器所需字数(设为 3)之和,即为 n+3;

next ——勾链字,对空闲分区而言,为空闲区队列中的勾链字,指向队列中下一个空闲分区,对已分配区而言,此项为零。

在主存分配中,主要讨论空闲区描述器和空闲区队列。以下例说明这两个结构,某系统在时刻 t 时的主存分布、空闲区描述器的内容和空闲区队列结构如图 7.9 所示。

## 7.3.3　分区的分配与回收

主存分配程序包括分配一个主存块和释放一个主存块这两个函数。当进程需要一个大小为 size 的主存区域时,可通过系统服务请求的方式向主存资源信息块 m_rib 提出申请。其调用命令形式为 request(size),调用结果得到所分配区域的首址 baddr。

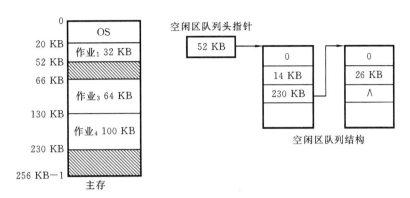

图 7.9 动态分区的空闲区队列

当进程释放所占用的主存区时,使用的系统调用为 release(baddr),此调用无返回值。

**1. 分配一个主存块**

当 request 系统调用执行时,分配一个主存块的函数 getmb() 被调用。该程序的功能是,依申请者所要求的 size 的大小,在空闲区队列中找一个足以满足此要求的可用空闲区。如果这个空闲区比所要求的大,就将它分为两部分:一部分成为已分配区,剩下部分仍为空闲区。这里还需考虑的一点是,若剩下的空闲区小于门限值(由系统生成时决定,如 200 B),那么这一小空闲区可能再不能满足大多数用户的需要而被浪费,这时,就将这一部分一起分给申请者。最后修改仍留在空闲区队列中的空闲分区描述器的信息,并建立已分配区的描述器。其实现过程的算法描述见 MODULE 7.1。

MODULE 7.1 分配一个主存块

```
算法 getmb
输入:请求主存大小 size
输出:分配块的首址 baddr
{
    size 加上分区描述器的大小得 size₁;
    for (空闲区队列中的每一个空闲块)
    {   if (当前块大小≥size₁)
            break;                      /* 已找到 */
    }
    if (空闲区队列已空)
        return (0);
    当前块大小减去 size₁ 得剩余块大小; /* 在当前块的高址区减去 size₁ */
    if (剩余块<门限值)
    {   flag=1;             /* 当前块作为已分配区,建立已分配区描述器 */
        next=NULL;
    }
    else                             /* 当前块分为两部分 */
    {   修改剩余块大小;               /*该块仍留在空闲区队列上 */
        当前块首址加剩余块大小得分配块首址 baddr;
```

续 MODULE

```
        flag=1;                    /*建立已分配区描述器*/
        size=size₁;
        next=NULL;
    }
    分配块首址加描述器大小得 baddr;
    return (baddr);
}
```

## 2. 回收一个主存块

当执行 release 系统调用时,回收一个主存块的函数 relmb( )被调用。它的主要任务是将首址为 baddr 的主存块归还给主存资源信息块。

1) 分区回收的原则

回收分区的主要工作是首先检查是否有邻接的空闲区,如有则合并,使之成为一个连续的空闲区,而不是许多零散的小的部分,然后修改有关的分区描述器信息。一个回收分区邻接空闲区的几种情况如图 7.10 所示。

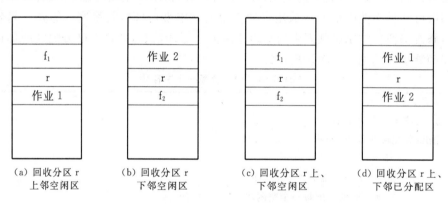

（a）回收分区 r 上邻空闲区　（b）回收分区 r 下邻空闲区　（c）回收分区 r 上、下邻空闲区　（d）回收分区 r 上、下邻已分配区

图 7.10　回收分区 r 与空闲区邻接的几种情况

图 7.10 给出回收分区与空闲区邻接的四种情况:第一种情况是回收分区 r 上邻一个空闲区,此时应合并成为一个连续的空闲区,其始址为 r 上邻的空闲区始址,而大小为二者之和;第二种情况是回收分区 r 与下邻一个空闲区,合并后仍为空闲区,但该空闲区始址为回收分区 r 的地址,其大小为二者之和;第三种情况为 r 与上、下空闲区邻接,这时应将这三个区域合并为一个连续的空闲区,其始址为 r 上邻的空闲区始址,大小为三者之和,并且应把与 r 下邻的空闲区从空闲区队列中摘除;第四种情况为 r 不与任何空闲区相邻接,这时应建立一个新的空闲区,并加入到空闲区队列中去。

2) 分区回收的实现

回收分区的实现过程的程序描述见 MODULE 7.2。该程序的功能是先计算释放分区 f 的首址,然后判断这一释放块是否邻接空闲区;若有上邻或下邻空闲区,则应合并成一个新的自由区,并将它插入到自由主存队列合适的位置上。

**MODULE 7.2　回收一个分区**

```
算法 relmb
输入:释放分区首址 baddr
输出:无
{
    释放分区首址减 3 得空闲块 f 首址;
    计算空闲块 f 的末址:首址加分区大小;
    for(空闲区队列中的每一块)
    {
        if(f 与当前块 f₁ 是上邻)
        {
            合并为一个自由块 f;
            f₁ 撤销;
            break;
        }
    }
    for(空闲区队列中的每一块)
    {
        if(f 与当前块 f₂ 是下邻)
        {
            合并为一个自由块 f;
            f₂ 撤销;
            break;
        }
    }
    f 入空闲区队列;
}
```

# 7.3.4　几种基本的放置策略

　　分区的分配和回收算法使用的数据结构是空闲区队列。在执行分区分配程序时,依次查找空闲区队列中的每一个空闲区,只要找到第一个满足需要的空闲区就开始分割。因此,空闲区队列的排序原则就体现了选择一个空闲区的策略。这个队列可以是无序的,即按照主存块释放的先后次序排列,但也可以是按某种分类方法进行排序的。

　　下面是两种常用的分类方法:

　　① 按地址增加或减少的次序分类排序;

　　② 按区的大小增加或减少的次序分类排序。

　　这样就形成了不同的选择空闲区的策略,称为放置策略。最常见的有首次匹配(首次适应算法)、最佳匹配(最佳适应算法)和最坏匹配(最坏适应算法)策略。

　　无论何种策略都应遵循:① 当分配一个空闲区时,按分配一个主存块的算法进行分配,而放置策略只是描述空闲区队列的排序原则;② 当回收一个空闲区时,必须按照队列的排序原则,将把空闲区插入到队列适当的位置中以保证队列排序规则不变。

### 1. 首次适应算法

首次适应算法是将输入的作业放置到主存中第一个足够装入它的可利用的空闲区中。首次适应算法具有直观吸引力,可以快速作出分配决定。在首次适应算法中,空闲区是按其位置的顺序链在一起的,即每个后继空闲区的起始地址总是比前者大。当要分配一个分区时,总是从低地址空闲区开始查寻,直到找到第一个足以满足该作业要求的空闲区为止。系统设置一个队列指针 free 指向空闲区队列的第一个空闲区。

用这种算法实施分配时,找到的第一个适应要求的空闲区,其大小不一定正好等于所要求的大小。这时,需要把该空闲区分为两个区,一个为已分配区,其大小等于所要求的大小;另一个仍为空闲区,并留在原来的链接位置上。

当系统回收一个分区时,首先检查是否有邻接的空闲区。如有,则合并。合并后所得的空闲区仍保持在队列中原来的位置上。如回收的分区不和空闲区邻接,则应根据其起始地址大小,把它插到队列中相应的位置上。一般只要查找半个表就可找到解答。

这种算法的实质是,尽可能地利用存储器的低地址部分的空闲区,而尽量保存高地址部分的大空闲区,使其不至于被划分掉。其好处是,当需要一个较大的分区时,有较大希望找到足够大的空闲区以满足要求。

### 2. 最佳适应算法

最佳适应算法是将输入的作业放入主存中与它所需大小最接近的空闲区中,这样剩下的未用空间最小。最佳适应算法看起来是一种最直观的、吸引人的算法。在最佳适应算法中,空闲区队列是按空闲区大小递增的顺序链在一起的。空闲区队列指针 free 总是指向最小的一个空闲区。在进行分配时总是从最小的一个空闲区开始查寻,因而找到的第一个能满足要求的空闲区便是最佳的一个(即从所要求的大小来看,该区和其后的所有空闲区相比它是最接近的)。最佳适应算法的优点是:

① 如果存储空间中具有正好是所要求大小的空闲区,则它必然被选中;

② 如果不存在这样的空闲区,也只是对比要求稍大的空闲区进行划分,而绝对不会去划分一个更大的空闲区。此后,遇到有大的存储要求时,就比较容易得到满足。

最佳适应算法的一个主要缺点是,空闲区一般不可能正好和要求的大小相等,因而要将其分割成两部分,这往往使剩下的空闲区非常小,以至小到几乎无法使用。换句话说,分割发展下去只能是得到许多非常小的分散的空闲区,造成主存空间的浪费。

### 3. 最坏适应算法

最坏适应算法就是把一个作业程序放入主存中最不适合它的空闲区,即最大的空闲区内。这种匹配方法初看起来是十分荒唐的,但在更严密地考察之后发现,最坏适应算法也具有很强的直观吸引力。其原因很简单:在大空闲区中放入作业后,剩下的空闲区常常也很大,于是也能装下一个较大的新作业。

在最坏适应算法中,空闲区是按大小递减的顺序链在一起的,这同最佳适应算法的排序原则正好相反。因此,其队列指针总是指向最大的空闲区,在进行分配时,总是从最大的一个空闲区开始查寻。

首次适应算法、最佳适应算法、最坏适应算法三种放置策略可用图 7.11 来描述。在图 7.11(a)中,作业放入适合于它的第一个空闲区中;在图 7.11 (b)中,则将作业放入适合它的、尽可能最小的空闲区中;在图 7.11 (c)中,作业被放置到适合于它的、尽可能最大的空闲区中。

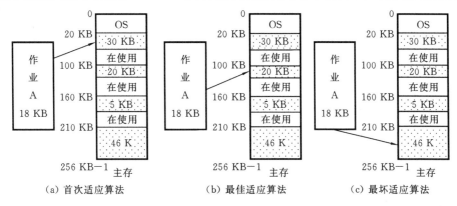

图 7.11　三种放置策略

这三种算法到底哪一种最好,不能一概而论,而应针对具体的作业序列来分析。对于某一作业序列来说,若某种算法能将该作业序列中的所有作业安置完毕,那就说该算法对这一作业序列是合适的。对于某一算法而言,如它不能立即满足某一要求(即在某个被分配的分区回收之前无法进行分配),而其他算法却可以满足此要求,则这一算法对该作业序列是不合适的。

设在图 7.11 所示的系统中(主存容量为 256 KB),有这样一个作业序列:作业 A 要求 18 KB;作业 B 要求 25 KB;作业 C 要求 30 KB。用首次适应算法、最佳适应算法、最坏适应法来处理该作业序列,看哪种算法合适(为简单起见,假定作业要求的主存容量中包含了分区描述器所需占用的空间)。

为了讨论这一问题,画出了在这三种算法下的自由主存队列,如图 7.12 所示。根据动态分区分配算法可以分析出:最佳适应算法对该作业序列是合适的,其余两种算法对该作业序列是不合适的。读者可以验证上述结论是否正确。

# 7.3.5　碎片问题及拼接技术

分区存储管理技术能满足多道程序设计的需要,但它也存在着一个非常严重的碎片问题。所谓碎片是指在已分配区之间存在着的一些没有被充分利用的空闲区。在按区分配方法中,根据用户申请按区分配主存,会把主存越分越零碎。在系统运行一段时间后,甚至会出现这样的局面:分布在主存各处的破碎空闲区占据了相当数量的空间,当一个作业申请一定数量的主存时,虽然此时空闲区的总和大于新作业所要的主存容量,但却没有单个的空闲区大到足够装下这个作业。

解决这个问题的办法之一是采用拼接技术。所谓拼接技术是指移动存储器中某些已分配区中的信息,使本来分散的空闲区连成一个大的空闲区,分区分配中的存储区拼接如图 7.13 所示。

拼接时机的选择一般有以下两种方案:第一种方案是在某个分区回收时立即进行拼接,于是,在主存中总是只有一个连续的空闲区而无碎片,但这时的拼接频率过高,系统开销加大;第

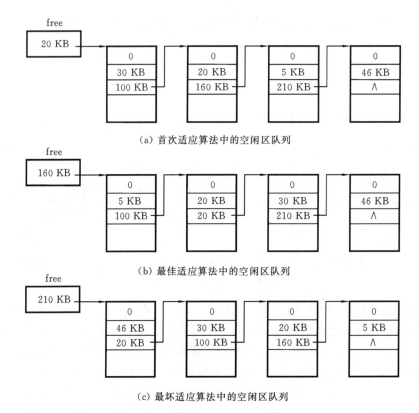

（a）首次适应算法中的空闲区队列

（b）最佳适应算法中的空闲区队列

（c）最坏适应算法中的空闲区队列

图 7.12　不同放置策略下的空闲区队列

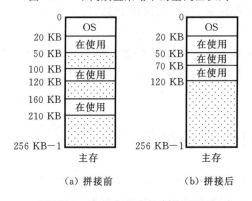

（a）拼接前　　　（b）拼接后

图 7.13　分区分配中的存储区拼接

二种方案是当找不到足够大的空闲区,而空闲区的存储容量总和却可以满足作业需要时进行拼接,这样,拼接的频率比第一方案要小得多,但空闲区的管理稍为复杂一些。

拼接技术的缺点如下。

① 消耗系统资源,为移动已分配区信息要花费大量的 CPU 时间。

② 当系统进行拼接时,它必须停止所有其他的工作。对交互作用的用户,可能导致响应时间不规律;对实时系统的紧迫任务而言,由于不能及时响应,可能造成严重后果。

③ 拼接要消耗大量的系统资源,且有时为拼接所花费的系统开销要大于拼接所得到的效益,因而这种方法的使用受到了限制。

# 7.4　页式存储管理

## 7.4.1　页式系统应解决的问题

采用拼接技术解决按区分配方案中的碎片问题,其实质是让存储器去适应程序对连续性的要求。程序地址空间处在从 0~xKB 这样一个连续的范围,它要求主存中也有一个连续的区域装下自己。当主存中现有的空闲区都小于程序的地址空间时,只有采用拼接手段把碎片连成一个大的空闲区才能满足作业需要,但这是以花费 CPU 时间为代价换来的。这种办法只有在分配区的数目不太多,而且分配也不太频繁的情况下才采用。

为了寻找解决碎片问题的新途径,人们很容易想到能否避开程序对连续性的要求,让程序的地址空间去适应存储器的现状。例如,有一个作业要求投入运行,其程序的地址空间为 3 KB,而主存当前只有两个各为 1 KB 和 2 KB 的空闲区。显然,每个空闲区的大小都比该程序的地址空间小,而总和却同它相等。这时可以把该程序存放到主存中这两个不相邻的区域中。这正是分页的思想。

在分页存储管理方法中,主存被等分成一系列的块,程序的地址空间被等分成一系列的页面,然后将页面存放到主存块中。为了便于实现动态地址变换,一般主存的块和页面大小相等且为 2 的幂次。主存分块和虚存分页的示意图见图 7.14。这样不需要移动主存原有的信息就解决了碎片问题,从而提高了主存的利用率。

另外,在按区分配方案中,当作业程序的地址空间小于主存可用空间时,该作业是不能投入运行的,即不能方便地实现主存扩充。但是,在页式系统中则可方便地支持虚拟存储,扩充主存,因为它不需限定作业在投入运行之前必须把它的全部地址空间装入主存,而只要求把当前所需要的一部分页面装入主存即可。这样,对虚地址空间的限制,至少从理论上来说被取消了。换句话说,这种系统为用户提供了一个很大的地址空间。但系统必须完成主存和辅

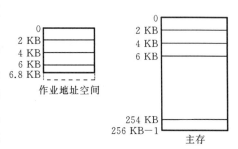

图 7.14　等分主存和虚地址空间

存之间的信息的自动调度。因为,一个作业的全部页面存放在辅存上,当它投入运行时,只是将运行进程的部分页面装入主存(这些页面称为活动页面),在进程活动期间,系统根据其需要再从辅存调入所需的页面。为此,页式系统需解决如下几个问题。

(1)页式系统的地址映射。程序地址空间中的各个页面被装到主存的若干块中,由于这些块可能是不连续的,因此,为了保证程序的正确执行,必须进行动态地址映射。

(2)请调策略。当装入部分页面时,需要判断当前访问的信息(页面)是否在主存。当确认所访问的页面不在主存时,系统必须从辅存调入请求的页面,这就是请调策略。采用这一策

略的页式系统又称为请求分页系统。

（3）放置策略。页式系统的存储分配比非页式系统简单得多。采用固定空间调度算法，对每个作业分配一定数目的主存块，一般作业分配到的主存块数小于作业程序的页面总数。放置策略就是确定程序的各个页面分配到主存的哪些块中，以及用什么原则挑选主存块。显然，对于大小相等的主存块而言，这一原则是极简单的。当分配给某作业的主存块已全部使用完时，还必须和淘汰策略相结合以决定淘汰哪些页面，从而腾出空闲的主存块。

（4）淘汰策略。当需要调入一新页，而该作业所分得的主存块数已全部用完时，需要确定哪个页面应从主存中淘汰。

## 7.4.2　页式地址变换

### 1. 页表

程序的虚地址空间划分为若干页，并被装入主存的空闲块中。于是，一个连续的程序空间在主存中可能是不连续的。为了保证程序能正确地运行，必须在执行每条指令时将程序中的逻辑地址变换为实际的物理地址，即进行动态重定位。在页式系统中，实现这种地址变换的机构称为页面映像表，简称页表。

在页式系统中，当程序按页划分装入存储器时，操作系统为该程序建立一个页表。页表是记录程序虚页与其在主存中块（实页）的对应关系的数据结构。页表中的每一个数据项用来描述页面在主存中的物理块号以及页面的使用特性（根据需要扩充页表的功能）。在简单的页式系统中，页表只是虚页和主存物理块的对照表。

图 7.15 给出了三个作业分页映像存储的情况。从中可以看出每个作业有一张页表。对于实现地址变换而言，页表需两个信息，一为页号，二为页面对应的块号。

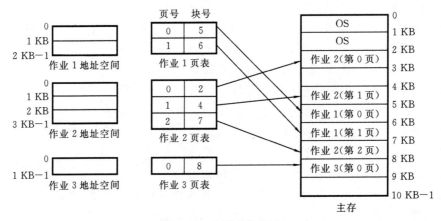

图 7.15　分页映像存储

页表可由高速缓冲存储器组成，这样做的结果是，地址变换速度快，但成本较高。另一个办法是在主存固定区域内，用存储单元来存放页表。这种方法要占用一部分主存空间，而且地址变换速度较慢。现代的计算机系统采用硬件与主存页表相结合的方法实现地址变换。

页面尺寸的选择对分页存储管理是十分重要的。如果页面尺寸选得过大，以致和一般作业大小不相上下,即实质上就接近分区分配方法;如果页面尺寸选得过小,一个作业的地址空间所划出的页数就增多,这样必须提供更多的页面映像寄存器。如果用高速缓冲存储器来组成页表,成本太高;如果用物理存储器作页表,则会占用较多的主存。根据实际使用的经验,一般页面尺寸为 1 KB、2 KB 或 4 KB。

**2. 虚地址结构**

如何利用页表来进行地址变换,这与计算机所采用的地址结构有关,而地址结构又与选择的页面尺寸有关。比如,当 CPU 给出的虚地址长度为 32 位,页面大小为 4 KB 时,在分页系统中虚地址结构如图 7.16 所示。

图 7.16　虚地址结构

在上述情况下,页面大小确定为 4 KB,机器的地址长度为 32 位,则每当 CPU 给出一个虚地址(指令地址或操作数地址)时,这个地址中的高 20 位(第 12 位~第 31 位)表示该地址所在的页号,而低 12 位(第 0 位~第 11 位)表示该地址在这页内的相对位移。分页系统中具有这种特征的地址结构称为分页机构。

**3. 页式地址变换**

图 7.17 描述了作业 2 程序中的一条指令的执行过程,用以说明页式系统的地址变换过程。

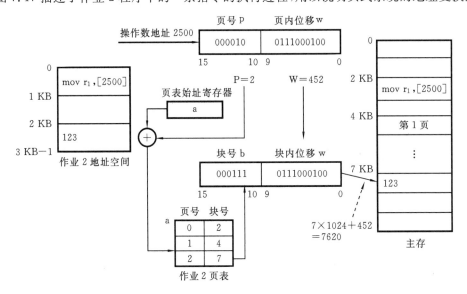

图 7.17　页式系统的地址变换过程

程序地址空间中第 100 号单元处有一条指令为"mov r₁,[2500]"。这条指令在主存中的实际位置为 2148 号单元(第 2 块 100 号单元),而这条指令要取的数 123 在程序地址空间中位于 2500 号单元(第 2 页的 452 号单元)处,它在主存中存于 7620 号单元(第 7 块 452 号单元)。

当作业 2 的相应进程在 CPU 上运行时,操作系统负责把该作业的页表在主存中的起始地址(a)送到页表起始地址寄存器中,以便在进程运行过程中进行地址变换时由它控制并找到该作业的页表。当作业 2 的程序执行到指令"mov $r_1$,[2500]"时,CPU 给出的操作数地址为 2500,首先由分页机构自动地把它分为两部分,得到页号 p=2,页内位移 w=452。然后,根据页表始址寄存器指示的页表始地址,以页号为索引,找到第 2 页所对应的块号为 7。最后,将块号 7 和页内位移量 w 拼接在一起,就形成了访问主存的物理地址 7620。这正是所取的数 123 所在主存的实际位置。

由上述地址变换过程可知,在分页系统环境下,程序员编制的程序,或由编译程序给出的目标程序,经装配链接后形成一个连续的地址空间,其地址空间的分页是由系统自动完成的,而地址变换是通过页表自动、连续地进行的,系统的这些功能对用户或程序员来说是透明的。正因为在分页系统中地址变换过程主要是通过页表来实现的,因此,人们称页表为地址变换表或地址映像表。

### 4. 联想存储器

在地址变换过程中,若页表全部放在主存储器内,那么,要取一个数据(或一条指令)至少要访问两次主存:一次是访问页表,确定所要取数据(或指令)的物理地址;第二次才根据物理地址取数(或指令)。要写入一个数据,情况也是一样。也就是说,完全用存放在主存的页表进行地址变换,指令执行速度要下降 100%。在这种情况下,为了提高查表速度,可以考虑将页表放在一个高速缓冲存储器中。高速缓冲存储器一般是由半导体存储器实现的(其工作周期和中央处理机的周期大致相同)。现在,有的计算机系统用硬件实现地址变换。但也有一些系统将部分页表放在快速存储器中,其余部分仍放在主存中,与页表全部放在主存的系统相比较,其成本略有提高,但指令执行速度则明显地加快。

存放页表部分内容的快速存储器称为联想存储器。联想存储器中存放的部分页表称为快表。它的格式如图 7.18 所示。这样的联想存储器一般由 8～16 个单元组成。它们用来存放正在运行进程的当前最常用的页号和它相应的块号,并具有并行查找能力。例如,CPU 给出虚地址为(p,w),分页机构自动把页号送入联想存储器,随后立即与其中的所有页号比较,如与某单元的页号符合,则取出该单元中的块号 b,然后就用(b,w)访问存储器。这样和通常的

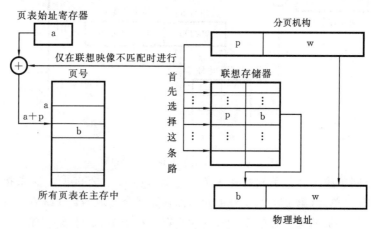

图 7.18　采用联想存储器和主存中页表相结合的分页地址变换

执行过程一样,只要访问一次主存就可以取出指令或存取数据。如果所需要查的页号和联想存储器中的所有页号不匹配,则地址变换过程还得通过主存中的页表进行。实际上这二者是同时进行的,即一旦联想存储器中发现有所要查找的页号,就立即停止查找主存中的页表。如果地址变换是通过查找主存中的页表完成的,则还应把这次所查的页号和查得的块号一并放入到联想存储器的空闲单元中。如无空闲单元,则通常把最先装入的那个页号淘汰掉,以腾出位置。采用联想存储器和主存中页表相结合的分页地址变换过程如图 7.18 所示。

采用这种方案后,可以使因地址变换过程导致的机器效率(机器指令速度)的降低减少到 10% 以下。一般使用这种方案的系统仅带 8 个或 16 个联想存储器,就可使查找的命中率达 85%～97%。这种情况的出现是由于局部特性造成的。

通常,使用一组联想存储器仅能装下一个进程所使用的整个页表的一小部分。同时,当一个进程让出 CPU 时,需保护 CPU 现场,还应保护它的快表内容;当某进程被选中运行而恢复其 CPU 现场时,也应恢复它的快表。即当处理机的控制由一个进程转移到另一个进程时,联想存储器的内容也应相应地切换。

## 7.4.3　请调策略

在页式系统中,允许一个作业程序只装入部分页面即可投入运行,那么,进程在运行过程中必然会遇到所需代码或数据不在主存的情况。这样,系统必须解决如下两个问题。

①　怎样发现所访问的页面在不在主存?

②　如确认所要访问的页面不在主存时如何处理?

为解决第一个问题必须扩充页表的功能。为实现地址变换功能,页表结构中包含页号和块号两个信息。为了能判断某页面在不在主存,可在每个页表表目中,除了登记虚页所在的主存块号外,再增加两个数据项。其一是中断位 i,它用来标识该页是否在主存。若 i=1,表示此页不在主存;若 i=0,表示该页在主存。其二是该页面在辅存的位置。因此,扩充功能的页表结构如图 7.19 所示。

| 页号 | 主存块号 | 中断位 | 辅存地址 |
|------|----------|--------|----------|

图 7.19　扩充功能的页表结构

当进程运行时,主存中至少有一块为该进程所对应的程序所占用,并正在执行此块内的某一条指令。若这条指令涉及访内地址,则由分页机构得到页号,并以该页号为索引查页表。这时,将有以下两种可能性。其一,当此页对应的页表表目中的中断位 i=0 时,表示此页面已调入主存,可查得块号 b 并形成 b+w 的物理地址,从而使指令得以执行,继而执行下一条指令。其二,当虚地址所在页号的中断位 i=1 时,说明此页不在主存,则情况就比较复杂了,这时首先要把这一页调入主存,安置在某一块中,才能进行逻辑地址的重定位。相应的步骤是:当所访问的页面不在主存时,发生缺页中断请求调入此页;当缺页中断发生时,用户程序被中断,控制转到操作系统的调页程序,由调页程序将所需页面从磁盘(由页表提供盘区地址)调入主存的某块中,并把页表中该页面登记项中的中断位 i 由 1 改为 0,填入实际块号,随后继续执行被中断的程序。

这一页面是根据请求而装入的,因此,这种页式系统也可称为请求分页存储管理。特别是当作业最初被调度投入运行时,通常是将相应进程的第一页装入主存,而所需的其他各页,将按请求顺序地装入。这样就不必装入不需要的信息,使主存的利用率进一步提高。图 7.20 给出了请求分页映像存储的情形。

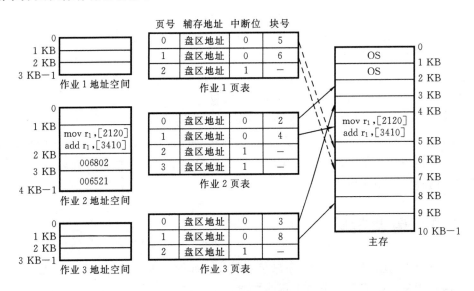

图 7.20　请求分页映像存储

在请求分页存储管理系统中,对每个作业程序事先分配一个固定数目的主存块数 m。例如,在图 7.20 中所示的三个作业所分得的固定块数为:作业 1 为 $m_1=2$;作业 2 为 $m_2=3$;作业 3 为 $m_3=2$。下面讨论作业 2 程序运行时请求页面的情况。当作业 2 相应进程运行时,根据需要已将第 0 页、第 1 页装到主存第 2 块、第 4 块中。当程序执行到"mov $r_1$,[2120]"指令时,因涉及访内地址,故由 CPU 产生的虚地址为 2120,由分页机构得 p=2,w=72,查页表中该页的中断位 i=1,表明此页不在主存,发生缺页中断,操作系统得到处理机控制权。由操作系统来处理这一中断事件。这时有两种情况:如主存中有空白块,则直接调入,修改页表和用于分配的数据结构。此时,程序运行需要调入第 2 页,而该作业所分得的主存块数($m_2=3$)还有一块剩余,所以按第一种情况处理,直接调入并放到第 7 块上。操作系统处理完毕,控制又返回到用户程序,程序从断点继续执行。

当执行到"add $r_1$,[3410]"指令时,需要第 3 页,但此页不在主存,此时,作业所分得的主存块已全部用完,则必须淘汰已在主存中的一页。哪些页面可以被淘汰掉,这也就是页面置换的问题。为了给置换页面提供依据,页表中还必须包含关于页面的使用情况的信息,并增设专门的硬件和软件来考查和更新这些信息。这说明页表的功能还必须进一步扩充。于是,在页表中增加"引用位"和"改变位"。

"引用位"是用来指示某页最近被访问过没有:为"0"表示没有被访问过;为"1"表示已被访问过。"改变位"是表示某页是否被修改过:为"1"表示已被修改过;为 0 表示未被修改过。这一信息是为了在淘汰一页时决定是否需要写回辅存而设置的。因此,这种情况下完整的页表结构通常在逻辑上至少应包括如图 7.21 所示的各数据项。

| 页号 | 主存块号 | 中断位 | 改变位 | 引用位 | 辅存地址 |
|------|----------|--------|--------|--------|----------|

图 7.21  完整的页表结构

页式系统的虚拟存储功能是由硬件和软件相配合实现的,这可以从指令执行过程中看到。图 7.22 所示的是指令执行步骤和缺页中断处理过程。其中,虚线上面部分是由硬件实现的,而下面部分通常由软件实现。必须指出,这里仅给出了一个很粗略的框图,具体过程是相当复杂的。这是因为,作业程序的副本是以文件形式存于辅存中的,当需要从辅存调入一页或需要重新写回辅存时,必须涉及文件系统和调用输入/输出过程。在多进程环境下,一个进程在等待传输页面时,它处于阻塞状态,此时,系统可以调度另一个进程运行。当页面传输完成后,唤醒原先被阻塞的那个进程,等到下次再调度到它时,才能恢复到原断点继续运行下去。

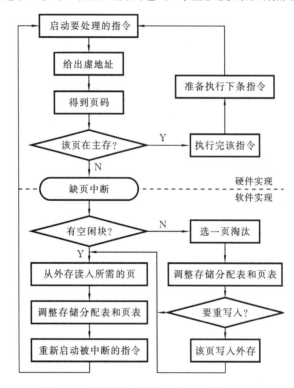

图 7.22  指令执行步骤和缺页中断处理过程

## 7.4.4  淘汰策略

**1. 置换算法**

当请求调页程序要调进一个页面、而此时该作业所分得的主存块已全部用完,则必须淘汰该作业已在主存中的一个页。这时,就产生了在诸页面中淘汰哪个页面的实际问题,这也就涉及淘汰算法即置换算法的问题。

置换算法可描述如下:当要索取一页面并送入主存时,必须将该作业已在主存中的某一页面淘汰掉。用来选择淘汰哪一页的规则就叫做置换算法。

**2. 颠簸**

请求调页中的页面淘汰的选择很难给出一个通用的算法。这个问题既与整个存储分配有关，又与当前各并发进程的状态和特点有关。然而，置换算法又是相当重要的。如果选择的淘汰算法不好，将会使程序执行过程中请求调页的频率大大增加，甚至可能会出现这样的现象：刚被淘汰出去的页，不久又要访问它，因而又要把它调入，而调入后不久又再次淘汰，再访问，再调入，如此反复，使得整个系统的页面置换非常频繁，以致大部分的机器时间花费在来回进行页面的调度上，只有一小部分时间用于程序的实际运行，从而直接影响整个系统的效率。因为程序执行某条指令时所需要的页面信息可能已在上一次页面请求中被置换算法选中而从主存中移出，所以，当索取页面的速度超过了系统所能提供的速度（即索取页面的速度超过了主存和辅存之间的页面传输速度）时，系统必须等待后援存储器的工作。这时，后援存储器一直保持忙的状态，而处理机的有效执行速度将很慢，大多数情况处于等待状态。这会导致整个计算机系统的总崩溃，通常把这种情况叫做颠簸(thrashin)，有时又称为抖动。

简单地说，导致系统效率急剧下降的主存和辅存之间的频繁页面置换现象称为颠簸。如果一个进程在换页上用的时间要多于执行时间，那么这个进程就在颠簸。颠簸现象花费了系统大量的开销，但收效甚微。因此，各种置换算法应考虑尽量减少和排除颠簸现象的出现。

## 7.4.5　几种置换算法

**1. 最佳算法(OPT 算法)**

首先介绍一个理论算法。假定程序 p 共有 n 页，而系统分配给它的主存只有 m 块，即最多只能容纳 m 页($1 \leq m \leq n$)。并且，以作业程序在执行过程中所进行的页面置换次数多寡，即页面置换频率的高低来衡量一个算法的优劣。在任何时刻，若所访问的页已在主存，则称此次访问成功；若访问的页不在主存，则称此次访问失败，并产生缺页中断。如果程序 p 在运行中成功的访问次数为 s，不成功的访问次数为 f，那么，其总的访问次数 a 为

$$a = s + f$$

若定义 $f' = f/a$，则称 $f'$ 为缺页中断率。显然 $f'$ 和主存固定空间大小 m、程序 p 本身以及调度算法 r 有关，即

$$f' = f(r, m, p)$$

最佳算法是指对于任何 m 和 p，有 f(r,m,p)最小。从理论上说，最佳算法是当要调入一新页而必须先淘汰一旧页时，所淘汰的那一页应是以后不再使用的，或者是在最长的时间段之后才会用到的页。然而，这样的算法是无法实现的，因为在程序运行中无法对后面要使用的页面作出精确的断言。不过，这个理论上的算法可以用来作为衡量各种具体算法优劣的标准，可以用于比较研究。例如，如果知道一个算法不是最优的，但与最优相比不差于 12.3 %，平均不差于 4.7 %，那么也是很有用的。

下面，介绍几个常用的、采用固定空间页面调度的置换算法。所谓固定空间页面调度指的是系统为每一个进入主存的程序分配的主存块数 m 是固定的(0<m<程序的总页面数)。在进行页面置换时，程序进入主存的页面数不能超过 m。

**2. 先进先出算法(FIFO 算法)**

先进先出算法的实质是,总是选择在主存中居留时间最长(即进入最早)的一页淘汰。即先进入主存的页,先退出主存。其理由是最早调入主存的页,其不再被使用的可能性比最近调入主存的可能性大。这种算法实现起来比较简单,只要系统保留一张次序表即可。该次序表记录了程序的各页面进入主存的先后次序。建立次序表有许多种方法。例如,可以在主存中建立一个有 m(m 是分配给该程序的主存块数)个元素的页号表和一个替换指针。

页号表是由 m 个数 p[0],p[1],…,p[m−1]所组成的一个数组,其中,每个 p[i](i=0,1,2,…,m−1)指示一个在主存中的页面的页号。而替换指针 k 总是指向进入主存最早的那一页,调入新页时应淘汰替换指针 k 所指向的页面。每当一页新页调入后,执行语句:

> p[k]= 新的页号;
>
> k= (k+1)mod m;

图 7.23 表明在某一时刻 t,调进到主存 4 个存储块(m=4)中的页的先后顺序为 4、5、1、2。即 p(0)=2,p(1)=4,p(2)=5,p(3)=1,且 k=1,当需要置换时,总是先淘汰替换指针所指的那一页(第 4 页)。

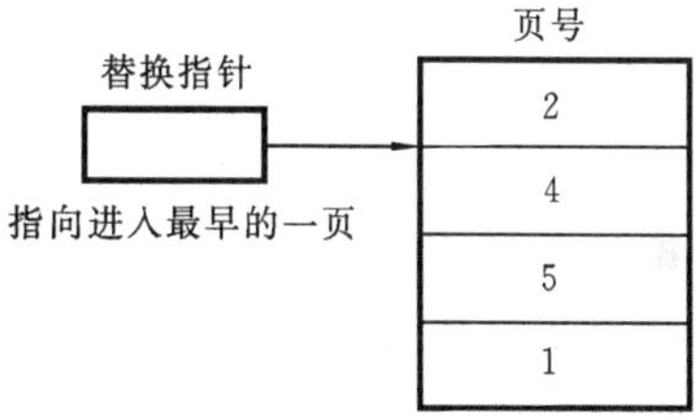

新调进的页装入主存后,修改相应的数组元素,然后将替换指针指向下一个进入最早的页(第 5 页)。

图 7.23　先进先出算法图例

实现先进先出算法的另一方法是,把这个次序表建立在一个称为存储分块表(见 7.4.6 节)的表中。该表以块号为序,依次登记各块的分配情况。这里假定 m=4,且 4、5、1、2 页已依次装入 2、6、7、4 各存储块中,此时存储分块表如图 7.24(a)所示。由于存储分块表是以块号为序而不是以进入主存的页面先后顺序排列的,因此,为了反映这个先后次序,必须用指针链接起来,其中每个指针均指向下一个进入最早的页所在的块号。另外,仍需一个始终指向进入最早的页的替换指针(它的内容为最早的页所在的块号),用来确定淘汰的对象。图 7.24(b)所示为第 6 页替换第 4 页后的情况。

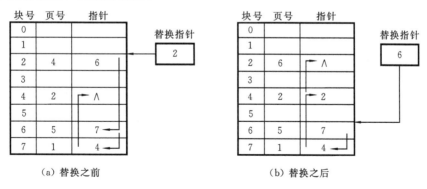

(a) 替换之前　　　　　　　　　　(b) 替换之后

图 7.24　先进先出算法存储分块表构造

先进先出算法较容易实现,对于具有按线性顺序访问地址空间的程序是比较合适的,而对其他情况则效率不高。因为,那些常常被访问的页,可能在主存中也停留得最久,结果这些常用的页终因变"老"而不得不被淘汰出去。据估计,采用这种算法时,缺页中断率差不多是最优算法的三倍。

### 3. 最久未使用淘汰算法(LRU 算法)

最久未使用淘汰算法(least recently used,LRU)的实质是,当需要置换一页时,选择最长时间未被使用的那一页淘汰。LRU 算法基于这种理论:如果某一页被访问了,它很可能马上还要被访问;相反,如果它很长时间未曾用过,看起来在最近的未来是不大需要的。实现真正的 LRU 算法是比较麻烦的,它必须登记每个页面上次访问以来所经历的时间,当需要置换一页时,选择时间最长的一页淘汰。

LRU 淘汰算法被认为是一个很好的淘汰算法。主要问题是如何实现 LRU 置换,为了精确地实现这一算法,要为访问的页面排一个序,该序列按页面上次使用以来的时间长短来排序,有两种可行的方案。

1)计数器

用硬件实现最久未使用淘汰算法,需要为每个页表项关联一个使用时间域,并为 CPU 增加一个逻辑时钟,即时钟计数器。对每次主存的引用,计数器都会增加,并且时钟计数器的内容要复制到相应页所对应页表项的时间域内。当需要置换一页时,选择具有最小时间的页。这种方案需要搜索页表以查找时间域,且每次主存访问都要写主存(写到页表的时间域)。在任务切换时(因 CPU 调度)也必须保持时间,必要时还要考虑时钟溢出。

2)堆栈

实现 LRU 淘汰算法的另一个方法是采用页号堆栈。即采用软件办法,设立一个栈来登记主存中可淘汰的页号。每当一个页面被访问过,就立即将它的页号记在页号栈的顶部,而将栈中原有的页号依次下移。如果栈中原有的页号中有与新记入顶部的页号相重者,则将该重号抽出,且将页号栈内容进行紧凑压缩。这样,栈中存放的最下一个页号,就是从未使用过的或自上次访问以来最久未被使用过的页号,该页应先被淘汰。这种方法的示例如图 7.25 所示。假定该作业分得的主存块数为 5,则构建 5 个单元的栈。图 7.25 中给出了程序执行时访问页面的序列,还给出了 A 之前和 B 之后的堆栈内容的变化。

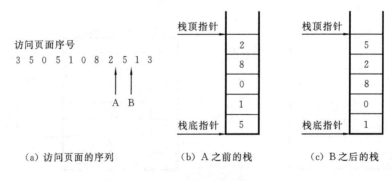

图 7.25　用堆栈来记录最近访问的页

LRU 算法能够比较普遍地适用于各种类型的程序,但它与 FIFO 算法相比实现起来困难得多。因为 LRU 算法必须在每次访问页面时都要修改有关信息,且需要进行连续的修改,而 FIFO 算法,仅当页面置换时才进行修改。LRU 算法需要进行的这种连续的修改,如果完全由软件来做,其代价太高,但若由硬件完成,又要大大增加成本。所以用上述两种方法来实现精确的 LRU 算法比较困难。实际得到推广的是一种简单而有效的 LRU 近似算法,如图 7.26 所示。

LRU 似近算法,只要求每一个存储块有一位"引用位"(在逻辑上可以认为它在存储分块表中或在页表中)。当某块中的页面被访问时,这一位由硬件自动置"1",而页面管理软件周期性(设周期为 T)地将所有引用位重新置"0"。这样在时间 T 内,某些被访问的页面,其对应的引用位为 1,而未被访问过的页面,其相应的引用位为 0。因此,可以根据引用位的状态来判断各个页面最近使用的情况。当需要置换一页时,选择引用位为 0 的页淘汰之。

图 7.26 所示的 LRU 近似算法就是查找引用位为 0 的块。在查找过程中,那些被访问过的页所对应的引用位重新被置为 0。

图 7.27 所示为 LRU 近似算法的一个例子。此例中,第 6 页需要调入主存。这里,替换指针总是指向最近被替换的页所在的块号。每当发生缺页中断需要再次替换时,就从替换指针的下一块开始考察。如引用位为 1,则置0 后再往前考察,直到发现第一个引用位为 0时为止。图 7.27(a)中选择第 7 块中第 1 页淘汰,图 7.27(b)所示为替换后的情况。

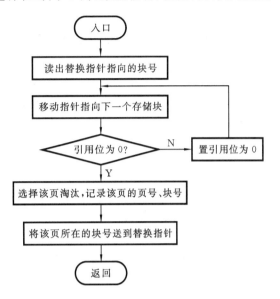

图 7.26 LRU 近似算法

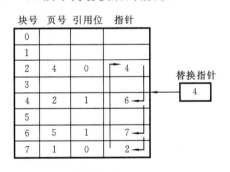

(a) 替换之前

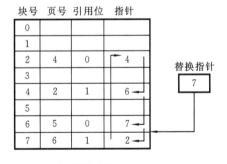

(b) 替换之后

图 7.27 LRU 近似算法举例

这种近似 LRU 算法实现起来很简单,其缺点是使所有存储块的引用位重新置0 的周期 T 的大小选择不易确定。若太大,则可能使所有块的引用位都为 1,找不出哪个是最近以来没被访问的页;若太小,则引用位为 0 的块可能相当多,也会出现相同的情况。近似 LRU 算法之所以称为近似的,是因为按这种方法淘汰的页不一定是上次访问以来最久未被使用过的页。因为它淘汰的是查找过程中,第一个遇到的引用位为 0 的那一页。

**4. 最不经常使用淘汰算法**(LFU 算法)

最不经常使用淘汰算法是将最近应用次数最少的页淘汰。为此,可对应每一页设置一个计数器,对每一页访问一次后,就使它相应的计数器增加 1。过一定时间 t 后,将所有计数器一律清除。当需要淘汰一页时,计数值最小的计数器所对应的页便是淘汰对象。这种算法实现不难,但代价较高。

以上介绍了固定空间调度算法。此外,还有可变空间调度算法,即一个作业在主存中占有的页面数 m 是可变的。这类算法比较复杂,不作详细介绍。

## *7.4.6 页式系统的存储分配

当一个程序要投入运行时,一般首先装入该程序地址空间的第 0 页(或头几页),而将这第 0 页(或头几页)存放到主存的哪个块(或哪几块),有一个存储分配问题。在程序相应进程运行过程中,当需要的信息不在主存时,需要将新页调入主存,新调入的页面存放到哪一个主存块,这又有一个存储分配问题。在页式系统中,用于存储分配的数据结构有主存资源信息块和存储分块表。

### 1. 存储分块表(mbt)

页式系统的主存资源信息块结构如图 7.28 所示。

存储分块表记录了主存中每个存储块的状态,哪些是已分配的(标明作业号和页号),哪些是空闲块。表的第一个表目是指向第一个空闲块的指针,主存中的所有空闲块链在一起,每个空闲块的表目均有一个指向下一个空闲块的指针。也可以用一张位示图来标明存储块的分配情况。存储分块表如图 7.29 所示。存储分块表的长度为主存总块数加上 1,因为头一项是空闲块指针。

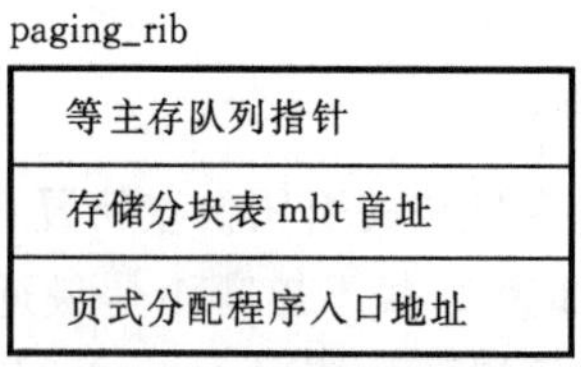

m_addr

| |
|---|
| 空闲块指针 7 |
| OS |
| OS |
| 作业 2 第 0 页 |
| 作业 3 第 1 页 |
| 作业 2 第 1 页 |
| 作业 1 第 0 页 |
| 作业 1 第 1 页 |
| 空闲块 9 |
| 作业 3 第 0 页 |
| 空闲块 ∧ |

paging_rib

| |
|---|
| 等主存队列指针 |
| 存储分块表 mbt 首址 |
| 页式分配程序入口地址 |

图 7.28 页式系统的主存信息块结构

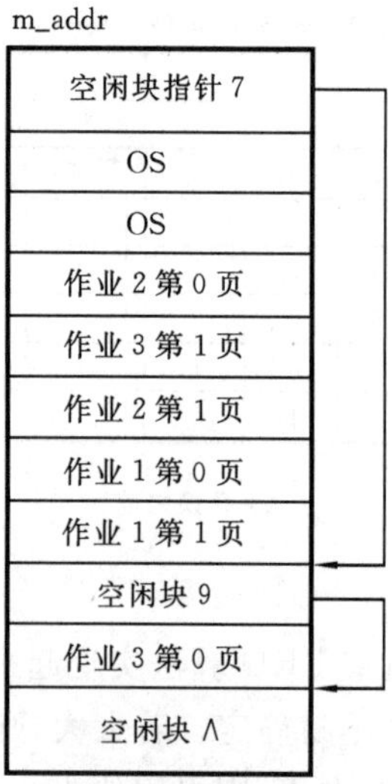

图 7.29 存储分块表

### 2. 分配算法

图 7.30 给出了页式系统存储分配的一个简单算法,另一个类似的回收算法请读者自己画出其框图。

分配算法中有两个入口,一个入口是页式系统分配程序(paging_allocator)入口。当一个程序要投入运行时,该程序首先装入作业程序的第 0 页面或开始的几个页面,然后启动该程序执行。在程序执行过程中,若请求的信息不在主存,即发生缺页中断,由缺页中断处理程序转调页程序入口,调入所需页面后再启动程序运行。

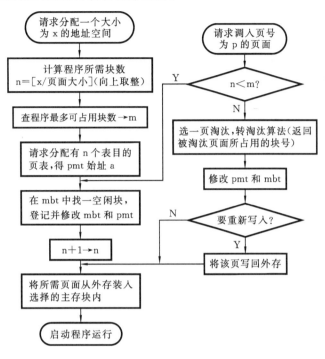

图 7.30　页式系统存储分配算法

## *7.4.7　工作集模型

### 1. 局部性

在引入虚拟存储器概念时曾提到:装入程序的部分页面就可以开始执行。采用这种策略的基础是局部性原理,即进程往往会不均匀地高度局部化地访问主存。

例如,观察分页系统中程序的执行,在一段时间内,程序只访问它拥有的所有页面的一个子集,并且这些页面经常是在程序的虚地址空间中相互邻接的。这并不意味着活动进程不打算访问它的程序中的一个新页面,而只能说明进程力图在一段时间间隔中集中访问它的程序页面的特定子集。

实际上,在计算机系统中,当考虑到编写程序和组织数据的方法时,局部性现象是不足为怪的。局部性现象体现在时间局部性和空间局部性两个方面。

(1) 时间局部性。时间局部性的含义是最近被访问的某页,很可能在不久的将来还要访问。支持这种现象的是:① 循环;② 子程序;③ 栈;④ 用于计数和总计的变量。

(2) 空间局部性。空间局部性的含义是存储访问有在一组相邻页面中进行的倾向,以致一旦某个页面被访问到,很可能它相邻的页面也要被访问。支持这种现象的是:① 数组遍历;② 代码程序的执行;③ 程序员倾向于将相关的变量定义相互靠近存放。

存储访问局部性现象是很有意义的。在这种理论下,人们很容易想到:只要把程序所"偏爱"的页面子集放在主存中,就可以有效地运行。

图 7.31 说明了局部性现象的存在。它展示了进程的页面故障率(访问页面不在主存)和作业所能获得的主存容量之间的关系。图 7.32 中的直线表示,如果进程的随机访问踪迹均匀地分布于它的各个页面,则页面故障率随着进程在主存中的页面的百分比下降而直线上升。曲线表示的是,在操作中所观察到的进程的实际表现。当进程可获得的主存数目减少时,将有一段间隔,在这个间隔中主存块数目减少对页面故障率没有显著的影响。但在一个特定的点上,当主存块进一步减少时,运行进程经历的页面故障率显著上升。这里所观察到的是:只要进程当前所需要的页面子集保存在主存中,则页面故障率就不会有很大变化。而一旦这一子集中的页面被移出主存时,进程的页面调度活动就会大大地增加,因为它不断地访问并将这些页调回主存。这些讨论都能说明下一节中要提到的工作集原理。

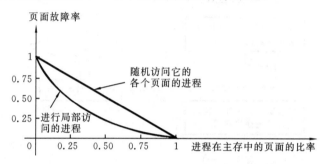

图 7.31　页面失效率与页面数的关系

**2. 工作集**

Denning 提出的程序页面活动的观点,称为程序性能的工作集理论。简单地说,工作集是进程活跃地访问的页面的集合。Denning 主张为使程序有效地运行,它的页面工作集必须放在主存中,否则,由于程序频繁地从辅存请求页面,而出现称为"颠簸"的过度的页面调度活动。

工作集存储管理策略力求把活跃程序的工作集保存于主存中。在多用户多任务运行环境下,当要增加一个新程序时,其关键是决定主存中是否有足够的可利用空间,以提供给新程序的页面工作集。这种决定常常是采用探索方式作出的,特别是在初始化新进程的情况下,因为系统预先是不知道给定进程的工作集应是多长。

一个进程在时间 t 的工作集可形式化地定义为

$$w(t,h)=\{页\ i\ |\ 页\ i\in N\ 与页\ i\ 在\ t\ 时刻前的一段时间\ h\ 内被访问\}$$

换句话说,工作集是最近被访问过的页的集合,"最近"是集合参数之一(h)。根据局部性

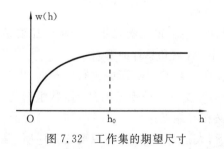

图 7.32　工作集的期望尺寸

原理,可以期望工作集成员的改变在时间上是缓慢的。Denning 给出了工作集大小 w(h)随 h 变化的关系,即工作集的期望尺寸如图 7.32 所示。

随着 h 的增加,工作集可能出现的例外页会越少。这样,就给出一个适当小的 h 值(如 $h_0$),使得即使再增加 h 值,也不会明显地增加工作集尺寸。就调入和淘汰策略而论,工作集的价值在于下述规则:仅当一个

进程的全部工作集在主存中时,才能运行该进程,且永不移走属于某进程工作集部分的页面。

由于程序的执行是动态的、不可预测的,所以工作集也是变化的、瞬态的。进程的下一个工作集可以完全不同于它的前一个工作集。所以,使用工作集存储管理策略是很困难的。但是,这一理论使人们认识到,只有在具备足够容量主存的情况下,才能有效地实现多道运行,它也提醒人们应注意防止颠簸现象的发生。上面提到的这一规则比单纯的存储管理策略更复杂,因为它隐含着主存分配和处理机分配的相关性。

# 7.5　段 式 系 统

## 7.5.1　段式系统的特点

在前述的分区存储管理和页式系统中,程序的地址空间是一维线性的,因为指令或操作数地址只要给出一个信息量即可决定。分区存储管理方法易出现碎片。页式系统中一页或页号相连的几个虚页上存放的内容一般都不是一个逻辑意义完整的信息单位。请调一页,可能只用到页中的一部分内容。这种情况,对于要调用许多子程序的大型用户程序来说,仍然会感到主存空间的使用效率不高。为此,提出了段式存储管理技术。在这样的系统中作业的地址空间由若干个逻辑分段组成,每个分段有自己的名字,对于一个分段而言,它是一个连续的地址区。在主存中,每个分段占一分区。由于分段是一个有意义的信息单位,所以分段的共享和对分段的保护更有意义,同时也容易实现。

## 7.5.2　段式地址变换

在段式系统中,作业由若干个逻辑分段组成,如可由代码分段、数据分段、栈段组成。分段是程序中自然划分的一组逻辑意义完整的信息集合,它是用户在编程时决定的。图 7.33 给出了一个具有段式地址结构的程序地址空间。

更灵活的段式系统允许用户使用大量的段,而且可以按照各自赋予的名字来访问这些段。

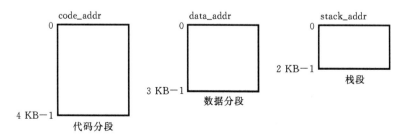

图 7.33　具有段式地址结构的程序地址空间

由于标识某一程序地址时要同时给出段名和段内地址,因此地址空间是二维的(实际上为了实现方便,在第一次访问某段时,操作系统就用唯一的段号来代替该段的段名)。程序地址的一般形式由(s,w)组成,这里 s 是段号,w 是段内位移。段式系统中的地址结构如图 7.34 所示。

段号 段内位移

图 7.34 段式地址结构

段式地址变换由段表(smt)来实现。段表由若干个表目组成。每一个表目描述一个分段的信息,其逻辑上应包括:段号、段长、段首址。段式地址变换的简化形式如图7.35所示。

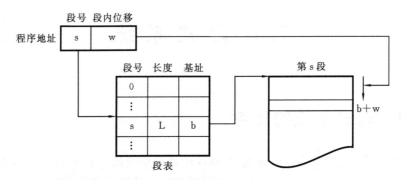

图 7.35 段式地址变换

段式地址变换的步骤如下。

① 取出程序地址(s,w)。

② 用 s 检索段表。

③ 如 w<0 或 w≥L,则主存越界。

④ b+w 为所需主存地址。

## 7.5.3 扩充段表功能

段式系统和请求分页系统一样也可方便地扩充主存,即先装入部分分段,再根据需要装入其他各段。为此,段表的表目中需增加以下几项:中断位、引用位、改变位,其意义和页式系统中的一样。若要提供分段的存取控制功能,则还需增加对每个分段的存取控制信息。扩充功能的段表结构如图 7.36 所示。

| 保护位 | 段号 s | 段长 L | 中断 I | 引用位 | 改变位 | R | W | E | A | 段首址 b |
|---|---|---|---|---|---|---|---|---|---|---|

图 7.36 扩充功能的段表结构

R—可以读此块内的信息; W—可以往此块内写入信息;
E—可以执行此块中的程序; A—可以在此块末尾续加信息

在段式系统中,极易实现分段的共享。例如,若两个作业共享一子程序分段,则只要在作业段表的相应表目的段首址一项中填入相同主存地址(即该子程序分段的主存始址)即可。

段式系统和页式系统的地址变换过程十分相似。但页式系统是一维地址结构,而段式系统是二维地址结构,页式系统中的页面和段式系统中的分段有本质的区别,主要表现在以下几个方面。

① 页式系统可实现存储空间的物理划分,而段式系统实现的是程序地址空间的逻辑划分;

② 页面的大小固定且相等(页的大小由 w 字段的位数决定);段式系统中的分段,长度可变且不相等,由用户编程时决定(段的最大长度由 w 字段的位数决定);

③ 页面是用户不可见的,而分段是用户可见的;

④ 将程序地址分成页号 p 和页内位移 w 是硬件的功能,w 字段的溢出将自动加入到页号中去;程序地址分成段号 s 和段内位移 w 是逻辑功能,w 字段的溢出将产生主存越界(而不是加到段号中去)。

# 7.6　段页式存储管理

在段式存储管理中结合分页存储管理技术,即在程序地址空间内分段,在一个分段内划分页面,这就形成了段页式存储管理。图 7.37 给出了一个具有段页式地址结构的用户地址空间。

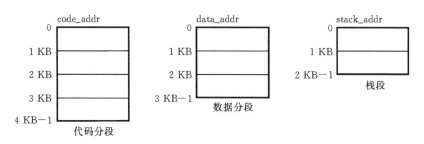

图 7.37　段页式地址空间

段页式存储管理的用户地址空间是二维的、按段划分的。在段中再划分成若干大小相等的页。这样,地址结构就由段号、段内页号和页内位移三部分组成。用户使用的仍是段号和段内相对地址,由地址变换机构自动将段内相对地址的高几位解释为段内页号,将剩余的低位解释为页内位移。用户地址空间的最小单位不是段而是页,而主存按页的大小划分,按页装入。这样,一个段可以装入到若干个不连续的主存块内,段的大小不再受主存可用区的限制了。

用于段页式地址变换的数据结构是每一个程序一张段表,每个段又建立一张页表,段表中的地址是页表的起始地址,而页表中的地址则为某页的主存块号。段页式管理中的段表、页表与主存的关系如图 7.38 所示。

段页式地址变换中要得到物理地址须经过三次主存访问(若段表、页表都在主存),第一次访问段表,得到页表起始地址;第二次访问页表,得到主存块号;第三次将主存块号与页内位移组合,得到物理地址。可用软、硬件相结合的方法实现段页式地址变换,这样虽然增加了硬件成本和系统开销,但在方便用户和提高存储器利用率上很好地实现了存储管理的目标。

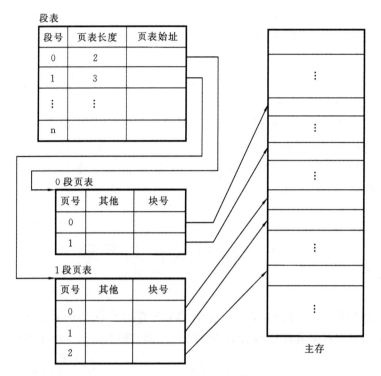

图 7.38　段页式管理中的段表、页表与主存的关系

# 7.7　UNIX 系统的存储管理

## 7.7.1　概述

存储管理策略对于进程调度算法有着很大的影响。当一个进程活动时,它的映像至少有一部分在主存。也就是说,CPU 不能执行一个全部内容驻存在二级存储器(即辅存)中的进程。然而,主存的容量是有限的,它通常容纳不下系统中全部活动的进程。存储管理子系统负责决定哪一个进程应该驻留(至少是部分驻留)在主存中,并管理进程的虚地址空间中不在主存的那一部分。它监视着可用的存储空间,并定期地将进程写到一个称为对换设备的辅存上,以便提供更多的主存空间;在适当的时候,核心再将数据从对换设备中读回主存。

早期的 UNIX 系统在主存和对换设备之间传送整个进程,而不是独立地传送一个进程的各个部分(共享正文除外)。这种存储管理策略称为对换(swap)。这种策略的优点是实现较为简单,系统开销小。但由于对换技术完全是由软件实现的,它与一些大中型计算机上采用的虚拟存储技术相比,效率要低些。特别是随着进程数目的增加,这种对换现象更为严重。所以,对换技术往往用在小型或微型机的分时系统中。后来的 UNIX 系统移植到不同的机器上,这些机器都提供了虚拟存储机构。因此,这时的进程可以不用全部换进或换出,而是调入所需要的部分,这就是请求调页策略。

美国加利福尼亚大学伯克利分校的 UNIX 4.2 BSD 版本是在 VAX 11 上实现的第一个采用请求调页策略的系统。现在的许多版本在对换策略的基础上都增加了请求调页策略。UNIX system Ⅴ 已支持请求调页存储管理策略。请求调页策略是在主存和辅存之间传送存储页,而不是整个进程。这样,整个进程并不需要全部驻留在主存中就可运行,即当进程访问页面时,核心为进程装入该页。请求调页的优点是,它使进程的虚地址空间到机器的物理存储空间的映射更为灵活,允许进程的大小比可用的物理存储空间大得多,还允许将更多的进程同时装入主存。

## 7.7.2　请求调页的数据结构

在现代计算机系统中,程序经过编译、连接后生成一个虚地址空间,当该程序要进入主存运行时,存储管理部件将生成的虚地址转换成物理存储器中的物理地址。

### 1. 区和进程区表

UNIX system Ⅴ 的核心把一个进程的虚地址空间分成若干个逻辑区。区是进程虚地址空间上的一段逻辑上独立的连续区域。进程的正文、数据及栈通常形成一个进程的几个独立的区。若干进程可以共享一个区。例如,几个进程可以执行同一个程序,它们共享一个正文段。类似地,几个进程可以合作,共有一个共享存储区。

每个进程有一个私有的本进程区表。它可以放在进程表、u 区或独立分配的存储区中,这取决于具体的实现方法。每个区表项包含如下内容:

① 该区在进程中的起始虚地址;

② 该区的页表地址;

③ 区的大小,即为页表的页数;

④ 保护域,它指出了对应进程所允许的存取类型:只读、读/写或读/执行。

图 7.39 给出了两个进程 A 和 B 的区表及其有关内容。

其中,两个进程共享正文区,相应的虚地址分别是 8K 和 6K 字节。如果进程 A 读位于

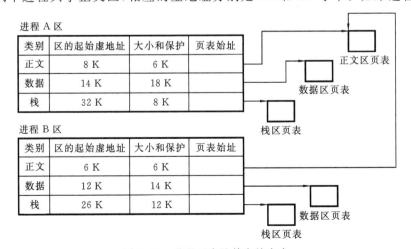

进程 A 区

| 类别 | 区的起始虚地址 | 大小和保护 | 页表始址 |
|---|---|---|---|
| 正文 | 8 K | 6 K | |
| 数据 | 14 K | 18 K | |
| 栈 | 32 K | 8 K | |

正文区页表

数据区页表

栈区页表

进程 B 区

| 类别 | 区的起始虚地址 | 大小和保护 | 页表始址 |
|---|---|---|---|
| 正文 | 6 K | 6 K | |
| 数据 | 12 K | 14 K | |
| 栈 | 26 K | 12 K | |

数据区页表

栈区页表

图 7.39　进程区表及其有关内容

8K 字节的存储单元,进程 B 读位于 6K 字节的存储单元,则实际上它们读的是同一正文区的同一存储单元。两个进程的数据区和栈区是各自私有的。

**2. 页和页表**

在基于页的存储管理体系结构中,存储管理的硬件将物理存储器分成大小相等的块。程序地址空间则分成相等的片,称为页面。典型的页面大小为 1 KB、2 KB 或 4 KB。在 UNIX system V 中,核心将区中的逻辑页号映射为主存的物理块号,从而使区的虚地址与主存的物理地址联系起来。在一个程序中,由于区是连续的地址空间,所以逻辑页号自然是连续的。这些页所在的物理块可以不连续。每个区表项中有一个指针,它指向该区的页表。

页表中每一表项会有该页的物理块号,还有用以指示是否允许进程读、写或执行该页的保护位,以及为支持请调而设的下列位域:有效位、访问位、修改位、年龄位。

有效位(valid bit)用来指示该页的内容是否有效。若为 1,该页有效,即该页在主存,这与 7.4.3 节讨论的中断位 i 的意义类似。

访问位(reference bit)用来指示最近是否有进程访问了该页。

修改位(modify bit)用来指示最近是否有进程修改了该页的内容。

年龄位(age bit)记录该页作为一个进程的工作集中的一页有多长时间了。

每一个页表的表项都与一个磁盘块描述项相关联。该磁盘块描述项描述了该页面的磁盘拷贝。一个页面的内容可以在一个对换设备上的特定块中,也可在一个可执行的文件中。如果该页面在对换设备上,则磁盘块描述项中含有存放该页的逻辑设备号和块号。如果该页在一个可执行文件中,则磁盘块描述项含有该文件中的逻辑块号,虚拟页就在这一逻辑块中。核心可以很快地将这个逻辑块号映射到它的磁盘地址上去。

所以,从逻辑上来说,页表表项的内容可由图 7.40 描述。

| 页号 | 块号 | 年龄 | 修改 | 访问 | 有效 | 保护 | 对换设备 | 磁盘块号 |
|------|------|------|------|------|------|------|----------|----------|

图 7.40　页表表项的内容

## 7.7.3　UNIX 系统的地址变换

若某一机器的物理存储器是 $2^{32}$ 个字节,并设一页的大小为 1 K 字节,那么该机器的分页机构如图 7.41 所示。一个虚地址可看成由一个 22 位的页号和一个 10 位的页内位移组成。

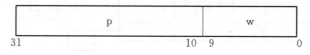

| p | | w | |
|---|---|---|---|
| 31 | 10 | 9 | 0 |

图 7.41　分页机构

地址映射过程大致如下:CPU 给出虚地址,由分页机构得出页号 p 和页内位移 w,页号 p 的最高位为 1 处说明了该地址在哪一个区,其后各位说明该地址在该区内的页号。这样,由 p 值可以确定在哪一个区,然后,在进程区表中可以找到该区的页表,再以页号 p 为索引在该页表中得块号,将块号与 w 相加得到物理地址。

图 7.42 给出了进程 A 的虚地址到物理地址的映射关系。其中进程 A 的区表给出区的起

始虚地址和页表始址;页表给出了页号和块号的对应关系。假定该进程要存取 $68432_{10}$ 这个虚地址,经分页机构得 $p=1000010$,最高位为 1 处为 64 K 位,说明该地址在栈区内。因栈区的起始虚地址为 64 K,而其后的 $10_2=2_{10}$ 说明在该区的页号为 2,页内位移 $w=1101010000_2=848_{10}$,以 p 为索引查栈区页表得块号为 986 K。所以,最终的物理地址为 986 K+848。

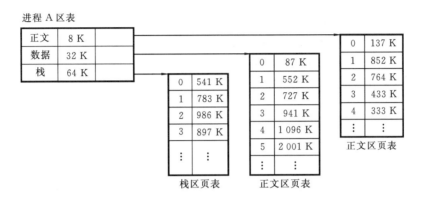

图 7.42　虚地址到物理地址的映射

现代计算机采用各种硬件寄存器和高速缓存,从而使地址变换速度加快。当恢复一个进程的运行时,核心要填写适当的寄存器内容,以便告诉存储管理硬件,该进程的页表及该进程的物理存储在哪里。

## 7.7.4　页面错

UNIX 系统产生两种页面错。一种情况是进程企图存取虚空间范围之外的页面,即段违例。在这种情况下,核心向违例进程发送一个"段违例"软中断信息,由用户自己进行处理。

另一种情况是,进程企图存取一个有效位为零(即页面不在主存)的页,它将产生一个有效位错(即产生缺页中断)。此时,该页在虚空间内,但当前它没有分配到物理块,其有效位为零。硬件向核心提供存取虚空间的这一地址,由核心依分页机构找出相应的页表项,核心锁住含有该页表项的区,以防止资源竞争。如果存取的页在页表中没有该页的记录,那么试图进行的主存访问是非法的,核心将发出"段违例"软中断信号。如果这次访问是合法的,则核心分配一个页面的主存块,以便读入对换设备上或可执行文件中该页的内容。

页面失效,即有效位错误处理程序的算法描述见 MODULE 7.3。

**MODULE 7.3　页面失效**

算法 vfault
输入:进程发生页面错的地址
输出:无
{
　　找出对应出错地址的区、页表项、锁住该区;
　　if (出错地址在进程虚空间以外)

续 MODULE

```
    {
        向进程发软中断信号(段违例);
        goto out;
    }
    给该区分配新页表;
    从对换设备或可执行文件中读虚页;
    sleep(事件:I/O 完成);
    唤醒进程(事件:页内容有效);
    设置页有效位;
    清修改位、年龄位;
    重新计算进程优先级;
out:解锁该区;
}
```

# 习　题　7

7-1　存储管理的功能及目的是什么?

7-2　什么是逻辑地址?什么是物理地址?为什么要进行二者的转换工作?

7-3　地址转换可以由软件来实现吗?如果可以,又如何实现?这种方法有什么缺点?

7-4　什么是存储保护?在分区分配方法中如何实现分区保护?

7-5　在分区分配方案中,回收一个分区时有几种不同的邻接情况,在各种情况下分别应如何处理?

7-6　在放置策略中有如下两种最常用的算法:最佳适应算法、首次适应算法,请指出它们的特点和区别。

7-7　如图 7.43 所示,主存中有两个空闲区。现有如下作业序列:作业 1 要求 50 KB,作业 2 要求 60 KB,作业 3 要求 70 KB。若用首次适应算法和最佳适应算法来处理这个作业序列,试问:哪一种算法可以分配得下,简要说明分配过程。

7-8　已知主存有 256 KB 容量,其中 os 占用低址 20 KB,现有如下一个作业序列:

作业 1　要求　80 KB;　作业 2　要求　16 KB;　作业 3　要求　140 KB;

作业 1　完成;　作业 3　完成;

作业 4　要求　80 KB;　作业 5　要求　120 KB。

试分别用首次适应算法和最佳适应算法处理上述作业序列(在存储分配时,从空闲区高址处分割作为已分配区),并完成以下各步骤。

(1) 画出作业 1、2、3 进入主存后主存的分配情况。

(2) 画出作业 1、3 完成后主存的分配情况。

(3) 试分别用上述两种算法画出作业 1、3 完成后的空闲区队列结构(要求画出分区描述器信息,假定分区描述器所需占用的字节数

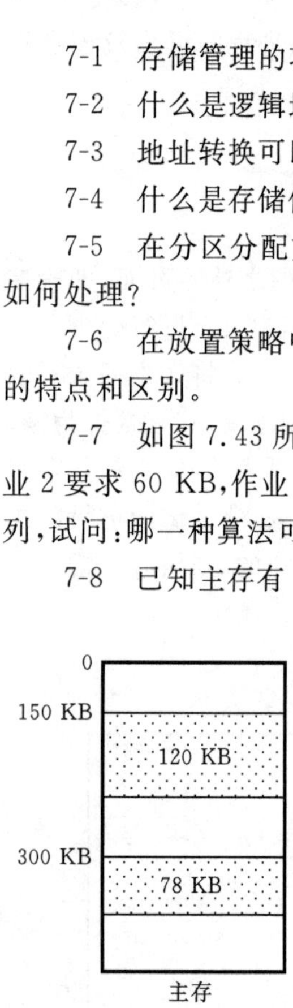

图中左侧主存示意图:

```
0
150 KB
        120 KB
300 KB
        78 KB
```

主存

图 7.43

已包含在作业所要求的主存容量中)。

(4) 哪种算法对该作业序列是适合的? 简要说明分配过程。

7-9 分区分配方法的主要缺点是什么? 如何克服这一缺点?

7-10 已知主存容量为 64 KB,某一作业 A 的地址空间如图 7.44 所示,它的 4 个页面(页面大小为 1 KB) 0、1、2、3 被分配到主存的 2、4、6、7 块中。

(1) 试画出作业 A 的页面映像表;

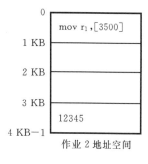

图 7.44

(2) 当 200 号单元处有一条指令"mov $r_1$,[3500]"执行时,如何进行正确的地址变换,以使 3500 处的内容 12345 装入 $r_1$ 中,要求用图画出地址变换过程并给出最终的物理地址。

7-11 什么是虚拟存储器? 在页式系统中如何实现虚拟存储?

7-12 如果主存中的某页正在与外部设备交换信息,那么在缺页中断时可以将这一页淘汰吗? 为了实现正确的页面调度,应如何扩充页表的功能?

7-13 什么是系统的"抖动"? 它有什么危害?

7-14 什么是置换算法? 在页式系统中最常用的置换算法是什么? 如何实现?

7-15 在请求分页系统中,某作业 A 有 10 个页面,系统为其分配了 3 个主存块。设该作业第 0 页已装入主存,进程运行时访问页面的轨迹是 0 1 3 0 5 2 0,试用页号栈的方法回答如下问题:

(1) 在先进先出页面置换算法下,缺页中断次数是多少? 要求用图画出每一次页面置换前后的情况。

(2) 若采用最久未使用置换算法,回答上述同样问题。

7-16 什么是进程在某时刻 t 的工作集? 工作集与页面的调入和淘汰策略有什么关系?

7-17 页式系统和段式系统的区别是什么?

7-18 共享有什么好处? 在段式系统中如何实现段的共享?

7-19 如何实现段式系统中的存取控制?

7-20 试叙述段页式地址变换过程。

# 第8章 输入/输出管理

## 8.1 输入/输出管理概念

### 8.1.1 引言

计算机系统的两个主要任务是计算处理和输入/输出(I/O)处理。操作系统的输入/输出管理(简称 I/O 管理,或称设备管理)负责管理和控制 I/O 操作和 I/O 设备。I/O 设备是计算机系统中除中央处理机、主存储器之外的所有其他的设备。

计算机系统中使用的设备可分为存储设备、I/O 设备和传输设备。存储设备是计算机用来存储信息的设备,如磁盘、磁带、光盘。I/O 设备包括输入设备和输出设备两类。输入设备是计算机用来"感受"或"接触"外部世界的设备,它将从外部世界来的信息输入计算机。例如,键盘、输入机、电传输入机、数字化仪、模数转换器等。输出设备是计算机用来"影响"或"控制"外部世界的设备。它将计算机加工好的信息输出给外部世界。输出设备有宽行打印机、激光打印机、数模转换器、绘图仪等。此外,还有各种通信设备负责计算机之间的信息传输,如调制解调器、网卡等。

有的设备既可作为输入设备,也可作为输出设备,如电传打字机。设备还可以按传输的信息特点来分类,如有些设备上的信息是以字符为单位组织的,这样的设备称为字符设备;如果设备上的信息是以块为单位组织的,则称为块设备。外部设备的经济价值在整个计算机系统中占有相当大的比重,比如一个具有磁盘、光盘、激光打印机和终端的微型计算机系统,外部设备的价值占整个系统价值的百分之六十左右。所以,操作系统设计的第一位目标应是有效地使用这些设备。

提高设备利用率的关键是实现设备的并行操作。这既要求设备传输与 CPU 运行能高度重叠,又要求设备之间能充分地并行工作。通道和中断的引入仅仅为 CPU 的执行和信息传输提供了并行工作的可能性,而要使这种可能变为现实,还必须由操作系统提供相应的功能。这一功能需要利用硬件提供的通道、中断技术,以及各种外部设备提供的物理性能的支持来共同实现多作业及多进程对各种外部设备的共享,并方便地完成它们所需进行的传输工作。完成这一功能的程序模块称为 I/O 子系统。

操作系统的第二个目标是方便用户的使用。为此,I/O 管理应使用户摆脱具体的、复杂的物理设备特性的束缚,提供方便灵活地使用外设的手段。否则,用户不论是使用字符设备还是使用存储设备都是非常困难的。比如,在早期的计算机系统中,为了从慢速字符设备输入(输出)数据,用户必须了解具体设备的特性,以便确定实际的物理设备地址。此外,还得了解设备使用的细节,这样才能使每个设备为程序提供数据。这对用户而言是太麻烦了,而且在多用户共享系统资源的情况下,由用户自行使用是不可能的事。为此,系统必须屏蔽一切物理设备特性,为用户建立虚环境。用户只要在程序中使用 I/O 管理模块提供的系统调用(指出设备逻辑名、操作方式、传输地址)就可由系统负责完成信息转换、设备分配、I/O 控制等一系列工作。

I/O 管理是操作系统中最庞杂、琐碎的部分,它很难规格化且有着众多的特殊方法,其原因是系统可配置使用各种各样、范围极其广泛的外部设备。每一台设备的特性和操作方法完全不同,特别是下述的一种或多种性能很不相同。

① 速度。在不同的设备之间数据传输速率可能有几个数量级的差别。例如,鼠标、硬盘、CD-ROM 的速度相差很远。

② 传送单位。根据使用的外部设备不同,数据传输的单位可以是字符、字、字节或块等。一般慢速字符设备数据传输的单位是字符或字,而像磁盘、光盘这样的旋转设备的数据传输单位为块。

③ 顺序或随机访问。顺序设备按固定的顺序传输信息;而对随机访问设备而言,用户可通过任意记录号提出传输请求。

④ 出错条件。根据所使用的外部设备的不同,数据传输失败可以有多种原因,如奇偶校验错、磁盘损坏或者检查和错等。

显然,上面列举的多样性很难用统一的方法处理。I/O 管理的宗旨就是要为 I/O 系统建立一种结构,要求该结构中与具体设备有关的特性尽可能地分离出来。这样一方面可为用户提供一个逻辑的、使用方便的设备;另一方面对各种设备的处理也可达到某种程度的一致性。I/O 子系统将设备的特性与处理它们的程序分离,使某一类设备共用一个设备处理程序,而操作的不同部分能唯一地从有关具体设备的特性参数信息中得到。为了将设备特性分离开来,对每个设备可构造一个设备控制块,其中含有该设备的特性。

## 8.1.2　输入/输出管理功能

为了实现上述目标,I/O 管理应具有以下功能。

### 1. 状态跟踪

为了能对设备实施分配和控制,系统要在任何时间内都能快速地跟踪设备状态。设备状态信息保留在设备控制块中,设备控制块动态地记录设备状态的变化及有关信息。

### 2. 设备存取

在多用户环境中,系统必须决定一种策略,以确定哪个请求者将获得一台设备、使用多长时间以及何时存取设备。

### 3. 设备分配

I/O 管理的功能之一是设备分配。系统将设备分配给进程（或作业），使用完毕时系统将其及时收回，以备重新分配。设备分配和回收可以在进程级进行，也可在作业级进行。

在作业级进行的设备分配称为静态分配，作业进入系统时进行分配，退出系统时收回全部资源。在进程级进行的设备分配称为动态分配，当进程需要使用某设备而提出申请时进行分配，使用完毕后立即将其收回。在 I/O 操作期间，系统将设备动态地指派给进程，此时，设备是通过一个软通道连接到程序的。而辅存作为文件系统存储文件的存储器，大多数操作系统都以动态或自动方式实施对其存储空间的分配。

### 4. 设备控制

每个设备都响应带有参数的特定的 I/O 指令。I/O 管理的设备控制模块负责将用户的 I/O 请求转换为设备能识别的 I/O 指令，并实施设备驱动和中断处理的工作。即在设备处理程序中发出驱动某设备工作的 I/O 指令，并在设备发出完成或出错中断信号时进行相应的中断处理。

## 8.1.3　设备独立性

### 1. 设备独立性概念

为了便于用户作业及相应进程在运行期间利用各类设备 I/O，管理程序应能屏蔽设备的物理特性，为用户建立虚环境。现代操作系统一般采用"设备独立性"的概念。

所谓设备独立性是指用户在编制程序时所使用的设备与实际使用的设备无关，也就是在用户程序中仅使用逻辑设备名。逻辑设备名是用户自己指定的设备名（或设备号），它是暂时的、可更改的。而物理设备名是系统提供的设备的标准名称，它是永久的、不可更改的。虽然程序在实际执行中必须使用实际的物理设备，就好像程序在主存中一定要使用物理地址一样，但在用户程序中则应避免使用实际的物理名，而采用逻辑设备名。这样做的道理就和用户程序中要使用逻辑地址而不使用物理地址的道理一样。设备管理的任务之一就是把逻辑设备名转换成物理设备名。

设备独立性有两种类型。

（1）一个程序应该独立于分配给它的某种类型的具体设备。例如，一盘磁带装在哪一台磁带机上；或者选用哪一台行式打印机来输出程序是无关紧要的。这种类型的设备独立性既保护了程序不会单单因为某一台物理设备发生故障或已分配给其他程序而失效，又能使操作系统根据当时总的设备配置情况自由地分配适当类型的设备。

（2）程序应尽可能与它所使用的 I/O 设备类型无关。这种性质的设备独立性是指在输入信息（或输出信息）时，信息可以从不同类型的输入设备（或输出设备）上输入（或输出），若要改变输入设备（或输出设备）的类型，程序只需进行最少的修改。

### 2. 设备独立性的实现

由于系统提供了设备独立性的功能，从而使程序员可直接针对逻辑设备进行 I/O。逻辑设备和实际设备的联系通常是由操作系统命令语言（如作业控制语言、键盘命令或程序设计语言）中提供的信息实现的。

程序设计语言通过软通道实现设备独立性。例如,用户用高级语言编程时,可以通过指定的逻辑设备名(符号名或数字)来定义一个设备(或文件),即提供从程序到特定设备(或文件)的传输线。执行这条语句实际上完成了用户指定的逻辑设备与所需的某个物理设备的连接。以后用户在程序中使用该逻辑设备进行各种 I/O 操作时,实际上是在一台与之相连的物理设备上进行。因此,在用户一级仅进行逻辑指派,而操作系统的 I/O 管理模块则需要建立逻辑设备与物理设备的连接(通过构造逻辑设备描述器),并在进程请求设备时进行设备分配和设备传输控制。

作为一个例子,下列指令系列说明了高级语言一级设备独立性的实现方法。

$fd_1 =$ open ("/dev/lp",O_WRONLY);

$number_1 =$ write ($fd_1$,$buf_1$,$count_1$);

$\qquad\vdots$

在此例中,首先让 $fd_1$ 与行式打印机相连接,然后在打印机上输出 $number_1$ 个字节的信息。

有的系统还可以通过作业说明书(用作业控制语言书写)提供的信息或键盘命令来实现设备独立性。在批处理系统中,一个作业的头部是作业说明,它是用户提供的信息的集合,这些信息可帮助操作系统确定何时以及如何运行该作业。

一个典型的连接逻辑设备和外设的作业说明语句为

$output_1 =$ lp

意思是输出设备 $output_1$ 是一台行式打印机。操作系统可随意将这个逻辑设备与任意一台可供使用的行式打印机连接起来,从而保证了程序对各台具体行式打印机的独立性。设备类型的独立性可由简单地改变作业说明书来实现(例如,将 lp 改变为 gt 就可以在磁带上输出)。

另外,有的系统提供指派的键盘命令,如 RT11 系统就有给设备赋逻辑名的 assign 命令。此命令形式为

assign〈设备物理名〉〈设备逻辑名〉

此命令一次对一个设备赋名,也可用此命令将高级语言中使用的逻辑设备名赋给实际设备。例如,在用户程序中以逻辑名 src 作为输入设备名,而系统中输入设备的标准名为"$dx_0$"。

assign $dx_0$ : src

下面的命令将使在高级语言程序中所有对逻辑设备号 7 的引用都在行式打印机上输出。

assign lp ：7

一个具体进程的逻辑设备名和物理设备名的对应关系记录在被称为逻辑设备描述器(logic device descriptor,LDD)数据结构中,并由进程控制块中的一个指针指向它(见图 8.1)。在进程第一次使用某个逻辑设备时,系统为其分配一台给定类型的具体设备,称在该点上进程打开了这个逻辑设备;逻辑设备的关闭指的是不再使用这个逻辑设备了,相应的逻辑设备描述器可释放给系统。关闭一个逻辑设备既可由进程显式说明,也可在进程撤销时隐式实现。图 8.1 所示的进程 p,将已经分配的输入机 $sr_1$ 作为逻辑设备 $I_1$,已经分配的行式打印机 $lp_3$ 作为逻辑设备 $O_1$。另外,图 8.1 中的逻辑设备描述器 ldd 包括四项内容,它们依次是:设备逻辑名、设备物理名、设备控制块 dcb 指针、逻辑设备描述器队列勾链字。

**3. 设备独立性的优点**

逻辑设备特性是用户程序中所涉及的该类物理设备特性的抽象,这使得程序所对应的进

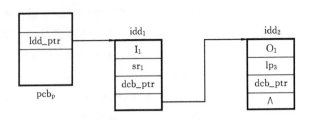

图 8.1　进程的设备信息和逻辑设备描述器

程在执行时可利用该类设备中的任一物理设备,而不必仅限于使用具体的某一个设备。

　　使用逻辑设备名,不仅可以方便用户,而且对于改善资源利用率、提高系统的可扩展性和可适应性都有很大好处。例如,当某台设备坏了,只要操作系统改变分配就行了,而程序本身不必做任何修改。而且,任何两个作业都不会因为同时要同一台号的设备(而同类型的另一台设备却空着无用)而不能同时被系统接收。这样处理,设备利用率也可提高。下面举一例来说明。

　　假定系统拥有同类型 a、b、c、d 四台输入机,今有作业 A 申请两台输入机。如果该作业指定要使用 a、b 两台,那么,当其中有一台为另一作业 Q 所占有,或者是 a、b 两台中有一台坏了,虽然系统中还有 c、d 两台可用,且未被占用,但也不能接收作业 A。这样处理是按物理设备名来分配的,造成了人为的限制。如果按逻辑设备名请求,作业 A 只要提出要求两台该类设备,系统就会将空闲的两台输入机分配给它。从而,作业 A 就可以投入运行,设备也可得到充分利用。另外,这样还可以提高系统的可适应性和可扩展性。

## 8.1.4　设备控制块

### 1. 设备控制块的结构

　　在对设备进行处理时,如果要将与设备本身紧密相连的设备特性分离出来,须为每一个设备构造一个设备控制块。记录设备的硬件特性、连接和使用情况等信息的数据结构称为该设备的设备控制块(device control block,DCB)。当设备装入系统时,DCB 被创建。DCB 的基本内容如表 8.1 所示。

　　在表 8.1 中,设备名是设备的系统名,即为设备的物理名。设备属性是描述设备现行状态的一组属性,特别是慢速字符设备,不同类型的设备工作特性常常不同,比如,终端设备的特性主要有如下几个方面。

**表 8.1　设备控制块**

| 设　备　名 |
| --- |
| 设备属性 |
| 指向命令转换表的指针 |
| 在 I/O 总线上的设备地址 |
| 设备状态 |
| 当前用户进程指针 |
| I/O 请求队列指针 |

　　① 传输速度。一个终端可以按正常工作的信息传输速度。如 CRT 终端的字符传输速度一般为 2 400 b/s、4 800 b/s 或 9 600 b/s。

　　② 图形字符集。有些型号的终端可以输入、输出整个 ASCII 图形字符集,有些则不提供小写英文字母和另外一些字符。

　　③ 其他。包括是否对制表符进行处理;工作方式是全双工还是半双工;对一些控制字符(如制表符、回车换行符、垂直跳格符等)所需的机械延迟时间类型;字符的奇偶校验

方式等。

### 2. 设备转换表

使用 DCB 的目标之一是要为 I/O 管理提供一个不变的界面。每个 I/O 请求都要转换成调用一个能执行 I/O 操作的设备例程,为了方便、快捷地实现这一转换,系统建立命令转换表,其地址登记在 DCB 中。在进行转换时,通过操作码检索命令转换表以找到相应的设备例程地址。该转换表包含设备特定的 I/O 例程地址,不具备相应功能的设备在其例程地址上可以填"−1"。命令转换表的例子可参见 UNIX 系统的设备开关表。

# 8.2　缓　冲　技　术

## 8.2.1　缓冲概述

为了进一步解决 CPU 和 I/O 设备间速度不匹配的矛盾引入了缓冲技术。

### 1. 什么是缓冲

缓冲是在两种不同速度的设备之间传输信息时平滑传输过程的常用手段。缓冲器是以硬件的方法来实现缓冲的,它容量较小,是用来暂时存放数据的一种存储装置。从经济上考虑,除了在关键的地方采用少量必要的硬件缓冲器之外,大都采用软件缓冲。软件缓冲区是指在 I/O 操作期间用来临时存放 I/O 数据的一块存储区域。缓冲是为了解决中央处理机的速度和 I/O 设备的速度不匹配的问题而提出来的,缓冲也可用于解决程序所请求的逻辑记录大小和设备的物理记录大小失配的问题,是有效地利用中央处理机的重要技术。

下面看看缓冲是如何工作的。当用户要求在某个设备上进行读操作时,从系统中获得一个空的缓冲区,并将一个物理记录读到缓冲区中。当用户要求使用这些数据时,系统将依据逻辑记录特性从缓冲区中提取并发送到用户进程存储区中。当缓冲区空而进程又要从中取数据时该进程被迫等待。此时,操作系统需要重新送数据填满缓冲区,进程则从中取数据继续运行。

当用户要求写操作时,先从系统获得一个空缓冲区,并且将一个逻辑记录从用户的进程存储区传送到缓冲区中。若为顺序写请求,则把数据写到缓冲区中,直到它完全装满为止。然后系统将缓冲区的内容作为物理记录文件写到设备上,使缓冲区再次为空。只有在系统还来不及腾空缓冲区之前,进程又企图输出信息时,它才需要等待。

### 2. 使用缓冲的理由

在现代操作系统中广泛使用缓冲技术,其理由有如下三点。

1) 处理数据流的生产者与消费者之间的速度差异

数据流的生产者与消费者之间的速度差异普遍存在。例如,从调制解调器输入一个文件,并保存到硬盘上。调制解调器传输的速度大约比硬盘慢数千倍。为了解决传输速度的差异,可以在主存中创建缓冲区以存放从调制解调器收到的字节。当整个缓冲区填满时,就可以通过一个操作将缓冲区中的内容写到磁盘上。

为了进一步提高效率,可以在主存中创建两个缓冲区。因为写磁盘并不即时,而且调制解调器需要一个空间继续保存输入数据。当调制解调器填满第一个缓冲区后,就可以请求写操作;同时请求第二个缓冲区,并继续将输入的数据填写到第二个缓冲区中。等到调制解调器写满第二个缓冲区时,若第一个缓冲区的写操作已完成,调制解调器就可以切换到第一个缓冲区进行输入;而第二个缓冲区的内容可以写到磁盘。这就是双缓冲技术,该技术将数据流的生产者与消费者进行隔离,从而缓解了二者传输速度的差异。

2) 协调传输数据大小的不一致

传输数据的大小不一致的问题在计算机网络中特别常见,常常用缓冲来处理消息的分段和重组。在发送端,一个大消息被分成若干小网络包,这些包通过网络传输被接收端接收。接收端将它们存放到重组区以生成完整的源数据镜像。

3) 应用程序的拷贝语义

缓冲的第三个用途是实现应用程序的拷贝语义。说明如何实现拷贝语义的例子是应用程序的写磁盘系统调用。

假如某应用程序需要将缓冲区内的数据写到磁盘,它将调用 write 系统调用并给出缓冲区的指针和要求写入的字节数量这两个参数。当该系统调用返回时,如果应用程序改变了缓冲区的内容,那将出现不一致的问题。根据拷贝语义,操作系统必须保证写入磁盘的数据就是write 系统调用时的版本,而不必顾虑应用程序缓冲区随后的变化。一个简单的方法就是操作系统在 write 系统调用返回到应用程序之前,将应用程序缓冲区内容复制到内核缓冲区中。真正的磁盘写操作会从内核缓冲区执行。这样,后来应用程序缓冲区的改变将不会出现不一致的问题。

操作系统常常使用内核缓冲区与应用程序数据空间之间的数据复制的方法来保证语义的正确,虽然这样会有一定的开销,但获得了简洁的语义。类似地,通过虚拟主存映射和写复制保护可能会提供更高的效率。

为了支持 I/O 管理功能,各种缓冲技术迅速地发展起来了,其中有三种通用缓冲技术提供缓冲服务。这三种技术是双缓冲、环形缓冲和缓冲池。这里简要地讨论双缓冲和缓冲池。

## 8.2.2 双缓冲

双缓冲描述了缓冲管理中最简单的一种方案,它对一个活动频率较低的 I/O 系统是比较有效的。

在双缓冲方案下,为输入或输出分配两个缓冲区。在读入时,输入设备首先填满 $buf_1$,进程从 $buf_1$ 提取数据的同时,输入设备填充 $buf_2$;当 $buf_1$ 空、$buf_2$ 满时,进程又可从 $buf_2$ 提取数据,与此同时,输入设备又可填充 $buf_1$。这两个缓冲区如此交替使用,使 CPU 和输入设备并行操作程度进一步提高。只有当两个缓冲区都空,且进程还要提取数据时,该进程才被迫等待。这种情况只有在进程执行频繁,又有大量的 I/O 时才会发生。解决此问题经常使用的方法是增加更多的缓冲区。写操作的缓冲解决方案是完全类似的,读者可以自己分析。

下面举一个例子说明使用双缓冲可以提高 I/O 的效率。这个例子是一批数据从输入机读入并从行式打印机输出。为此,系统设置两个缓冲区 $buf_1$,$buf_2$(其大小为每次存放一个数据),它们的作用是接收从输入机读入的数据,并提供到打印机输出。它们交替地使用,使输入机和打印机并行操作。先将一个数据读入 $buf_1$,然后在打印 $buf_1$ 内容时,将下一个数据读入 $buf_2$;当打印完 $buf_1$ 中内容时,再启动输入机将下一个数据读到该缓冲区并重复上述过程。图 8.2 描述了上述过程。此时,输入机和打印机并行操作的程度大大提高,I/O 设备得到了较好的利用。

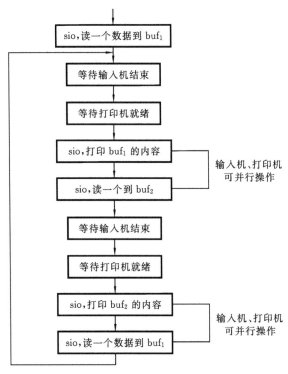

图 8.2　输入并打印数据的双缓冲策略

## *8.2.3　缓冲池

缓冲池(buffer pool)可以由主存中的一组缓冲区组成,其中每个缓冲区的大小可以等于物理记录的大小。在缓冲池中各个缓冲区作为系统公共资源为大家所共享,并由系统进行统一分配和管理。缓冲池既可用于输出,也可用于输入。使用缓冲池的主要原因是避免在消费者多次访问相同数据时会重复产生相同数据的问题。例如,当用户程序(消费者)要多次读相同的文件块时,I/O 系统(生产者)不必从磁盘反复读取磁盘块。而是可以采用缓冲池作为高速缓存保留最近访问过的块,准备为将来所用。UNIX 系统的高缓冲管理正是采用了这一技术。

下面给出一个缓冲区自动管理系统的例子,如图 8.3 所示。此例说明一般情况下,缓冲池管理需要的队列结构和操作。

在缓冲区自动管理系统中设置了多个缓冲区组成缓冲池,这些缓冲区可分为以下几种用途。

① 输入缓冲区:用于接收从输入设备送来的、未经处理的一个信息块。

② 处理机缓冲区:用于存放在处理机上运行的程序所需要的信息或已处理过的数据信息。

③ 输出缓冲区:包括一块已处理过的信息,它正在被传送到输出设备上。

为了管理各种缓冲区队列,实施各种操作,必须设计专门的软件程序,这就形成了缓冲区自动管理系统。

在图 8.3 中,标有"×"的方框为空缓冲区;标有小黑点的方框为满缓冲区;处在转换过程中的缓冲区方框内没有任何记号。缓冲区管理程序要管理几种缓冲队列。假定图 8.3 中只有一个 I/O 通道,那么它既可作为输入又可作为输出。对于该通道所连的各种外部设备,它具有以下两种队列。

(1) 装入队列。这是一组(相互连接的)缓冲区,它们等待着由输入设备输入信息,其中排在队列第一个位置上的缓冲区可能正在进行装入操作,装满信息后挂到输入文件队列尾上。

(2) 出空队列。这也是一组(相互连接的)缓冲区,它们等待着输出设备输出信息,其中排在队列第一个位置上的缓冲区可能正在输出(出空)。

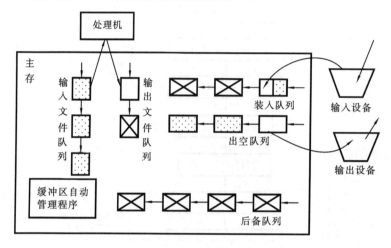

图 8.3　缓冲区自动管理系统

缓冲区管理程序使用另外两种队列与正在运行的程序建立关系。

(1) 文件队列。其中的每一个文件不久就要在程序中使用(或刚被处理过)。

还可以进一步把文件队列分成输入文件队列和输出文件队列。通常程序总是处理从输入文件队列来的数据,然后把结果送到输出文件队列中去。当输出文件队列中的一个缓冲区装满信息后挂到出空队列尾上。

(2) 一个或几个后备队列。它拥有若干同样大小的、空闲且可用的缓冲区。

图 8.3 还说明程序运行时以及进行信息处理时队列中所发生的操作。各种操作如下。

① 程序对输入文件队列中排在第一个位置上的缓冲区中的数据进行操作。

② 程序运行时,把结果放到输出文件队列中排在第一个位置上的缓冲区中。

③ 装入队列中排在第一个位置上的缓冲区正在进行装入信息的操作。

④ 出空队列中排在第一个位置上的缓冲区正在进行输出信息的操作。

⑤ 当输出文件队列需要空缓冲区时,从后备队列中提取空缓冲区。

程序中有三种不同情况需要缓冲区管理程序对缓冲区队列实施管理。

**1. 信息处理**

① 当一个记录被处理完毕、程序需要使用另一个记录时,缓冲区管理程序把已用过的输

入文件缓冲区摘下送入后备队列中,释放用过的缓冲区,即完成如下操作:输入文件队列→后备队列。

② 输出文件缓冲区中的记录完成之后,缓冲区管理程序把它从输出文件队列中摘下,并加入到出空队列的尾部。即完成如下操作:输出文件队列→出空队列。

③ 缓冲区管理程序还可执行以下操作:后备队列→输出文件队列;后备队列→装入队列。将缓冲区作为输出文件缓冲区或输入缓冲用。

**2. 输入中断**

当输入完成时,出现一次中断以调用缓冲区管理程序,它执行下面的操作:装入队列→输入文件队列,即将已装满信息的装入缓冲区从装入队列摘下,加入到输入文件队列尾。

缓冲区管理程序还执行如下操作:后备队列→装入队列,即用一个空缓冲区来装入新信息。

**3. 输出中断**

输出完成之后,产生中断信号,由缓冲区管理程序执行操作:出空队列→后备队列,即将已输出信息的缓冲区从出空队列中摘下,并加入到后备队列尾部,然后调出空队列中的下一个缓冲区进行输出操作。

# 8.3  设 备 分 配

现代计算机可以同时承担多用户的若干个计算任务。计算机完成每项计算任务时,或多或少地需要使用各类外部设备。操作系统的设备管理的功能之一就是为计算机系统接纳的每个作业分配它们所需的外部设备。下面首先讨论设备分配原则。

## 8.3.1  设备分配原则

在多用户多进程系统中,由于用户和进程的数量多于设备数,因而必然会引起对设备资源的争夺。为了使系统有条不紊地工作,使用户能方便地使用外部设备,系统必须确定合理的设备分配原则。这些原则包含几个方面。首先,必须考虑设备的固有特性,该设备仅适于某进程独占还是可供几个进程共享;其次,还要考虑系统所采用的分配算法,是采用先请求先服务分配算法,还是采用优先级最高者优先的算法;最后,在进行设备分配时还应注意分配的安全性,避免发生死锁。下面分别讨论这些原则。

**1. 静态分配和动态分配**

分配设备时应考虑设备的属性,有的设备仅适于某作业独占,有的设备可为多进程所共享。从设备分配的角度看,外部设备可以分为独占设备和共享设备两类:对独占设备一般采用静态分配,一旦分配给作业或进程,由它们独占使用;而共享设备则采用动态分配方法,并在进程一级实施,进程在运行过程中,需要使用某台设备进行 I/O 传输时向系统提出要求,系统根据设备情况和分配策略实施分配,一旦 I/O 传输完成,就释放该设备,这样可使一台设备可以为多个进程服务,从而提高了设备的利用率。

**2. I/O 设备分配算法**

I/O 设备的分配与进程调度很相似,一般采用如下两种算法。

1)先请求先服务

当有多个进程对同一设备提出 I/O 请求或同一进程要求在同一设备上进行多次传输时,均要先形成 I/O 请求块(iorb),然后将这些 iorb 链成一个设备请求队列。先请求先服务算法是把所有 iorb 按进程发出,此 I/O 请求的先后次序排成一个等待该设备的队列,当设备空闲时,它将处理该队列中的第一个 iorb。在该设备的设备控制块中有一个设备请求队列指针,指向该队列的第一个设备请求块。

2)优先级最高者优先

这种算法要求设备等待队列中的 iorb 按发出此 I/O 请求的进程的优先级高低进行排序,换句话说,进程的优先级赋予相应的 iorb,使每个 iorb 也按优先级的高低来排列。这是因为,在进程调度中优先级高的进程优先获得处理机,若对它的 I/O 请求也赋予高的优先级,显然有助于该进程尽快完成,从而尽早地释放它所占有的资源。如果系统自身也希望使用某 I/O 设备而提出 I/O 请求时,它应比用户 I/O 请求具有更高的优先级。对于优先级相同的 I/O 请求,则按先请求先分配原则排队。

**3. 设备分配的安全性**

死锁是由于竞争资源而引起的。因此,在设计操作系统时,应考虑资源的分配策略以防止发生死锁,在设备分配时也应注意到设备分配的安全性问题。

对于独占设备,一般在作业调度时就分配给所需要的作业,而且一旦分配,该独占设备一直为这个作业所占有,采取这种独占分配方式是不会产生死锁的。

在进行动态分配时也分两种情况。其一,在某些系统中,每当进程以命令形式发出 I/O 请求后,它便立即进入阻塞状态,直到所提出的 I/O 请求完成才被唤醒。此时,一个进程只能提出一个 I/O 请求,因而它不可能同时去操作多个外部设备。在这种情况下,死锁产生的必要条件之一——循环等待资源这一条件就不会成立,因此不会产生死锁。其二,在有的系统中,允许某进程以命令形式发出 I/O 请求后仍可继续运行,且在需要时又可发出第二个 I/O 请求、第三个 I/O 请求……仅当进程所请求的设备为另一进程占用时才进入阻塞状态。当允许一个进程同时操作多个外部设备时有可能产生死锁。所以,在这种系统中,在进行设备分配时应先采用某种避免死锁的算法,以判断这次分配是否有可能产生死锁,以避免死锁的发生。

在多作业系统中,为使各作业进程分享系统的外部设备,必须对外部设备进行合理的分配。常用的设备分配技术有独享分配、共享分配和虚拟分配三种技术。

## 8.3.2 独享分配

有些外部设备,如输入机、行式打印机、磁带机、绘图仪等,往往总是让一个作业独占使用。因为这些设备有的在使用前需人工干预,有的可能要执行费时的 I/O 操作,如把磁带定位到所需的数据位置上。如果把这些设备交叉地分配给各个作业使用,则操作员和外部设备都要为更换工作状态而花费较大的工作量。另外,还有些设备,如行式打印机,若不加管理让几个用户共同使用,就会出现交叉输出、十分混乱的情况。因此,应把这类设备作为独占设备。

　　独占设备是让一个作业在整个运行期间独占使用的设备。独占设备往往采用独享分配方式或称为静态分配方式。即在一个作业执行前,将它所要使用的这类设备分配给它;当它结束、撤离时,才将分配给它的这类设备收回。静态分配方式实现简单,且不会发生死锁,但采用这种分配方式时外部设备利用率不高。

## 8.3.3　共享分配

　　外部设备中如磁盘等直接存取设备都能进行快速的直接存取。它们往往不是让一个作业独占而是被多个作业、多进程共同使用,或者说,这类设备是共享设备。对共享设备采用共享分配方式,即进行动态分配,当进程提出资源申请时,由设备管理模块进行分配,进程使用完毕后,立即归还。

　　对磁盘这类设备的共享有两个方面:一方面是共享磁盘的存储空间;另一方面是共享磁盘驱动器。用户对磁盘存储空间的共享使用,一般以文件方式将自己的信息存放在共享设备上。因此,通过文件系统可以按文件名来存取存储在共享设备上的信息。当进程在执行中以显式的文件读写命令提出传输要求时,则要求对磁盘驱动器进行动态分配。文件系统接收到进程的读写请求时,由文件管理作相应处理,转化为对设备的驱动要求。对进程提出的 I/O 请求形成 I/O 请求块并按一定原则加入设备等待队列。当设备空闲时,取设备等待队列的第一个 I/O 请求块,完成这一 I/O 请求。

## 8.3.4　虚拟分配

　　对独占设备的分配往往只能采用静态分配方式,这样做是不利于提高系统效率的。首先,这些设备每次分配给一个作业,而一个作业是很难有效地使用这些设备的。一方面,在一个设备被某个作业占用期间,往往只有一部分、甚至很少一部分时间在工作,其余时间均处于不工作的空闲状态;另一方面,申请该类设备的其他作业被拒绝接受。其次,各种独占设备速度各不相同,一般而言,它们都是低速外部设备。因此,在作业执行中,由于要等待这类设备传输数据而大大延长了作业的执行时间。

### 1. Spool(假脱机系统)

　　为了克服独占设备的这些缺点,操作系统提供外部设备联机同时操作的功能,又称为假脱机系统。该系统在作业执行前将作业信息通过独占设备预先输入到辅存(磁鼓或磁盘)上的一个特定的存储区域(称之为“井”)存放好,称为预输入。此后,作业执行需要数据时不必再启动独占设备读入,而只要从磁鼓或磁盘输入数据就行了。另一方面,作业执行中,也不必直接启动独占设备输出数据,而只要将作业输出数据写入磁鼓或磁盘中存放,在作业执行完毕后,由操作系统来组织信息输出,称为缓输出。

　　Spool 系统利用通道和中断技术,在主机控制之下,由通道完成输入/输出工作。该系统包括预输入程序、缓输出程序、井管理程序和预输入表、缓输出表等数据结构。它在联机方式下实现了输入收存和输出发送的功能,使外部设备和主机能并行操作,所以称为假脱机系统。该系统可以提高独占设备的利用率,缩短作业的执行时间,提高系统的效率。

**2. 虚拟设备和虚拟分配**

采用外部设备联机操作技术后,可将欲从独占设备输入(或输出)的信息,先复制到辅存中,当进程需要从输入设备上读入信息时,就把这一要求转换成从辅存中读入的请求,并从辅存中读入。输出时,先把要输出的信息存入辅存,在适当的时候(如:当一个作业执行完毕,或在外存中存储了一个逻辑意义完整的信息集合时),再通过相应的输出设备把它从辅存中复制出来。这样,就可以使输入设备和输出设备连续不断地工作。由于一台设备可以和辅存中的若干个存储区域相对应,所以在形式上就好像把一台输入设备(或输出设备)变成了许多虚拟的输入设备(或输出设备)。也就是说,把一台不能共享的输入设备(或输出设备)转换成了一台可共享的缓冲输入设备(或输出设备)。

上述过程可用图 8.4 表示,该图也说明了虚拟设备的概念。通常把用来代替独占型设备的那部分外存空间(包括有关的控制表格)称为虚拟设备。对虚拟设备采用虚拟分配。当某进程需要与独占型设备交换信息时,Spool 系统就将与该独占设备所对应的那部分磁盘、磁鼓的一部分存储空间分配给它。这种分配方法就称为设备的虚拟分配技术。实际上,这一虚拟技术就是在一类物理设备上模拟另一类物理设备的技术,是将独占设备转化为共享设备的技术。

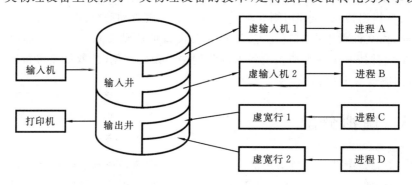

图 8.4  虚拟设备

系统提供虚拟设备是由于系统采用了假脱机技术,它把独占设备改造成为共享设备,使得每一个用户感到好像拥有各类独占设备一样。在这种情况下,称操作系统给用户提供了虚拟设备。这样做改造了设备特性,提高了设备的利用率,有利于资源的动态分配。

**3. 虚拟打印功能**

目前,在多用户系统和网络环境中常采用虚拟设备技术,如虚拟打印机。各网络结点计算机上的用户都可以使用网络提供的虚拟打印机功能,共享网上的打印机。

假脱机系统需要用磁盘来保存设备输出的缓冲。像打印机这样的独占设备不能接收交叉的数据流,打印机只能一次打印一个任务,但是可能有多个程序希望打印而又不能将其输出混合在一起。操作系统提供虚拟打印机功能,通过截取对打印机的输出来解决这一问题。应用程序的输出先送(假脱机)到一个独立的磁盘文件上。假脱机系统将对相应的待送打印的假脱机文件进行排队。假脱机系统一次拷贝一个已排队的假脱机文件到打印机上。

有的操作系统采用系统服务进程来管理假脱机功能的实施,而有的操作系统则采用内核线程来处理假脱机。对用户或系统管理员而言,操作系统都提供一个控制接口以便显示假脱机文件排队、删除那些尚未打印而不再需要的任务等信息。

# 8.4 输入/输出控制

## 8.4.1 I/O 硬件

计算机系统使用的设备种类繁多,使用方法各异,存在着令人难以置信的差异。但只需通过如下几个概念就可以理解设备如何与计算机相连、如何用软件控制硬件设备的工作。这几个概念是端口、总线和控制器。

**1. 端口**

计算机端口(port)是设备与计算机通信的一个连接点,其中硬件领域的端口又称接口,如USB端口、串行端口等。软件领域的端口一般是指网络中面向连接服务和无连接服务的通信协议端口,是一种抽象的软件结构,包括一些数据结构和 I/O 缓冲区。

**2. 总线**

如果一个或多个设备使用一组共同的线,这种连接称为总线(bus)。总线是一组线和一组严格定义的可以描述在线上传输信息的协议。在总线上连接有多个设备(或称为部件),多个信号源中的任一信号源的信号可以通过总线传送到多个信号接收部件中的任一个接收部件。

总线在计算机体系结构中使用很广。图 8.5 给出了一个典型的 PC 总线结构。图 8.5 中显示的 PCI 总线(最为常见的 PC 系统总线)用以连接处理机——主存子系统与快速设备,扩展总线用于连接串行、并行端口和相对较慢的设备(如键盘)。图 8.5 中还有一个 SCSI 总线,

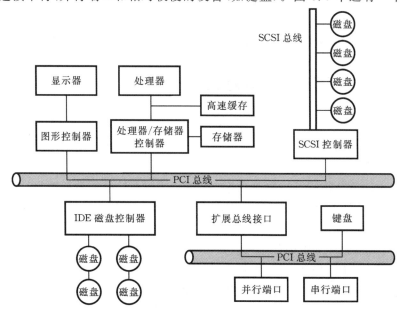

图 8.5 一个典型的 PC 总线结构

该总线将四块硬盘一起连到 SCSI 控制器上。

### 3. 控制器

控制器(controller)是用于操作端口、总线或设备的一组电子器件。串口控制器是简单的设备控制器。它是计算机上的一块芯片或部分芯片,用以控制串口线上的信号。而 SCSI 总线控制器就比较复杂,由于 SCSI 协议比较复杂,SCSI 总线控制器常常实现为与计算机相连接的独立的线路板或主机适配器。该适配器通常有处理器、微码及一定的私有主存以便能处理 SCSI 协议信息。

处理器向控制器发送命令和数据以完成 I/O 传输的机理在于,控制器拥有一个或多个用于存放数据和控制信号的寄存器,处理器通过读或写这些寄存器的位组合与控制器通信。这种通信的一种方式是通过使用特殊 I/O 指令来传递向某 I/O 端口传输一个字节或字的控制意图,I/O 指令触发总线线路来选择合适的设备,并将信息传入到该设备控制寄存器(或从设备控制寄存器传出)。另一种通信方式是主存映射 I/O,这时,设备控制寄存器映射到处理器的地址空间。处理器执行 I/O 请求是通过标准数据传输指令来完成对设备控制器的读写。

现代计算机系统使用的设备控制器通常有四种寄存器,它们分别是状态、控制、数据输入、数据输出寄存器,简介如下。

① 状态寄存器。状态寄存器包含一些主机可以读取的位信息。这些位信息指示各种状态,如当前任务是否完成,数据寄存器中是否有数据可以读取,是否出现设备故障等。

② 控制寄存器。主机通过控制寄存器向设备发送命令或改变设备状态。例如,串口控制器中的一位选择全工通信或单工通信,另一位控制是否进行奇偶校验,第三位设置字长为 7 位或 8 位,其他位选择串口通信所支持的速度。

③ 数据输入寄存器。数据输入寄存器用于存放数据以被主机读取。

④ 数据输出寄存器。主机向数据输出寄存器写入数据以便发送。

数据寄存器通常为 1~4 个字节。有的控制器有 FIFO 芯片,可以保留多个输入或输出数据以扩展控制器的能力,FIFO 芯片还可以保留少量的突发数据直到设备或主机来接收数据。

## 8.4.2 输入/输出控制方式

外部设备在中央处理机的控制之下完成信息的传输。在信息传输中,中央处理机做多少工作、外部设备做多少工作呢? 这个问题将决定 CPU 和 I/O 设备的并行能力,同时它也取决于软、硬技术的基础。

CPU 一般通过 I/O 控制器与物理设备打交道。按照 I/O 控制器智能化程度的高低,可把 I/O 设备的控制方式分为四类:循环测试 I/O 方式、I/O 中断方式、DMA 方式和通道方式。

### 1. 循环测试 I/O 方式

这种方式只在早期计算机中使用。在该方式中 I/O 控制器是操作系统软件和硬件设备之间的接口,它接收 CPU 的命令,并控制 I/O 设备进行实际的操作。

在循环测试 I/O 方式中有数据缓冲寄存器和控制寄存器。数据缓冲寄存器是 CPU 与 I/O设备之间进行数据传送的缓冲区。当输入设备要输入数据时,先将输入数据送入数据缓冲寄存器,然后由 CPU 从中取出数据;反之,当 CPU 要输出数据时,先把数据送入该寄存器,然后再由输出设备把其中的数据取走,进行实际的输出。

控制寄存器有几个重要的信息位:启动位、完成位等。完成位置为 1 表示设备完成一次操作。例如,当输入设备完成一个输入之后,即把完成位置为 1。启动位是在 CPU 要启动 I/O 设备进行物理操作时,将此位置 1,设备立即工作。

下面看一下循环测试 I/O 方式的工作过程。假如一个程序要从某一输入设备输入一个数据,那么将按如下步骤进行。

① 将一个启动位为"1"的控制字写入该设备的控制状态寄存器,从而启动该设备进行输入操作;

② 反复读控制寄存器的内容,并测试其中的完成位,若为 0,转步骤②,否则转步骤③;

③ 把数据缓冲区中的数据读入 CPU 或主存单元。

上述步骤可看出,循环测试 I/O 方式的工作过程非常简单,但 CPU 的利用率相当低。因为 CPU 执行指令的速度高出 I/O 设备几个数量级,所以在循环测试中 CPU 浪费了大量的时间。

**2. I/O 中断方式**

为了提高 CPU 的利用率,应使 CPU 与 I/O 设备并行工作。为此,出现了 I/O 中断方式。这种方式要求在控制寄存器中有一位"中断允许位"。

在 I/O 中断方式下,数据的输入按如下步骤进行。

① 要求输入数据的进程把一个启动和中断允许位为"1"的控制字写入设备控制寄存器中,从而启动该设备进行物理操作。

② 上述进程因等待输入操作的完成而进入等待状态,于是进程调度程序调入另一进程运行。

③ 当输入完成时,输入设备通过中断申请线向 CPU 发中断请求信号,通过中断进入, CPU 转向该设备的中断处理程序。

④ 中断处理程序首先保护被中断程序的现场,然后把输入缓冲寄存器中的输入数据转送到某一特定单元中去,以便要求输入的进程使用。同时,还把等待输入完成的那个进程唤醒,最后中断处理程序恢复被中断程序的现场,并返回到被中断的进程继续执行。

⑤ 在以后某个时刻,进程调度程序将调度到要求输入的进程,该进程从约定的特定单元中取出数据做进一步处理。

与循环测试方式相比,I/O 中断方式使 CPU 的利用率大大提高了。但缺点是由于每台设备每次输入/输出一个数据,都要求中断 CPU,当系统配置的设备较多时,系统进行中断处理的次数就很多,这会使 CPU 的有效计算时间大大减少。为减少 I/O 中断处理对 CPU 造成的负担,又出现了通道方式和 DMA 方式。

**3. 通道方式**

在大、中型和超级小型机中,一般采用 I/O 通道控制 I/O 设备的各种操作。I/O 通道是用来控制外部设备与主存之间进行成批数据传输的部件。每个通道可以连接多台外部设备并控制它们的 I/O 操作。通道有自己的一套简单的指令系统和执行通道程序,通道接收 CPU 的委托,而又独立于 CPU 工作。因此,可以把通道看做是一台小型的处理 I/O 的处理机,或称 I/O 处理机。

通道有三种不同的类型,即字节多路通道、选择通道和数组多路通道,如图 8.6 所示。字节多路通道以字节为单位传输信息,它可以分时地执行多个通道程序。当一个通道程序控制某台设备传送一个字节之后,通道硬件就转去执行另一个通道程序,控制另一台设备的数据传送。字节多路通道主要用来连接大量低速设备,如终端、串行打印机等。

选择通道一次从头到尾执行一个通道程序,只有执行完一个通道程序之后再执行另一个通道程序,所以它一次只能控制一台设备进行 I/O 操作。由于选择通道能控制外部设备高速连续地传送一批数据,因此常用它来连接高速外部设备,如磁盘机等。

数组多路通道以分时的方式执行几个通道程序,它每执行一个通道程序的一条通道指令就转向另一通道程序。因为每条通道指令可以控制传送一组数据,所以数组多路通道既具有选择通道传输速率高的优点,又具有字节多路通道分时操作、同时管理多台设备 I/O 操作的优点。数组多路通道一般用于连接中速设备,如磁带机等。

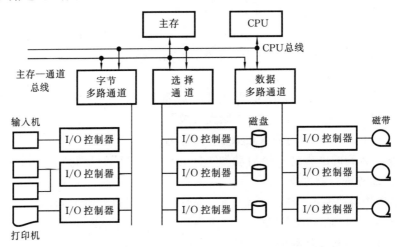

图 8.6　通道的类型

与前面两种 I/O 方式相比,通道方式有更强的 I/O 处理能力。有关 I/O 的工作,CPU 委托通道去做,当通道完成了 I/O 任务后,向 CPU 发中断信号,请求 CPU 处理。这样就使 CPU 基本上摆脱了 I/O 控制工作,并大大提高了 CPU 与外部设备的并行工作的程度。

**4. DMA 方式**

在 DMA 方式中,I/O 控制器有更强的功能。它除了具有上述的中断功能外,还有一个 DMA 控制机构。在 DMA 控制器的控制下,设备和主存之间可成批地进行数据交换,而不用 CPU 干预。这样既大大减轻了 CPU 的负担 ,也使 I/O 的数据传送速度大大提高。

在 DMA 方式下,允许 DMA 控制器"接管"地址线的控制权,而直接控制 DMA 控制器与主存的数据交换。因此,I/O 设备与主存之间的数据传送不需要 CPU 介入,从而减轻了 CPU 的负担。DMA 控制器与其他部件的关系如图 8.7 所示。

下面讨论在 DMA 方式下进行数据输入的步骤及过程。

① 当一个进程准备要求设备输入一批数据时,把要求传送的主存始址和要传送的字节数分别送入 DMA 控制器的主存地址寄存器和传送字数寄存器。

② 把允许中断位和启动位为"1"的一个控制字送入控制寄存器,从而启动设备进行成批的数据传送。

③ 该进程将自己挂起,等待一批数据输入的完成,于是进程调度程序调度其他进程运行。

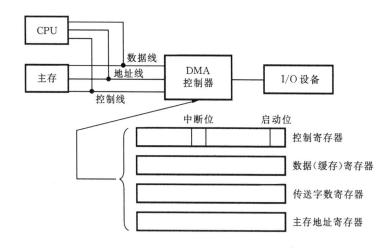

图 8.7　DMA 控制器与其他部件的关系

④ 当一批数据输入完成时,输入设备完成中断信号中断正在运行的进程,控制转向中断处理程序。

⑤ 中断处理程序首先保护被中断程序的现场,唤醒等待输入完成的进程,然后恢复现场,返回到被中断的进程。

⑥ 当进程调度程序调度到要求输入的进程时,该进程按照开始时指定的主存始址和实际传送字数对输入数据进行加工处理。

执行了上述步骤②之后,DMA 硬件马上控制 I/O 设备与主存之间的信息交换。每当 I/O 设备把一个数据读入到 DMA 控制器的数据缓冲寄存器之后,DMA 控制器立即取代 CPU,接管地址总线的控制权,并按照 DMA 控制器中的主存地址寄存器内容把输入的数据送入相应的主存单元。然后,DMA 硬件电路自动地把传送字数寄存器减 1,把主存地址寄存器加 1,并恢复 CPU 对主存的控制权,DMA 控制器对每一个输入的数据重复上述过程,直到传送字数寄存器中的值变为 0 时,向 CPU 发出完成中断信号。

## 8.4.3　I/O 子系统

I/O 管理的目标是提高设备的利用率,方便用户的使用。为此,对不同的设备应按统一的标准方式来处理,为用户建立虚拟环境。I/O 子系统采用抽象、包装与软件分层的方法,具体地说,可以从复杂而不同的 I/O 设备中抽象出一些通用类型。每个通用类型都可以通过一组标准函数(及接口)来访问。具体的差别被 I/O 子系统中的内核模块(称为设备驱动程序)所封装,这些设备驱动程序一方面可以定制以适合各种设备,另一方面也提供了一组标准的接口。这样,I/O 子系统在应用层为用户提供 I/O 应用接口;对设备的控制和操作则由内核 I/O 子系统来实施。图 8.8 说明了内核中与 I/O 相关部分的软件构造层次。

设备驱动程序层的作用是为内核 I/O 子系统隐藏设备控制器之间的差异,这就与 I/O 系统调用的通用类型包装了设备行为,为应用程序隐藏了硬件差异类似。将 I/O 子系统与硬件分离简化了操作系统开发人员的任务,也有利于设备的设计与制造。

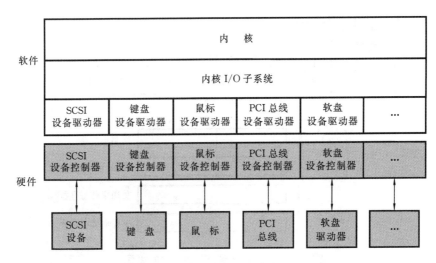

图 8.8　内核 I/O 结构

**1. 各类设备的接口**

1) 块设备接口

块设备接口规定了访问磁盘驱动器和其他基于块设备所需的各个方面。一般而言,设备应提供 read 和 write 命令,若是随机访问设备还应提供 seek 命令,以便说明下次传输哪个磁盘块。应用程序通常通过文件系统接口访问设备。read、write 和 seek 命令描述了块存储设备的基本特点,应用程序就不必关注这些设备的低层细节和差别。

对于系统本身和特殊应用程序(如数据库管理系统),一般进行的是原始 I/O,即将块设备当做一个简单的线性块数组来访问。

2) 主存映射接口

主存映射文件访问是建立在块设备驱动程序之上的。主存映射接口不提供 read 和 write 操作,而是通过主存中的字节数组来访问磁盘存储信息。将文件映射到主存的系统调用返回的是一个字符数组的虚拟主存地址,该字符数组包含了文件的一个拷贝。实际数据传输在需要时才执行,以满足主存映射的访问。由于传输采用了与虚拟主存访问相同的机制,所以主存映射 I/O 十分高效。主存映射为程序员提供了方便的手段,访问主存映射文件如同主存读写一样简单。

3) 字符流设备接口

键盘是一种可以通过字符流接口访问的设备,这类设备的基本系统调用使应用程序可以 get 或 put 字符。在此接口上,可以构造库以提供具有缓冲和编辑能力的按行访问(例如,当用户键入了一个退格键,之前的一个字符可以从字符流中删除)。这种访问方式对有些输入很方便,如键盘、鼠标、调制解调器,这些设备自发地提供输入数据,而应用程序无法预计这些输入。这种访问方式也适合于像打印机、声卡之类的输出设备。

4) 网络套接字接口

由于网络 I/O 与磁盘 I/O 的性能及其访问特点存在很大的差异,绝大多数操作系统提供的网络 I/O 接口也与磁盘的 read-write-seek 接口不同,许多操作系统(如 UNIX 和 Windows

NT)提供的接口是网络套接字接口。

基于套接字接口的系统调用可以让应用程序创建一个套接字,连接本地套接字和远程地址(将本地应用程序与由远程应用程序创建的套接字相连),监听要与本地套接字相连的远程应用程序。通过连接后可发送和接收数据。为了支持服务器的实现,套接字接口还提供了 select 函数,用来管理一组套接字。调用 select 函数可以知道哪个套接字已有接收数据需要处理,哪个套接字已有空间可以接收数据以便发送。使用 select 系统调用可以不再使用轮询和忙等待来处理网络 I/O。套接字接口提供的函数封装了基本的网络功能,大大方便了用户的使用和提高了网络设备和协议的使用效率。

**2. I/O 子系统功能**

I/O 子系统使进程能与外部设备(如终端、打印机等)及网络进行通信,即实施 I/O 控制功能。I/O 控制的功能主要有以下三个方面。

① 解释用户的 I/O 系统调用;② 设备驱动;③ 中断处理。

设备驱动程序与设备类型是一一对应的,即系统中的设备可以根据设备使用特性不同分为几大类,对于每一类设备可以包含有几个不同的个体。例如,打印机是一类设备,系统可以有多个打印机,它们属于同类设备。在进行 I/O 时,应考虑设备处理的一致性,即对于某一类设备,操作系统具有相同的设备驱动程序。又如,系统可以只含有一个磁盘驱动程序以控制所有的磁盘,用一个终端驱动程序控制所有的终端。一个设备驱动程序可以控制一种给定类别的许多物理设备。而在驱动程序中,需要对它所控制的这些设备加以区分。也就是说,想送往某一终端的输出决不会送往另一个终端。

**3. 调用 I/O 核心模块的方式**

控制设备 I/O 工作的核心模块通常称为设备驱动程序。该核心模块有以下两种实现方式。

(1)第一种方式。I/O 控制模块有一个接口程序,它负责解释进程的 I/O 系统调用,即将其转换成 I/O 控制模块认识的命令形式。而对每类设备的处理则设置一个设备处理进程,其相应的程序就是该类设备的驱动程序。当接口程序接收并解释了一个 I/O 系统调用后,就通知相应的设备处理进程有 I/O 工作要做,该设备处理进程就进行设备驱动工作。在该类设备驱动程序中依具体的物理设备号再去启动物理的 I/O 操作。物理设备工作完成后会引起相应的中断处理。如果无工作可做,设备处理进程处于等待状态,等有工作后被唤醒。这类处理方式在 8.4.4 节进一步介绍。

(2)第二种方式。将设备和文件一样看待,这是 UNIX 系统采用的方法。使用文件系统的系统调用进行设备的读、写操作等。设备作为特殊文件也有相应的文件目录表项(在 UNIX 系统中称为索引节点),根据文件类型(设备是特殊文件)可以查找该文件的索引节点,从而进入该类设备的驱动程序。

# 8.4.4  I/O 控制的例

**1. 通用形式的系统调用**

一个的进程请求可通过以下通用形式的系统调用来实现。

doio（ldev，mode，amount，addr）

其中：ldev 指出进行 I/O 处理的逻辑设备名；mode 指出要求何种操作，例如，是数据传输还是磁带反绕，必要时也可指出使用的是哪一种字符码；amount 指出传送数据的数目；addr 对于数据输入而言，此项为传送的目的地（准备存放数据的主存地址）；对数据输出而言，此项为传送的源（存放着准备输出的数据的主存地址）。

输入/输出控制接口程序，又称为 I/O 过程（doio），它是可重入的，可被几个进程同时调用。它的功能是把逻辑设备映射为相应的物理设备，检查提供给它的参数的正确性，启动所需要的服务。现具体讨论如下。

1）实现使用设备的转换

根据进程在 I/O 系统调用中给出的设备逻辑名，确定实际使用的物理设备。

当逻辑设备打开时，在相应的逻辑设备描述器中记录了该逻辑设备与实际物理设备之间的联系，并由进程控制块中 ldd_ptr 指针指示。当进入 I/O 过程时，与该逻辑设备连接的设备可由逻辑设备描述器中的信息来确定。

2）合法性检查

一旦设备被确定，检查 I/O 请求的参数与保存在设备控制块中的信息是否一致。如果检测出一个差错，就产生一个出口，返回调用程序。可以进行的一种具体检查是，该设备能否以所希望的方式进行操作。另外，也可以检查在给定的操作方式下数据传输的数量和目的地。在设备只能传送单个字符的情况下，给定数据传送的量必须是 1，目的地或是寄存器或是主存单元；对于直接传送数据块到主存的设备，给定的量必须等于块的大小（是固定还是可变尺寸应按设备而定），目的地是传输开始处的存储器地址。

3）形成 I/O 请求块，发消息给相应的设备处理进程

检查完成后，由 I/O 接口程序将请求的参数汇总到 I/O 请求块（iorb）中，并将它挂到当前请求使用该设备的 iorb 组成的队列中。只要有 I/O 请求块 I/O 进程就处理传输工作，如果没有 I/O 请求它就等待（或称为睡眠），直到有新的 I/O 请求来到时将它唤醒。当 I/O 接口程序将形成的 I/O 请求块加入 I/O 队列中时，如果 I/O 进程因无 I/O 请求而等待，则将它唤醒。

I/O 控制接口程序（即 I/O 过程（doio））的描述见 MODULE 8.1。

**MODULE 8.1　I/O 过程**

```
算法 doio
输入:设备的逻辑名 ldev
     操作类型 mode
     传送数据数目 amount
     传送数据地址 addr
输出:如果传送出错,则带错误码返回,否则正确返回
{
    while（该进程的逻辑设备描述器队列不空）
    {
        if（与 ldev 相连接的物理设备找到）
```

续 MODULE

```
        break;              /* 找到 */
    }
    if (该进程的逻辑设备描述器队列为空)
        return(错误码);       /* 设备逻辑名错 */
    检查参数与该设备特性是否一致;
    if (不一致)
        return (错误码);      /* 传送参数错 */
    构造 iorb;
    把 iorb 插入到该设备的请求队列中;
    唤醒因等待 I/O 请求块而睡眠的进程;
}
```

**2. 设备处理进程**

设备处理程序是能直接控制设备进行运转的程序。计算机的各种外部设备,总是以某种方式与 CPU 相连接的。它们的启动、工作和停止通常应受 CPU 控制或要求 CPU 给予服务。

设备处理进程执行一个连续不断的循环,其功能是从 I/O 请求队列中取出一个 iorb,启动相应的 I/O 操作,然后进入等待状态,等待 I/O 完成。当设备的 I/O 完成后进入中断处理程序,在那里会唤醒设备处理进程,它接着把数据传送到目的地。然后,删除此 I/O 请求块,唤醒请求输入/输出的进程。设备处理进程的描述见 MODULE 8.2。

请求 I/O 的进程、I/O 过程、相应设备的处理进程、中断处理程序之间的同步关系和控制

MODULE 8.2　设备处理进程

```
process io
{
l: while (设备请求队列不空)
   {
       取一个 iorb;
       提取请求的详细信息;
       启动 I/O 操作;
       sleep (事件:I/O 完成)        /* I/O 操作 */
       /* 等 I/O 完成后,进入中断处理程序,并在那里唤醒设备处理进程 */
       if (出错)
           将错误信息写在该设备的 DCB 中;
       传送数据到目的地;
       唤醒请求此 I/O 操作的进程;
       删除 iorb;
   }
   sleep (事件:因无 I/O 请求);
   goto l ;
}
```

流程汇总在图 8.9 中。这一过程也就是用户进程调用外部设备的过程。

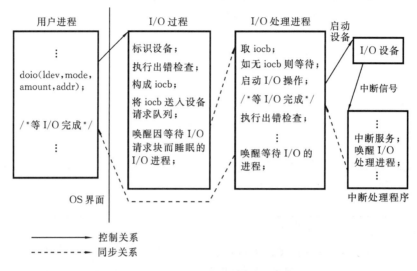

图 8.9　用户进程调用外部设备的过程

# 8.5　UNIX 系统的设备管理

## 8.5.1　UNIX 系统设备管理的特点

计算机系统中的设备可以分为输入/输出设备和存储设备这两类。输入/输出设备主要用作人和机器之间的接口,例如终端设备、打印机等。这类设备又称为字符设备。而存储设备主要用于存储和组织信息,这类设备又称为外存储器。它们主要与主存打交道,不但运行速度要比输入/输出设备快得多,而且往往以成组信息为传送单位。在 UNIX 系统中,这类设备也称为块设备。

根据块设备的用法不同又可再分两类:一类主要用于扩充主存,例如 UNIX 中的对换设备,通常对这种用途的硬磁盘的速度要求更高些;另一类主要用于存储不常用的信息,这些信息通常被组织成为文件,这类设备往往又称为文件存储设备。

UNIX 系统设备管理的主要特点有如下几点。

**1. 将外部设备看做文件,由文件系统统一处理**

UNIX 将外部设备看做文件,这种文件称为特别文件。例如,打印机的文件名是 lp,控制台终端的文件名是 console,等等,这些特别文件均组织在目录/dev 下。如要访问打印机就可以使用路径名/dev/lp。这既可在命令一级又可在程序语言一级使用。

在程序语言中,可以用以下语句打开特别文件/dev/lp。

fd＝open("/dev/lp",O_WRONLY);

其中:fd 为打开文件号;"/dev/lp"为打开文件名;O_WRONLY 为打开方式。

UNIX 的这一特征使得任何外部设备在用户面前与普通文件完全一样,而不必涉及它的物理特性。这给用户带来了极大的方便。在文件系统内部,外部设备与普通文件一样受到保护和存取控制,仅仅在最终驱动设备时才转向各个设备的驱动程序。

**2. 系统的设备配置灵活、方便**

在计算机系统中,外部设备的配置往往应根据不同用户的需要而改变,这种改变会引起操作系统的修改。在 UNIX 系统中,由于核心与设备驱动程序的接口是由两张表(块设备开关表和字符设备开关表)描述的,所以比较方便地解决了设备重新配置的问题。开关表是一个二维矩阵,每一行存放一类设备(用主设备号区分)的各种驱动程序入口地址,每一列表示驱动程序的种类。进程使用外设时只要指出设备类型和操作类型,就能使用该类设备的某一驱动程序。当设备配置改变时只需修改开关表,而对系统其他部分影响很少。

**3. 使用块设备缓冲技术,提高了文件系统的存取速度**

块设备的文件存储部分是文件系统存在的介质,而文件系统与用户界面的联系最为密切,故文件系统存取文件的效率是十分重要的。文件系统通过高速缓冲机制存取文件数据,缓冲机制调节核心与文件存储设备之间的数据流。UNIX 提供由数据缓冲区组成的高速缓冲,每个缓冲区的大小为 512 字节。当用户程序要把信息写入文件时,先写入缓冲区里立即返回,由系统作延迟写处理。当用户程序要从磁盘读文件信息时,先要查看在缓冲区中有无含有此信息的块,如果有就不必启动磁盘 I/O,可立即从缓冲区内取出。这种做法大大加快了文件的访问速度。

## 8.5.2  UNIX 系统设备驱动程序的接口

UNIX 系统包含两类设备:块设备和字符设备。如前所述,块设备(如磁盘和光盘等)是随机存取的存储设备;字符设备包括所有的其他设备,如终端和打印机等。

文件系统与设备的接口如图 8.10 所示。用户使用与文件系统一样的命令来使用设备。每个设备有一个像文件一样的名字,并对它像文件一样地存取。设备特殊文件有一个索引节点(相当于文件目录项),在文件目录树中占据一个节点。设备文件以存储在它的索引节点中的文件类型与其他文件(如正规文件、目录文件)相区别。例如,对字符设备的存取(从终端读信息,或输出信息到打印机)都以文件的读、写命令来请求,即字符设备以文件系统的系统调用与文件系统接口。而块设备则通过高速缓冲为文件系统服务。因为文件是存储在文件存储器上的,为了加快文件的存取速度,文件系统使用高速缓冲机制存取文件数据。

**1. 核心与驱动程序的接口**

核心与驱动程序的接口分别是块设备开关表和字符设备开关表。每一种设备类型在表中占有一表目并包含若干个数据项,这些数据项在系统调用时引导核心转向适当的驱动程序接口。设备特殊文件的系统调用 open 和 close,根据文件类型区分到块设备开关表和字符设备开关表,进行打开(关闭)字符设备或块设备的操作。需要提及的是,块设备上正规文件和目录文件并不是设备特殊文件,但块设备本身仍可以作为块特殊文件来访问。

字符设备特殊文件的系统调用 read、write 使控制转向字符设备开关表中相应的过程。正规文件或目录文件的 read、write 系统调用,则通过高速缓冲模块而转向设备驱动模块中的策略(strategy)过程。

文件系统的调用命令通过开关表转向设备驱动程序的情况如图 8.10 所示。

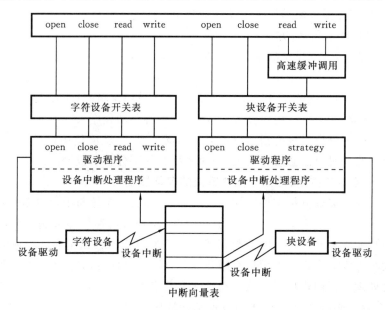

图 8.10　文件系统与设备的接口

**2. 设备开关表**

1) 主设备号与次设备号

UNIX 系统将块设备和字符设备又细分成若干类。例如块设备可分为硬盘、软盘、磁带等,字符设备又可分为终端设备、打印机等。每类设备给一个标号,从 0 开始顺序编号。这种编号称为主设备号。根据块设备或字符设备的主设备号就可以在相应的开关表中找到其表目。

属于同一类主设备号的设备可能有若干台或若干个驱动器。为了标识某一具体设备,还需要一个次设备号来标识。次设备号将作为参数带入到主设备号确定的相应驱动程序中去,由该驱动程序解释以决定驱动哪台具体的设备。

由此可见,在标识一台具体的物理设备时,要指出块/字符设备、主设备号和次设备号。主、次设备号各用一个字节表示,其值均为 0~255。实际上这两个编号通常合并在一个字里,其中主设备号占用高字节,次设备号占用低字节。这个字也称为设备号,其结构如图 8.11 所示。

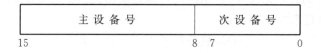

图 8.11　设备号结构

2) 块设备和字符设备开关表

开关表相当于一个二维矩阵,每一行含有同一主设备号的设备驱动程序入口地址,行号即与主设备号相对应。而每一列是不同类设备的同一种驱动程序的入口地址。块设备开关表和字符设备开关表分别如表 8.2 和表 8.3 所示。

表 8.2 块设备开关表

| 主 设 备 号 | 驱动程序分类 | | |
|---|---|---|---|
| | open | close | strategy |
| 0 | & gd open | & gd close | & gd strategy |
| 1 | & gt open | & gt close | & gt strategy |
| ⋮ | ⋮ | ⋮ | ⋮ |

注:gd 为 magnetic disk 缩写,表示为磁盘;gt 为 magnetic tape 缩写,表示为磁带。

表 8.3 字符设备开关表

| 主 设 备 号 | 驱动程序分类 | | | |
|---|---|---|---|---|
| | open | close | & lp close | write |
| 0 | & kl open | & kl close | & kl read | & kl write |
| 1 | & pc open | & pc close | & pc read | & pc write |
| 2 | & lp open | & lp close | & lp read | & lp write |
| ⋮ | ⋮ | ⋮ | ⋮ | ⋮ |

说明:kl 为控制台终端;pc 为纸带机;lp 为行式打印机。

若某系统有两种块设备:RK 硬磁盘和 RH 软磁盘,则块设备开关表设置初值如下 。

```
int ( * bdevsw ( j ) ( )
{
    & nulldev,& nulldev,&rkstrategy,
    & nulldev,& nulldev,&rhstrategy,
    0
}
```

由此开关表可以看出,RK 磁盘的打开和关闭子程序都是空操作,启动子程序是 rkstrategy;RH 磁盘的打开、关闭子程序也是空操作,启动子程序是 rhstrategy。

若无某种驱动程序,则填入 nulldev 的入口地址 & nulldev 即可,此为空操作。

## 8.5.3 UNIX 缓冲区的管理

UNIX 系统管理了大量的文件,这些文件存储在诸如磁盘这样的文件存储器上。操作系统允许进程存储新的信息,或调用先前存储的信息。当进程想从一个文件上存取数据时,核心把文件中的数据移入主存,从而使进程能使用这些数据,也可能该进程随后又要把这些数据再次保留到文件系统中。另外,核心也必须把管理用的数据信息移到主存,以便操纵这些数据。比如,文件目录项(文件索引节点)描述了一个文件的物理结构,当核心想要存取一个文件中的数据时,核心把该文件所对应的索引节点读入主存。而当它想修改文件的物理结构时,又把索引节点写回文件系统。

对文件系统的一切存取操作,核心都能通过每次直接从磁盘上读或往磁盘上写来实现。但磁盘的传输速率与 CPU 的速度相比还是慢的。为了加快系统的响应时间和增加系统的吞吐量,UNIX 构造了一个由高速缓冲组成的内部数据缓冲池,以降低磁盘的存取频率。

UNIX 缓冲管理策略试图将尽可能多的有用数据保存在高速缓冲中。从第 2 章图 2.15 中可以看出,核心体系结构中的高速缓冲模块的位置处于文件子系统与块设备驱动程序之间。当从磁盘中读数据时,核心试图先从高速缓冲区中读。如果数据已在高速缓冲中,核心可以不必启动磁盘 I/O。如果数据不在该高速缓冲区中,则核心从磁盘上读数据,并将其暂时保存在缓冲区中。类似地,要往磁盘上写数据时,也先往高速缓冲区中写入,以便核心随后又试图读它时,它能在高速缓冲中。但是,被写在高速缓冲中的数据要延迟写到非往磁盘上写不可的时候才进行。所以,高速缓冲模块的算法实现了数据的预先缓存和延迟发送的功能。

**1. 缓冲首部**

一个缓冲区由两部分组成。

(1) 缓冲数组。含有磁盘上的数据的存储器数组。

(2) 缓冲首部。描述缓冲区特性的数据结构。

缓冲首部与缓冲数组之间有一对一的映射关系,下面的讨论把这两部分统称为"缓冲区"。一个缓冲区的数据与文件存储器上的一个磁盘块中的数据相对应。缓冲区是磁盘块在主存中的拷贝,磁盘块的内容映射到缓冲区中。该映射是临时的,且在同一时间内,绝不能将一个磁盘块映射到多个缓冲区中。缓冲区首部的结构如图 8.12 所示。

| 设备号 | dev |
|---|---|
| 块号 | blkno |
| 状态 | flag |
| 指向数据区域的指针 | |
| 传送字节数 | |
| 返回的 I/O 出错信息 | |
| b_forw | 设备缓冲区队列前向指针 |
| b_back | 设备缓冲区队列后向指针 |
| av_forw | 空闲缓冲区队列前向指针 |
| av_back | 空闲缓冲区队列后向指针 |

图 8.12　缓冲首部

图 8.12 中各数据项的意义描述如下。

设备号 dev——缓冲区内所包含的信息所属设备的设备号。

块号 blkno——由设备号指出的设备上相对于第 0 块的物理块号。

状态 flag——描述了缓冲区当前的状态,一个缓冲区的状态是由如下内容组成的。

忙标志 BUSY:缓冲区当前正"忙",或说是"上锁"状态。

有效位 AVE：缓冲包含的数据有效。

延迟写 DELWR：核心在某缓冲区重新分配出去之前必须把缓冲区内容写到磁盘上，这一条件叫延迟写。

写标志 WRITE：核心当前正把缓冲区的内容写到磁盘上。

读标志 READ：核心当前正从磁盘往缓冲区写信息。

等待位 WAIT：一个进程当前正在等候缓冲区变为空闲。

缓冲首部还包括两组指针，并涉及设备缓冲区队列和空闲缓冲区队列。与某类设备有关的所有缓冲区组成的队列称为设备缓冲区队列，简称为 b 链。可供重新分配使用的缓冲区组成的队列称为空闲缓冲区队列，简称为 av 链。

b 链指针：b_forw——指向设备缓冲区队列上的下一个缓冲区的指针；

　　　　　b_back——指向设备缓冲区队列上的上一个缓冲区的指针。

av 链指针：av_forw——指向空闲缓冲区队列上的下一个缓冲区的指针；

　　　　　av_back——指向空闲缓冲区队列上的上一个缓冲区的指针。

缓冲区的分配算法、缓冲区的管理算法均使用这两组针来维护缓冲池的整体结构。

**2. 队列结构**

缓冲区管理系统通过 b 链和 av 链对所有缓冲区进行管理。

1）空闲缓冲区队列

一个可被分配作为其他用途的缓冲区位于空闲缓冲区队列中。在此队列中的所有缓冲区的状态标志 BUSY=0。该队列是缓冲区的双向链接循环表，具有一个哑缓冲区作为队列头指针，以标识空闲缓冲区队列的开始和结束，其结构如图 8.13 所示。

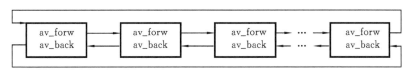

图 8.13  空闲缓冲区队列结构

当系统初启时，每个缓冲区都放到该队列中。该队列的特点是保存被最近使用的次序，将一个刚使用过的缓冲区释放时置于队尾；当核心要一个空闲缓冲区时，从该队列头部取出一个缓冲区。

2）设备缓冲区队列

每类设备都有一个设备缓冲区队列，它是与该类设备有关的所有缓冲区组成的队列。处于该队列的缓冲区的 flag 中 BUSY=1。该队列的结构也是双向链接循环表。它的队列指针是设备控制块中的两个指针单元：设备缓冲区队列头指针 b_forw 和尾指针 b_back(UNIX 系统块设备的设备控制块结构见 8.5.4 节)。设备缓冲区队列结构如图 8.14 所示。

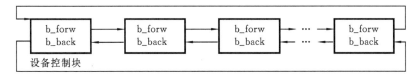

图 8.14  设备缓冲区队列结构

### 3. 缓冲管理算法

UNIX 提供的高速缓冲为众多进程所共享。为了提高其使用效率,必须选择好的缓冲管理算法。UNIX 的缓冲管理算法是很有特色的,它以极简单的办法实现了极为精确的最久未使用淘汰算法。

当进程要读取文件信息时,通过文件系统的工作会转化为对磁盘某一块的读要求。缓冲区的读操作将所需的磁盘块中的数据读入缓冲区,再从缓冲区读入用户指定的主存区。如果高速缓冲中已包含有所需磁盘块的数据,那么就不必再从磁盘中读,而直接取用即可。如果该信息不在缓冲区中,则先要将相应块设备上的磁盘块上的数据传送到某一缓冲区中,然后再从缓冲区传送到用户目标区。

缓冲区的写操作先将用户指定主存区的信息写到缓冲区,再由缓冲区写到指定设备的某一磁盘块上。UNIX 采用了延迟写策略,即如果缓冲区没有写满,还可能再写下去,则先不急于立即进行写块设备的操作,而是设置 flag 中的 DELWR 的标志,它可使具体的写块设备操作推迟到某个恰当的时候进行。

一个缓冲区被分配用于读/写某设备上的字符块时,它进入该设备的缓冲区队列(b 链),该缓冲区 flag 的 BUSY 位置 1。当缓冲区的信息读到用户主存区后,或用户信息写到缓冲区后,这样的缓冲区可以释放。此时,flag 中的 BUSY=0,且送入到空闲缓冲区队尾,即使置为延迟写的缓冲区也送入空闲缓冲区队列。这样做是为了使缓冲区能充分得到利用。因为,如果有用户需要缓冲区时,它可以从空闲缓冲区队列中去找一个,而找到的那一个缓冲区一定是这众多个缓冲区中最应淘汰的一个。

当一个缓冲区被送入空闲缓冲区队尾时,它仍留在该设备的缓冲区队列上。这样安排的好处有以下两点。

(1) 在空闲缓冲区队列中的缓存,只要还没有重新分配就保持其原有内容不变。因此,如果需要,只要简单地将相应缓冲区从空闲缓冲区队列中抽出,就可按原状继续使用它。这样,对读、写操作而言,都避免了重复而又十分耗费时间的设备 I/O 操作过程,大大提高了文件系统工作的效率,这正是 UNIX 使用缓存的一个主要目的。

(2) 如果要将一个缓冲区重新分配作为其他的用途,则只需将它从空闲缓冲区队列和原设备缓冲区队列中同时抽出,送入新的缓冲区队列。这样就实现了多进程对有限缓存的共享。

当需要一个缓冲区时,总是从空闲缓冲区队列中取第一个元素,而一个被使用过的缓冲区释放时放在队尾。当核心从空闲缓冲区队列上不断地摘下缓冲区时,一个装有有效数据的缓冲区会越来越近地移动到空闲队列的头部。因此,离队列头近的缓冲区与离队列头远的缓冲区相比,前者是最久未使用的。这就保证了在所有空闲缓冲区中,淘汰最后一次使用时间离现在时刻最远的一个缓冲区的内容。这就是在请求分页系统中提到的 LRU 算法。

当一个标有延迟写的缓冲区移到空闲队列头的第一时,它就可能被使用。这时,不能立即对它进行重新分配,而是要提出 I/O 请求,以便将其内容写到相应设备的指定磁盘块上。为此,将它从空闲缓冲区队列中抽出,而留在原设备缓冲区队列中。写操作完成后,这个缓冲区又被释放进入空闲缓冲区队列末尾,同时仍留在原设备缓冲区队列中。

### 4. 缓冲区的检索

正如图 2.15 所示,文件系统中的模块要调用高速缓冲模块中的算法。当文件系统要检索一个块时,由它提供想要存取的设备号和磁盘块号。例如,当一个进程 A 想要从一个文件读数据时,文件系统的有关模块就要决定磁盘上的哪一块包含该数据,由文件描述符可查得文件的物理结构信息及它的当前读写指针。经文件系统有关模块的工作,将此文件逻辑位置转换成文件存储器上的磁盘块号。文件系统以此设备号和磁盘块号作为输入参数,向高速缓冲模块提出请求检索此块。

1)分配一个缓冲区

高速缓冲模块的 getblk 算法负责对缓冲区的分配工作。当要从一个特定的磁盘块上读数据(或要把数据写到一个特定磁盘块上)时,此算法检查该块是否包含在高速缓冲中。如果不在,则分配给它一个空闲缓冲区。

getblk 的算法描述见 MODULE 8.3。

MODULE 8.3　分配缓冲区

```
算法　getblk
输入:设备号、块号
输出:现在能被磁盘块使用的上锁的缓冲区
{   while (没找到缓冲区)
    {   if (块在设备缓冲区队列上)
        {   if (块忙)                            /* 第二种情况 */
            {
                sleep (事件:等待"缓冲区变为空闲");
                continue;                        /* 回到 while 循环 */
            }
            缓冲区标记上"忙"标志;                   /* 第一种情况 */
            从空闲缓冲区队列上摘下此缓冲区;
            return (缓冲区);
        }
        else                                     /* 块不在设备缓冲区队列 */
        {   if (空闲缓冲区队列为空)                  /* 第五种情况 */
            {
                sleep (事件:等待"缓冲区变为空闲");
                continue;                        /* 回到 while 循环 */
            }
            从空闲缓冲区队列上摘下第一个缓冲区;
            if (缓冲区标志着"延迟写")                 /* 第四种情况 */
            {
                把缓冲区异步写到磁盘上;
                continue;                        /* 回到 while 循环 */
            }
            从原设备缓冲区队列中摘下该缓冲区;          /* 第三种情况 */
            把此缓冲区加入到新设备缓冲区队列;
            return (缓冲区);
        }
    }
}
```

getblk 算法将一个缓冲区分配给磁盘块时,可能出现以下五种典型的情况。

(1)核心在该设备的缓冲区队列中找到该块,并且它的缓冲区是空闲的。

(2)核心在该设备的缓冲区队列中找到该块,但它的缓冲区当前为忙。

(3)核心在该设备的缓冲区队列中找不到该块,因此从空闲缓冲区队列中分配一个缓冲区。

(4)核心在该设备的缓冲区队列中找不到该块,它从空闲缓冲区队列中找到一个已标上"延迟写"标记的缓冲区。核心必须把"延迟写"缓冲区的内容写到磁盘上,并分配另一个缓冲区。

(5)核心在该设备的缓冲区队列中找不到该块,而空闲缓冲区队列已为空。

下面,更详细地讨论上述的每一种情况。

第一种情况:根据设备号、块号的组合在该设备的缓冲区队列中搜索一个块,当它找到了其设备号和块号与所要搜索的设备号、块号相匹配的缓冲区时,就是找到了该块。核心检查该缓冲区是否空闲。如果是,则将该缓冲区标记上"忙"标志,以使其他进程不能再存取它。然后,核心从空闲缓冲区队列中摘下该块,因为处于空闲缓冲区队列中的缓冲区不能有"忙"标志。

第二种情况:如果该缓冲区 BUSY 标志已设置,说明它正被某进程使用,则在该缓冲区的 flag 中再设置 WAIT 标志,表示有进程正等待使用它。然后,请求该块的进程进入睡眠状态,待该缓冲区使用完毕后被释放时再被唤醒。

第三种情况:核心在该设备的缓冲区队列中没找到所需的块,它必须从空闲缓冲区队列中找一个。如果空闲缓冲区队列不空,则摘下第一个缓冲区,并设置 BUSY 标志。因为该缓冲区曾分配给另一个磁盘块,并正在某设备的缓冲区队列中,所以要从原设备缓冲区队列中移出,并从队列头部插入到所请求的设备(设备号为调用参数 dev)的缓冲区队列中。最后将该缓冲区的 dev 和 blkno 分别设置为调用的 devblkno 值,以建立起这个缓冲区和它相应设备上的一个指定磁盘块的连接关系。

第四种情况:核心在该设备的缓冲区队列中没找到所需要的块,必须从空闲缓冲区队列中分配一个缓冲区。当从空闲队列中摘下的缓冲区已被标记上"延迟写"标志时,应将该缓冲区的内容写到磁盘上。核心开始一个往磁盘的异步写,并且试图从空闲缓冲区队列中分配另一个缓冲区。当异步写完成时,核心把缓冲区标记为"旧",并把该缓冲区释放,并将其置于空闲缓冲区队列的头部。

第五种情况:核心在设备缓冲区队列中找不到该块,并且空闲缓冲区队列已为空。这时,进程 A 睡眠,当释放缓冲区时再唤醒它。

2)释放一个缓冲区

当某一缓冲区使用完毕时,调用 brelse 函数释放之。该算法唤醒那些因该缓冲区"忙"而睡眠的进程,也唤醒由于空闲缓冲区队列为"空"而睡眠的那些进程。这些进程被唤醒后又可去竞争缓冲区了,被释放的缓冲区放在空闲缓冲区队列尾。但是,如果发生了一个 I/O 错或者核心明确地在该缓冲区上标记上"旧",则核心把该缓冲区放在空闲缓冲区队列头部。

brelse 算法描述见 MODULE 8.4。

**MODULE 8.4  释放缓冲区**

```
算法  brelse
输入：上锁态的缓冲区
输出：无
{  唤醒正在等待"无论哪个缓冲区变为空闲"这一事件发生的所有进程；
   唤醒正在等待"这个缓冲区变为空闲"这一事件发生的所有进程；
   提高处理机执行的优先级以封锁中断；
   if（缓冲区内容有效且缓冲区非"旧"）
       将缓冲区加入空闲缓冲区队列尾部；
   else
       将缓冲区加入到空闲缓冲区队列头部；
   降低处理机执行的优先级以允许中断；
   给缓冲区解锁；
}
```

**5. 读磁盘块与写磁盘块**

高速缓冲模块的上一层是文件子系统。当要读、写某一文件中的数据时，首先由文件系统将文件中的数据从逻辑地址转变为物理块号，然后以此为输入参数调用高速缓冲中的读磁盘块或写磁盘块算法。

1）读磁盘块

读磁盘块调用函数 bread，其算法描述见 MODULE 8.5。

**MODULE 8.5  读磁盘块**

```
算法  bread
输入：磁盘块号
输出：含有数据的缓冲区
{
    搜索含有该块的缓冲区（算法 getblk）；
    if（在高速缓冲区中找到该块）
        return（缓冲区）；
    启动磁盘读；
    sleep（事件：等待"读盘完成"）；
    return（缓冲区）；
}
```

为了读一个磁盘块，bread 算法首先调用 getblk 函数，在高速缓冲区中搜索这个磁盘块。如果它在高速缓冲区中，则核心不必从磁盘上读该块，而立即将该缓冲区返回。如果它不在高速缓冲区中，核心则调用磁盘驱动程序，以便执行一个读请求，而后去睡眠，等待 I/O 完成事件发生。当 I/O 完成时，由磁盘中断处理程序唤醒正在睡眠的进程。这时，磁盘块的内容已在缓冲区中，它将返回这个含有数据的缓冲区。

2）写磁盘块

把一个缓冲区的内容写到磁盘块上需要调用 bwrite 函数，其算法描述见 MODULE 8.6。

该算法首先通知磁盘驱动模块,它已有一个缓冲区的内容应该写到磁盘上了,于是磁盘上相应的驱动程序会启动工作。

**MODULE 8.6　写磁盘块**

```
算法    bwrite
输入：缓冲区
输出：无
{
     启动磁盘写；
     if (I/O 同步)
     {   sleep (事件：等待"I/O 完成")；
          释放缓冲区(算法 brelse)；
     }
     else
     if (缓冲区标记为"延迟写")
          为缓冲区作标记"旧",并放到空闲缓冲区头部；
}
```

写有同步和异步之分：如果写是异步的,则核心开始写磁盘,不必等待 I/O 完成,当 I/O 完成时,核心将释放该缓冲区；如果写是同步的,则调用进程进入睡眠状态,等待 I/O 完成,并且当它醒来时释放该缓冲区。

一个缓冲区进行"延迟写"时是异步写操作,这是因为若往一个缓冲区写数据但没写满时,考虑到进程以后还可能继续写下去,所以不立即进行写块操作,而是设置"延迟写"标记。标有"延迟写"的缓冲区也进入到空闲缓冲区队列中,当它被移到队首并被重新分配时执行异步写操作。当把这个缓冲区写到磁盘块后,给该缓冲区置上"旧"标记。它写完成时,在磁盘中断处理程序中会调用 brelse 函数释放该缓冲区。这时,因为缓冲区为旧,故被加入到空闲缓冲区队列首部。

**6. 高速缓冲的优点和缺点**

高速缓冲区的使用有不少优点,也存在某些缺点。

1) 优点

(1) 缓冲区的使用提供了统一的磁盘存取方法。不论数据是文件的一部分,还是一个索引节点或磁盘管理块的一部分,核心都是往缓冲区或从缓冲区拷贝数据。因为核心中进行磁盘 I/O 的那些部分,对于所有目的都使用同一个接口,所以,磁盘 I/O 的缓冲技术使代码更加模块化。简而言之,系统设计较为简单。

(2) 高速缓冲区的使用可减少访盘次数,从而提高整个系统的吞吐量,减少响应时间。欲从文件系统中读数据的进程可以在高速缓冲区中找到数据块,从而避免了对磁盘 I/O 的需要。核心经常使用延迟写以避免不必要的磁盘写,把该块留在高速缓冲中,以期高速缓冲命中该块。显然,对于具有很多缓冲区的系统来说,高速缓冲命中的机会是较大的。当然,一个系统能够配置的缓冲区的数目受到主存总容量的限制——它必须保证正在执行的诸进程有够用的主存。如果缓冲区占用了过多的主存,则系统会由于过量的进程对换或调页而降低效率。

（3）缓冲区算法维护了一个公共的、包含在高速缓冲区中的磁盘块的单一映像,这有助于确保文件系统的完整性。如果两个进程同时试图操纵一个磁盘块,缓冲区算法(如 getblk)便把它们的存取按顺序排列,以防止数据的讹误。

（4）系统对用户进程进行的 I/O 操作,不要求做到数据对齐,因为核心在内部实现了数据对齐功能。硬件实现常常需要对磁盘 I/O 进行数据对齐。例如,使主存的数据按两字节边界对齐、或四字节边界对齐,等等。若不用缓冲机制,则程序员必须核实数据缓冲区是否已正确对齐。因此,这将会产生很多程序员操作方面的错误,并且程序也不能移植到运行在具有严格地址对齐性质的机器的 UNIX 系统中。通过把数据从用户缓冲区拷贝到系统缓冲区(反之亦然),核心消除了对用户缓冲区的特殊对齐的需要,从而使用户程序较为简单,且易于移植。

2）缺点

（1）访问磁盘次数的减少对于良好的吞吐量与响应时间来说是重要的,但是高速缓冲策略也引进了一些缺点。例如,由于延迟写使得核心没有立即把数据写到磁盘上,当系统发生瘫痪使磁盘数据处于错误状态时,系统显得无能为力。虽然最近的系统实现已经减少了由于灾难性事件引起的破坏,但仍然留下了一个基本问题:发出一个写系统调用的用户从来不能确定这些数据到底什么时候真正地写到磁盘上了。

（2）缓冲区高速缓冲的使用,使得当往用户进程中写或从用户进程中读时需要一个额外的数据拷贝过程。写数据的进程把数据拷贝到核心,核心把数据拷贝到磁盘上;读数据的进程则把数据从磁盘读进核心,再从核心读到用户进程。当传输的数据量很大时,这种过量的拷贝将使性能下降。但是,当传输的数据量小时,它改进了性能——因为核心(使用算法 getblk 及延迟写)把数据缓冲起来,直至它认为往磁盘写或从磁盘读是合算的时候。

# 8.5.4　UNIX 的设备 I/O 控制

设备控制是操作系统与硬件的接口,它由各类设备的启动程序和中断处理程序组成。这些程序与硬件设备的物理特性直接相关。设备分为块设备和字符设备,下面以块设备为例说明用于 I/O 控制的有关数据结构。

**1. 有关的数据结构**

1）块设备表

每一类块设备有一个设备表,它记录了该类设备的使用情况,管理有关进程对该类设备提出的 I/O 请求及与该类设备相关的缓存队列。它的类型标志名字为 devtab。设备表的地址由核心记录,也可放在设备开关表的一个数据项中。块设备表的结构如图 8.15 所示。

块设备表的 C 语言类型定义如下。

devtcb

| |
|---|
| 忙闲标志 |
| 出错次数 |
| 设备缓冲区队列头指针 |
| 设备缓冲区队列尾指针 |
| I/O 队列头指针 |
| I/O 队列尾指针 |

图 8.15　块设备表的结构

```
struct
{
    char active;                    /* 忙闲标志 */
    char d_errcnt;                  /* 出错计数 */
```

```
    struct buf * b_ forw ;              / * 设备链链头指针 * /
    struct buf * b_ back;               / * 设备链链尾指针 * /
    struct buf * d_ actf;               / * I/O 队列头指针 * /
    struct buf d_ actl;                 / * I/O 队列尾指针 * /
}
```

忙闲标志:标志设备是否空闲,0 表示空闲,非 0 表示忙。

出错次数:记录设备传送出错次数。每次传送出错时,中断处理程序会再启动一次,同时出错次数加 1。只有当出错次数超过规定的重复执行次数,才算真正的传送错。

还有两组指针,一组为设备缓冲区队列首、尾指针,另一组为请求该类设备 I/O 操作的请求块组成的队列(I/O 队列)的首、尾指针。

2) I/O 请求队列

I/O 请求主要包括:

① 操作类型(读或写);

② 信息地址(信息源或目的区起始地址);

③ 数据传送的字节数。

所有这些信息都包含在缓冲区结构中,故可以不再独立设置 I/O 请求块。通过缓存进行的 I/O 操作,缓冲区身兼两职:一方面它是缓存控制块;另一方面它又是 I/O 请求块。

向主设备号相同的各设备提出的所有 I/O 请求块构成的一个队列,称为 I/O 队列。该队列的头指针分别是该类设备 I/O 队列首、尾指针,分别记为 actf 和 actl。I/O 队列是由 av_forw 勾链而成的单向先进先出队列(因此时的 av_forw 作为空闲缓冲区队列的勾链字已无意义),此时该缓冲区同处于该类设备的缓冲区队列上和 I/O 队列上,而绝不会在空闲缓冲区队列上。I/O 请求队列结构如图 8.16 所示。

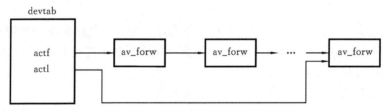

图 8.16　设备 I/O 队列

**2. 块设备驱动**

UNIX 系统中,启动块设备进行 I/O 操作以及与块设备中断处理有关的程序称为块设备驱动程序。

1) 块设备启动

块设备的启动主要包括以下步骤。

① 将 I/O 请求块送入相应设备的 I/O 请求队列。

② 按照 I/O 请求块提供的信息,设置与相应设备控制有关的寄存器,真正启动设备动作。

步骤①是由策略接口程序 strategy 完成的,它的上层是高速缓冲模块。在读磁盘块 bread 和写磁盘块 bwrite 函数中进行磁盘读和磁盘写操作时调用 strategy,其输入参数是一个缓冲区。该函数的任务是将该 I/O 请求块送入磁盘的 I/O 请求队列,然后调用启动磁盘的程序

(start)。

在 start 程序中,取 I/O 请求队列中第一个 I/O 请求块,完成步骤②。如队列为空,说明无请求处理,则返回。

2) 块设备中断处理

一次 I/O 操作结束后,盘控制器提出中断请求,中央处理机对此作出响应后转入磁盘中断处理程序(rkintr)。其算法描述见 MODULE 8.7。

**MODULE 8.7 磁盘中断处理**

```
算法    rkintr
输入:无
输出:无
{
    取 I/O 队列第一项;
    清块设备表中的忙/闲标志;
    if(I/O 出错)
    {
        输出出错信息;
        出错计数加 1;
        if(出错次数>10) /* 10 为规定的出错次数 */
            置出错标志;
        重新执行该 I/O 请求;
    }
    else
    {
        清出错计数;
        清除第一个 I/O 请求块;
        进行 I/O 结束处理;
        启动下一个 I/O 请求;
    }
}
```

**3. 字符设备的管理**

字符设备作为人和计算机之间的接口部件,主要使用输入/输出字符序列。字符设备传输以字符为单位,速度比较慢。比较典型的字符输入/输出设备有行式打印机、各种终端机、输入机等。

因为字符设备工作速度慢,一次 I/O 要求传输的字符数也往往比较少而且不固定,所以在字符传输过程中,还需要作若干即时处理,例如,编辑功能字符处理、制表符处理等。因此,在设备管理技术上与块设备有很大的不同。

字符设备和块设备类似,也有一个缓冲池。该缓冲池内含有 100 个缓冲区,但每个缓冲区很小,只可存储 6 个字符。每个缓冲区还有一个指针,它用于连接成各种队列。

每类字符设备也有一个设备表,由于字符设备在信息传输过程中要对传输的字符作若干即时处理,而这种处理的内容在很大程度上依赖于设备的类型。所以与块设备不同的是,各类字符设备的设备表比较复杂,且格式互不相同。

字符设备的传送也是用一组专用寄存器实现的。每一种输入/输出设备各有两个专用寄存器:一个是控制状态寄存器,它用来控制设备的启动和中断,反映设备状态;另一个是数据寄存器。在输出一个字符时,只要将该字符送入其对应的数据寄存器就行了;在输入字符时,当输入完成就发生中断,这时就可以从该数据缓冲寄存器中取出刚输入的字符。

字符设备是作为特别字符文件直接由文件系统访问的,因而没有块设备那样的接口程序。

由于各种字符设备的物理特性差异很大,因而其管理比较复杂,在这里也就不再作介绍了。有兴趣的读者可以查阅 UNIX 的有关资料。

# 习 题 8

8-1 什么是设备独立性? 引入这一概念有什么好处?

8-2 进程的逻辑设备如何与一个物理设备建立对应关系?

8-3 什么是设备控制块? 它主要应包括什么内容? 简述其作用。

8-4 什么是缓冲? 引入缓冲的原因是什么?

8-5 常用的缓冲技术有哪几种?

8-6 试举一例说明采用双缓冲技术可以提高设备并行操作能力。

8-7 对 I/O 设备分配的一般策略是什么? 若考虑设备使用特性,又有哪些针对设备特性的调度策略? 试简述这些分配策略的思想。

8-8 什么是独占设备? 对独占设备如何分配?

8-9 什么是共享设备? 对共享设备应如何分配?

8-10 什么是虚拟设备技术? 什么是虚拟设备? 如何进行虚拟分配?

8-11 什么是 spool 系统? 什么是预输入? 什么是缓输出?

8-12 简述虚拟打印功能的实现方法。

8-13 I/O 控制的主要功能是什么?

8-14 使设备 I/O 的核心模块工作,有哪两种方式?

8-15 画图说明请求 I/O 的进程、I/O 过程、设备处理进程和中断例程之间的控制关系和同步关系。

8-16 UNIX 将外部设备分为哪两类? 它们的物理特性有何不同?

8-17 UNIX 设备管理的主要特点是什么?

8-18 UNIX 核心与设备驱动程序的接口是什么?

8-19 在块设备系统中,缓冲区首部的结构如何? 它的作用是什么?

8-20 在 UNIX 缓冲区管理中,使用了哪两个主要队列? 各自的特点是什么?

8-21 简要说明在缓冲管理算法中,极为精确的最久未使用淘汰算法(LRU)是如何实现的?

8-22 当要读取设备号为 dev、块号为 blkno 的一个磁盘块的信息时,要通过哪几个步骤才能获得(请按时间先后次序说明各个步骤)?

8-23 一个"延迟写"的块经过哪些步骤才能真正写到磁盘上去?

# 第9章 文件系统

## 9.1 文件系统的概念

### 9.1.1 引言

计算机的重要作用就在于它能够以极快的速度处理大量的信息。而要进行数据(信息)的处理,必须同时要解决信息的组织与存取的问题。信息的组织又分为逻辑组织与物理组织,前者成为今天计算机学科中的一门基础学科——数据结构,后者与存取方法紧密结合并由操作系统的信息管理逐步发展到数据库系统。

计算机处理的大量信息驻留在各类存储介质上,其中有些信息需要长期保存,有些只是临时产生,当时用一下。在早期的计算机系统中,用户想要存取这些介质上的信息是一项相当复杂、极为琐碎的工作,它不仅要按照辅存设备的物理地址去安排信息的存放位置,组织相应的I/O指令,而且还要确切记住信息在存储介质上的分布情况。如果稍有疏忽,就会破坏已保存的信息,造成无法挽回的严重后果。尤其是在多道程序出现之后,用户想自己去协调、管理那些可为多个用户所共享的存储在磁鼓、磁盘上的信息,实际上是不可能的,也是不允许的。这是因为,同时运行的几道程序是独立编写、随机搭配的,人们事先无法预测这些程序之间的信息是如何分布的。况且,为了信息的安全和保密起见,每个用户也不希望别人干预、过问他的信息。所以,对信息的管理应交给系统来负责。现代操作系统提供了文件系统——存取和管理信息的机构,它利用大容量辅存设备作为存放文件的存储器——文件存储器。文件系统为用户提供一种简单的、统一的存取和管理信息的方法。因此,配置了文件系统后,用户就可以通过文件名字,使用直观的文件操作命令,按照信息的逻辑关系去存取他所需要的信息,从而使用户摆脱了存储介质的特性和I/O指令的细节。从这个意义上讲,文件系统提供了用户与辅存的接口。

另外,操作系统本身就是一种重要的系统资源,而且往往是一个庞大的资源,占用几百K甚至几千K字节的存储量。因此,它们不能全部常驻主存。因为主存空间总是有限的,且应主要留作存放用户程序用,所以要求把相当一部分操作系统的程序模块暂时存放在直接存取的磁盘存储器或其他辅存上,只有在用户需要用到某部分功能时,才把相应的一组操作系统的例程调入主存。由此可见,操作系统本身也需要信息管理的功能。因此,一个操作系统的信息管理部分不仅为用户程序所需要,同时也为操作系统自身的其他部分所需要。文件系统将把存储、检索、共享和保护文件的手段提供给操作系统和用户,以达到进一步方便用户、提高资源利用率的目的。

## 9.1.2 文件

### 1. 文件的定义及分类

#### 1) 文件

文件管理系统是通过把它所管理的信息(含程序和数据)组织成一个个文件的方式来实现其管理的。文件是在逻辑上具有完整意义的信息集合,它有一个名字以供标识,文件名是以字母开头的字母数字串。

文件是由文件系统存储和加工的逻辑部件。每一个信息形成一个信息项,它是一个字节或一个字符。由于大多数计算机系统一般使用 8 位字节,因此在字符集中可以表示为 $2^8$(即 256)个可能的字符。数值字符是 0~9 中任何一个十进制数字。字母字符可以是字母表中任何一个,即 A~Z(大写字母)或 a~z(小写字母)中的任何一个。空格常常看做是字母字符。计算机字符集中的其他字符称作特殊字符。例如:美元符号($),冒号(:),斜线(/),星号(*)等。

一组相关的字符称作一个域。数字域只包含数字,字母域只包含字母与空格(空格是字符集中完全合法的字符)。字母数字域只包含数字、字母和空格。包含任意特殊字符的域简称字符域。例如:"123"是数字域,"TEST"是字母域,"15WINDSOR DRIVE"是字母数字域,"$578.34"是字符域。

记录是一组相关的域。例如,一个学生记录可以包含学号、姓名、各主修课程的成绩、累计平均分数等独立的域。

构成文件的基本单位可以是信息项(单个字符或字节),也可以是记录。这样,又可以提出关于文件的两个定义:

① 文件是具有符号名的信息(数据)项的集合;

② 文件是具有符号名的记录的集合。

一般来说,构成文件的基本单位之间无结构意义,只有顺序关系。一个文件可以代表范围很广的对象。系统和用户可以将具有一定独立功能的程序模块或数据集合命名成为一个文件。例如:用户的一个 FORTRAN 源程序,一个目标代码,一批初始数据,以及系统中的库程序和系统程序(编译程序、汇编程序、连接程序)都可命名为文件。另外,还可以为每个学生的情况建立一个文件,其中的记录可以是上述学生记录的内容。

一些慢速字符设备也被看做是一个"文件",这是因为这些设备传输的信息均可看做是一组顺序出现的字符序列。严格说来,这些字符设备传输的信息可看成是一个顺序组织的文件。在 UNIX 系统中,每个设备有一个像文件名一样的名字,作为设备特殊文件来处理。

引入文件的概念后,用户就可以用统一的观点去看待和处理驻留在各种存储介质上的信息。即用户可用虚拟 I/O 指令(即文件命令)读"下一个"字符,在打印机上打印"下一行"字符,或者在磁鼓、磁盘上存取某个文件的一个记录等,而无需去考虑保存其文件的设备上之差异,这将给用户带来很大方便。

2）文件的分类

文件按其性质和用途大致可以分为以下三类。

（1）系统文件——有关操作系统及其他系统程序的信息所组成的文件。这类文件对用户不直接开放,只能通过系统调用为用户服务。

（2）程序库文件——由标准子程序及常用的应用程序所组成的文件。这类文件允许用户调用,但不允许用户修改。

（3）用户文件——由用户委托给系统保存的文件。如源程序、目标程序、原始数据、计算结果等组成的文件。

为了安全可靠,可对每个文件规定保护级别。文件按保护级别一般可分如下几类。

① 执行文件。用户可将文件当作程序执行,但既不能阅读,也不能修改。

② 只读文件。允许文件所有者或授权者读出或执行,但不准写入。

③ 读写文件。限定文件所有者或授权者可以读写,但禁止未核准的用户读写。

按文件流向,它又可以分以下三类。

① 输入文件。例如读卡机或纸带输入机上的文件,只能读入,所以它们是输入文件。

② 输出文件。例如打印机、穿孔机上的文件,只能写出,所以它们是输出文件。

③ 输入/输出文件。在磁盘、光盘上的文件,既可读又可写,它们是输入/输出文件。

根据文件的存取方法或文件的物理结构,还可以对它们进行多种分类。这些分类将在以下有关节段中介绍。

**2. 文件名及文件属性**

1）文件名

每个文件都有区别于其他文件的特征。从最低限度上讲,这个区别是任何两个文件都不同名（在同一用户目录中）。每个文件有一个给定的名字,这个名字是由串来描述且由文件内容来表示。在大多数微型计算机系统中,文件名的长度一般为 1～12 个字符。现在,有些系统（如 Windows 系统）已采用长文件名。一些有效的文件名或设备名的例子是:

fortcom 表示 fortran 编译程序；testdata 表示一组用户测试数据。

2）文件扩展

文件名通常还附加 2～3 个字符作为文件扩展,用来表示文件的使用特征。文件扩展可以由用户任意确定,然而,一般操作系统只识别一些标准设置。通用的文件扩展如表 9.1 所示。

文件扩展属于文件名的一部分,例如:fortran.lb 表示 fortran 库；system.sv 表示一个可

表 9.1　通用的文件扩展

| 扩　　展 | 意　　义 |
| --- | --- |
| dr | 目录或子目录文件 |
| fr | fortran 源程序 |
| ol | 覆盖库程序 |
| sv | 执行程序 |
| lb | 用户程序库 |

执行的操作系统程序。

3) 文件属性

一个文件可通过一组确定它的类型、保护和缓冲方案的属性来识别。文件控制块（FCB）的 FILE ATTRIBUTES 字中的各位即为文件属性设置。属性字母及其意义举例如表 9.2 所示。

**表 9.2 属性字母及其意义举例**

| 属 性 | 意 义 | 属 性 | 意 义 |
|---|---|---|---|
| P | 永久文件 | W | 写保护 |
| D | 目录文件 | R | 读保护 |
| C | 连续文件 | O | 标准缓冲输出 |
| S | 随机文件 | I | 标准缓冲输入 |
| L | 串联文件 | X | 只能执行 |
| E | 链接记录 | — | — |

## 9.1.3 文件系统

文件系统是操作系统中负责管理和存取文件信息的软件机构，它由管理文件所需的数据结构（如目录表、文件控制块、存储分配表）、相应的管理软件，以及访问文件的一组操作所组成。

从系统角度看，文件系统是对文件存储器的存储空间进行组织、分配、负责文件的存储并对存入的文件进行保护、检索的系统。从用户角度看，文件系统实现了"按名存取"。就是说，当用户要求系统保存一个已命名的文件时，文件系统根据一定的格式把他的文件存放到文件存储器中适当的地方；当用户要使用文件时，系统根据他给出的文件名，能够从文件存储器中找到所要的文件，或文件中某一个记录。因此，文件系统的用户（包括操作系统本身及一般用户），只要给出文件名字就可以存取文件中的信息，而无须知道这些文件究竟存放在什么地方。

一般而言，文件都存储在辅存设备上，如磁盘或磁带上。因此，文件系统首先要解决的问题是有效地分配文件存储器的存储空间。通常，一个文件存储器上的物理空间是以块为单位进行分配的。块区可以是定长的或变长的。一般而言，磁盘块的大小为 512 字节。

文件系统要解决的第二个问题是提供一种组织数据的方法。存储数据的海量存储器具有固定的物理特性。数据在辅存设备上的排列、分布构成了文件的物理结构，这一结构与用户看到的文件结构及其使用是不同的。用户看到的是逻辑文件结构，文件系统负责实现逻辑特性到物理特性的转换，这实质上是实现了"按名存取"的功能。

文件系统要解决的第三个问题是提供合适的存取方法，以适应各种不同的应用。例如，用户不仅可以顺序地对文件进行操作，而且可以以任意的次序对文件中的记录进行操作。即系统应能提供顺序存取和直接存取方法。

最后，文件系统应提供一组服务，使用户能处理数据以执行所需要的操作。这些操作包括创建文件、撤销文件、读文件、写文件、传输文件和控制文件的访问权限等。另外，文件系统还允许多个用户共享一个文件副本。这一服务的目的是在辅存设备上只保留一个单一的应用程序和数据的副本，以提高设备利用率。这时，文件保护尤为重要，系统必须提供对文件的保护措施。

文件系统的功能可以很简单，也可以很复杂。它们的特性依赖于各种不同的应用环境。

对于一个通用目的的系统而言,下述基本要求是需要的。

① 每个用户可以执行创建,删除,读、写文件等命令。

② 用户应能在缜密的控制状态下,互相合作共享彼此的文件。

③ 共享文件的机制应提供各种类型的、受到控制的访问,例如读、写、执行或者是它们的组合。

④ 用户应能以最适合于各自的应用方式构造他们的文件。

⑤ 实现辅助存储空间的自动管理,使文件在辅助存储器中的分配位置与它的用户无关。

⑥ 允许用符号名访问文件。

⑦ 必须提供备份与恢复能力以防止有意或无意地毁损信息。

⑧ 文件系统对在敏感环境中需要保密与私用的数据提供加密和解密的能力,如电子拨款系统、犯罪记录系统、医疗记录系统。这样信息只供授权的用户(即掌握解密键的人)使用。

⑨ 文件系统应给用户提供友好的接口。它给用户提供数据和施加其上的功能的逻辑视图而不是物理视图。用户不必考虑存储数据的特定设备,以及在这些设备上的数据形式和进出这些设备的数据传送的物理方法。

# 9.2　文件的逻辑组织与存取方法

## 9.2.1　文件的组织

### 1. 文件组织的两种观点

用户进程活动时,经常要使用各种外部设备进行信息传输。为了使用户能够用统一的观点和方法去存取驻留在各种设备介质上的信息,操作系统通常要引入文件的概念,并支持文件读、写操作。对于文件的组织形式,可以用两种不同的观点去进行研究,这就是所谓的用户观点和实现观点。

用户观点是研究用户"思维"中的抽象文件,或称逻辑文件。研究的侧重点在于为用户提供一种逻辑结构清晰、使用简便的逻辑文件形式。用户将按照这种形式去存储、检索和加工有关文件中的信息。而实现观点是研究驻留在设备"介质"中的实际文件,或称物理文件。研究的侧重点是选择一些工作性能良好、设备利用率高的物理文件形式。系统将按照这种形式去和外部设备打交道,去控制信息的传输。文件系统的重要作用之一就是在用户的逻辑文件和相应设备的物理文件之间建立映像关系,实现二者之间的相互转换。

### 2. 逻辑记录和块

文件的逻辑组织是从用户角度看到的文件面貌。如用户所编制的源文件或数据库文件,前者是由字符流组成的,后者是由记录组成的。由记录组成的文件称为记录式文件,它在逻辑上总是被看成一组连续顺序的记录的集合。组成记录式文件的逻辑记录是文件中按信息在逻辑上的独立含义来划分的信息单位,是用户对文件进行存取操作的基本单位。

从实现观点来看,文件的物理结构是信息在物理存储器上的存储方式,是数据的物理表示和组织。在存储介质上,由连续信息所组成的一个区域称为块,也叫物理记录。它是主存和外部设备进行信息交换的物理单位,且每次总是交换一块或整数块的信息。

不同类型的设备,块的长度和结构各不相同;在同一类型的设备上,块的长度也可不同。有些设备由于启停机械动作的要求,两个块之间必须留有间隙。间隙是块之间不记录代码信息的区域。磁带机便是如此,它的块之间的间隙要留得足够大,以便于来得及完全静止和再次启动到正常速度。但是,像磁鼓、磁盘之类的自转设备,块之间可以不设置间隙。

卷是辅存上较大的物理单位。卷这一术语是针对每种辅助存储设备的记录介质而言的。磁盘机上所用的卷是一个磁盘组,磁带机上所用的卷是一盘磁带。磁鼓和卷之间是没有明显区别的。但是,磁带机或可换盘片的磁盘机上的卷和设备之间的区别就十分明显了。这一类卷在物理上可以从一台设备上卸下并安装在同类的另一台设备上,甚至安装到另一台计算机的同类设备上。

一个卷上可以记录一个文件(单卷文件)或多个文件(多文件卷),一个文件也可以记录在多个卷(多卷文件)或多个文件记录在多个卷上(多卷多文件)。存放在卷上的文件往往以逻辑记录为一个信息单位。由于逻辑记录的大小和介质上的物理块的大小并不一定正好相等,因此一个逻辑记录可能占据一块或多块,也可能一个物理块存放多个逻辑记录。如果把文件比作书,逻辑记录比作书中的章节,那么,卷是册而块是页。例如,一本名为《操作系统原理》的书可以是一册,也可分为上、下两册或多册。当然,也允许两本或多本书装订成一册,书中的一个章节占一页或多页,还可允许一页中包含若干章节。在这里,书和章节相当于文件和逻辑记录,它们是逻辑概念,而册和页相当于卷和块,它们是物理概念。

## 9.2.2 文件的逻辑结构和存取方法

### 1. 文件的逻辑结构

文件的逻辑结构可分为两种形式。一种是无结构的文件——流式文件,另一种是有结构的文件——记录式文件。

1) 流式文件

无结构的流式文件是相关的有序字符的集合。文件长度即为所含字符数。流式文件不分成记录,而是直接由一连串信息组成。对流式文件而言,它是按信息的个数或以特殊字符为界进行存取的。

对于操作系统所管理的程序和数据信息,若把它们看成一个无内部结构的简单的字符流形式可得到好处,一是在空间利用上比较节省,因为没有额外的说明(如记录长度)和控制信息等;二是对于慢速字符设备传输的信息,如由键盘输入的源程序,或由装配程序产生的中间代码等,采用流式文件也是一种最便利的存储形式。

对于各种慢速字符设备(如键盘、行式打印机等)以及多路转换器上所连的终端设备来说,由于它们只能顺序存放,并且是按连续字符流形式传输信息的,所以系统只要把字符流中的字符依次映像为逻辑文件中的元素,就可以非常简单地建立逻辑文件和物理文件之间的联系,从而可以把这些设备看作为用户观点下的文件。

流式文件对操作系统而言,管理比较方便;对用户而言,适于进行字符流的正文处理,也可以不受约束地灵活组织其文件内部的逻辑结构。UNIX 系统中的文件采用流式文件结构,但为了使用方便,UNIX 将流式文件按 512 B 大小划分为若干个逻辑记录,从而将流式文件结构转换为记录式文件结构。

2）记录式文件

记录式文件是一种有结构的文件。这种文件在逻辑上总是被看成一组连续顺序的记录的集合。每个记录由彼此相关的域构成。记录可以按顺序编号为记录 0,记录 1,…,记录 n。如果文件中所有记录的长度都相同,则这种文件为定长记录文件。定长记录文件的长度可由记录个数决定。如果记录长度不等,则称为变长记录文件,其文件长度为各记录长度之和。

**2. 存取方法**

文件的逻辑结构还必须用存取方法进一步描述。文件的存取方法是由文件的性质和用户使用文件的情况决定的。根据存取的次序划分,存取方法通常可以分为两大类,即顺序存取和直接存取(又称为随机存取)。

顺序存取,是后一次存取总是在前一次存取的基础上进行,所以不必给出具体的存取位置。而随机存取,用户以任意次序请求某个记录。在请求对某个文件进行存取时要指出起始存取位置(如记录号、字符序号)。对于磁带文件,一般采用顺序存取方法;而对于磁盘、磁鼓上的文件,既可采用顺序存取,也可采用随机存取。UNIX 的文件系统是基于磁盘的,一般按顺序方式执行用户提出的读、写文件要求,但也可以非常方便地调整文件内的起始存取位置,因此用户也易于对文件进行随机读写。

# 9.3　文件的物理结构

文件的物理结构涉及文件在文件存储器上的安排。文件结构表示了一个文件在辅存上的安置、链接和编目的方法。它和文件的存取方法以及辅存设备的特性等都有密切的关系。因此,在确定一个文件的结构时,必须考虑到文件的大小、记录是否定长、访问的频繁程度和存取方法等。

大多数在字符设备上传输的信息可作为连续文件看待。这种文件的信息是按线性为序存取的,这种方法在大多数磁带系统中常使用,是比较简单的文件结构。磁盘存储设备上具有较为复杂的文件组织。在磁盘表面按径向缩减的一组同心圆称为磁道(track),每一个磁道又可进一步分为扇区(sector)。在磁盘系统中被转换的最小信息单位通常是一个扇区(或称为块)。

磁盘的结构允许文件管理系统按三种不同的方法组织文件:连续文件、串联文件、随机文件结构。

## 9.3.1　连续文件

连续文件结构是由一组分配在磁盘连续区域的物理块组成的。连续文件存放到磁盘的连续的物理块上,若连续文件的逻辑记录大小正好与磁盘的物理块大小一样大(都为 512 B),那么一个磁盘块存放一个逻辑记录,而且存放连续文件的磁盘块号是连续的。连续文件的第一个逻辑记录所在的磁盘块号记录在该文件的文件目录项中,该目录项还需记录共有多少磁盘块。连续文件结构如图 9.1 所示。

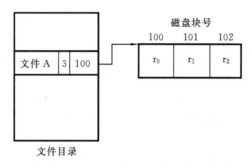

图 9.1 连续文件结构

图 9.1 中表示一个连续文件 A,它由三个记录组成,这些记录被分配到物理块号为 100、101、102 的相邻物理块中,这里假定文件的逻辑记录和物理块的大小是相等的(当然也可以是一个物理块包括几个逻辑记录或一个逻辑记录占有几个物理块)。对于这种文件结构,存取块中的一个记录是非常简单的。若给定记录号为 r,记录长度为 l,物理块大小为 size,则相对块号计算为 $b = l \times r / size$。

连续文件结构的基本优点是在连续存取时速度较快,如果文件中第 n 个记录刚被存取过,而下一个要存取的是 n+1 个记录,则这个存取操作将会很快完成。当连续文件在顺序存取设备(或称为单一存储设备,如磁带)上时,这一优点是很明显的。所以,存于磁带上的记录一般均采用连续结构。如果是直接存取设备(或称为多路存储设备,如磁盘),在多道程序情况下,由于其他用户可能驱使磁头移向其他柱面,因而就会降低这一优越性。所以,对于磁盘、磁鼓可以采用连续结构,也可采用非连续结构(后者更为好些)。对于顺序处理的情况,顺序文件结构是一种最经济的结构方式。连续文件结构对于变化少、可以作为一个整体处理的大量数据段较为方便,而对那些变化频繁的少量记录不宜采用。而且,对于连续文件结构来说,其文件长度一经固定便不易改变,因而不利于文件的增生和扩充。

## 9.3.2 串联文件

### 1. 串联文件结构

串联文件结构是按顺序由串联的块组成的,即文件的信息按存储介质的物理特性存于若干块中,一块中可包含一个逻辑记录或多个逻辑记录,也可以是若干物理块包含一个逻辑记录。每个物理块的最末一个字(或第一个字)作为链接字,它指出后继块的物理地址。文件的最后一块的链接字为结束标记"∧",它表示文件至本块结束。串联文件结构如图 9.2 所示,一个文件 A 有三个记录,分别分配到 100、150、57 号物理块中,它的第一个物理块号由该文件的文件目录项指出。

串联文件采用的是一种非连续的存储结构,文件的逻辑记录可以存放到不连续的物理块中,能较好地利用辅存空间。另外,还易于对文件进行扩充,即只要修改链接字就可将记录插

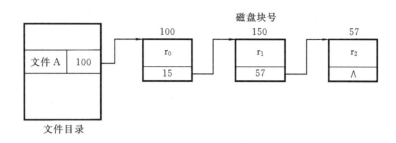

图 9.2　串联文件结构

入到文件中间或从文件中删除若干记录。

　　串联文件结构虽比较易于修改,但由于要存放链指针而需要一定的存储空间。对这类文件的存取都必须通过缓冲区,待得到链接字后才能找到下一个物理块的地址。所以,串联文件只适用于顺序存取方式,而不适用于直接存取方式。因为在直接存取时为了找到一个记录,文件必须从文件头开始一块一块查找,直到所需的记录被找到。

　　**2. 文件映照结构**

　　在文件映照结构中,系统有一个文件映照图(以磁盘块号为序),图中每一个表项用来记录磁盘块号。每个文件的文件目录项中,用于描述文件物理结构的表项指向文件映照图中的某个位置,其内容为该文件的第一块,其后的各块,在文件映照图中依次勾链,文件的最后一块用尾标记表示。文件映照结构如图 9.3 所示。其中,文件 A 占据了磁盘的第 3、6、4 和 8 块。

　　文件映照结构如同串联文件(块链接法)一样,顺序存取时较快。文件映照图一般较大,不宜保存在主存中,因此,通常将其本身作为一个文件保存在磁盘中,需要时再每次送一块到主存。在最坏的情况下,也可能要把文件映照图全部读入主存,才能找到一个文件在磁盘中的所有物理块。仅当表示文件的物理块的一些单元恰好在文件映照图的同一块中时,才能降低开销。由此可见,把每个文件所占的空间尽量靠近显然是有利的,而不应该将文件散布在整个磁盘上。

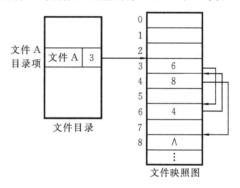

图 9.3　文件映照结构

　　Windows 系统的文件分配表(即 FAT 表)是通过一个链接列表(即文件映照结构)来实现的。FAT 是一个包含 N 个整数的列表,N 是存储设备上最大的簇数(磁盘上最小可寻址存储单元称为扇区,通常每个扇区为 512 个字节(或字符)。由于多数文件比扇区大得多,因此如果对一个文件分配最小的存储空间,将使存储器能存储更多数据,这个最小存储空间即称为簇)。表中每个记录的位数称为 FAT 大小,是 12、16 或 32 三个数之一。感兴趣的读者可查阅有关的资料。

# 9.3.3　随机文件

　　随机文件组织是实现非连续分配的另一种方案。在随机文件结构中,数据记录存放于直接存取型存储设备(如磁盘、光盘)上,数据记录的关键字与其地址之间建立某种关系。随机文件的记录就是按这种关系排列、分布的,并利用这种关系进行存取。

有三种形式的随机文件结构:直接地址结构、计算寻址结构和索引结构。索引结构在9.3.4节讨论。

**1. 直接地址结构**

当知道某个记录的地址时,可直接使用这个地址进行存取。这意味着,用户必须知道每个记录的具体地址,这是很不方便的。因此,直接地址结构并不常用。当然在使用这种结构时,存取效率是最高的,因为不需要进行任何“查找”。在某些数据库系统中的“数据库码”,就是采用这种结构。

**2. 计算寻址结构——散列文件**

在计算寻址结构方法中,记录的关键字经过某种计算处理,转换成相应的地址。这种计算方式就是通常所说的散列(hash,也称为“杂凑”)。如果用以标识记录的关键字与记录地址之间存在一种直接关系,那么,利用这种关系实现记录存取的文件称为散列文件。这种直接关系是通过关键字的变换来建立的。由于一般情况下,地址的总数比可能的关键字的值的总数要小得多,即不会是一对一的关系,因此不同的关键字在计算之后,可能会得出相同的地址,称为“冲突”。一种散列算法是否成功的一个重要标志,是看其将不同的关键字映射到同一地址的几率有多大,这个几率越小,则此散列算法的性能越好,即“冲突”产生的几率越小越好。

散列算法的基本思想是根据关键字来计算相应记录的地址,所以必须解决如下两个问题:其一,寻找一个 hash 函数 h(k)实现关键字到地址的转换;其二,确定解决冲突的办法。

常用的散列算法如下。

① 截段法,截取关键字的某一指定部分作为地址。这里之所以截段是为了缩小关键字的数值范围,且截取时应选择随机性较好的段。

② 特征位抽取法,抽取关键字数码串的某些位并将其连接起来作为地址。这种方法既可起到缩小关键字数值范围的作用,又能更灵活有效地选择那些随机性较好的数位。

③ 除余法,把标识符除以某一数而取其余数作为地址。使用这种方法时,除数的选择很重要。例如,除数的大小可保证变换所得的地址范围落在给定的存储区内,而除数的性质与关键字的变换结果在存储区的分布及冲突情况多少密切相关。在许多情况下,选用质数作为除数。

④ 折叠法,把关键字数码串分段,然后叠加起来作为地址。有时,还可把折叠后的结果再折叠。

⑤ 平方取中法,把关键字平方后取其结果的中间部分作为地址。

以上列举了五种变换方法,变换的方法形形色色,在此不再一一列举。但值得注意的是,不同的变换方法应针对不同情况加以选择。因为每一种变换方法都有自己的特点,一个独立变换对于关键字集合来说,在任何情况下总是好的这种情况并不存在。相对而言,在大部分情况下,除余法比别的办法好。

## 9.3.4 索引文件

**1. 索引文件结构**

为了能随机地访问文件的任何一部分,构造了索引文件。这种文件将逻辑文件顺序地划分成长度与物理存储块长度相同的逻辑块,然后为每个文件分别建立逻辑块号与物理块号的对照表。这张表称为该文件的索引表。用这种方法构造的文件称为索引文件。索引文件的索引项按文件逻辑块号顺序排列,而分配到的物理块号可以是不连续的。例如,某文件 A 有四个逻辑块,分别存放在物理块 23、19、26、29 中,该索引文件结构如图 9.4 所示。

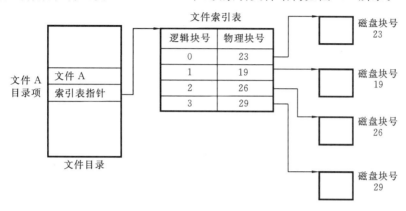

图 9.4　索引文件结构

索引文件在存储区中占两个区:索引区和数据区。索引区存放索引表,数据区存放数据文件本身。访问索引文件需要两步操作。第一步是查文件索引,由逻辑块号查得物理块号;第二步是由此物理块号而获得所要求的信息。这样做需两次访问文件存储器。如果文件索引表已经预先调入主存,则只要一次访问就行了。

索引文件的优点是可以直接读写任意记录,而且便于文件的增删。当增加或删除记录时,应对索引表及时加以修改。由于每次存取都涉及索引表的查找,因此,所采用的查找策略对文件系统的效率有很大的影响。通常使用的查找策略有二分查找和顺序扫描两种。

**2. 索引表的组织**

如果索引文件比较大,索引表项也就比较多,若按顺序表组织,索引表就会较长,查找不便。索引表的组织对文件系统的效率有很大的影响。下面讨论三种索引表的组织结构。

1) 直接索引

(1) 直接索引结构。在文件目录项中有一组表项用于索引,每一个表项登记的是逻辑记录所在的磁盘块号。直接索引文件的结构如图 9.5(图中的逻辑记录号实际上可以省略)所示。

(2) 直接索引结构文件大小的计算。在直接索引结构中,文件目录项中用于索引的表项数目决定了文件最大的逻辑记录数,设表项数目为 n,逻辑记录大小为 512 B,则所允许的文件最大的字节数是 n×512 B。在图 9.5 所示的直接索引结构中,n=4,逻辑记录大小为 512 B,则所允许的文件最大的字节数是 4×512 B。为了突破这一限制,提出了一级间接索引结构。

2) 一级间接索引

在一级间接索引结构中,利用磁盘块作为一级间接索引表块。若磁盘块的大小为 512 B,用于登记磁盘块号的表项占用 2 B,这样,一个磁盘块可以登记 256 个表项。

(1) 一级间接索引。文件目录项中有一组表项,其内容登记的是第一级索引表块的块号。第一级索引表块中的索引表项登记的是文件逻辑记录所在的磁盘块号。一级间接索引文件的结构如图 9.6 所示。

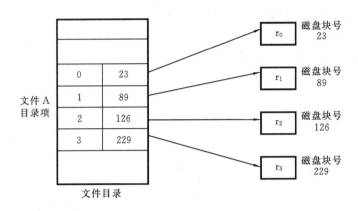

图 9.5  直接索引文件结构

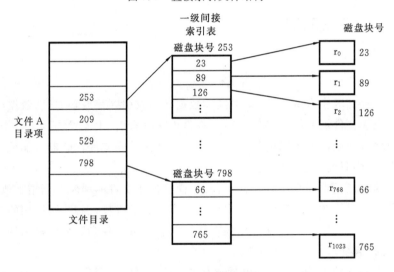

图 9.6  一级间接索引文件结构

（2）一级间接索引结构文件大小的计算。在一级间接索引结构中,若文件目录项中用于索引的表项数目为 n,逻辑记录大小为 512 B,则所允许的文件最大的字节数是 $n \times 256 \times 512$ B。如图 9.6 所示的一级间接索引结构中,n＝4,逻辑记录大小为 512 B,则所允许的文件最大的字节数是 $4 \times 256 \times 512$ B。

为了进一步扩大文件的大小,增强文件系统的能力又提出了二级间接索引结构。

3）二级间接索引

（1）二级间接索引。文件目录项中有一组表项,其内容登记的是第二级索引表块的块号。第二级索引表块中的索引表项登记的第一级索引表块的块号,第一级索引表项中登记的是文件逻辑记录所在的磁盘块号。二级间接索引文件的结构如图 9.7 所示(注:图中,省略了索引表以及存放记录的磁盘块的块号,省略了逻辑记录号)。

（2）二级间接索引结构文件大小的计算。在二级间接索引结构中,利用磁盘块作为一级间接和二级间接索引表块。每个磁盘块可以登记 256 个表项。

在二级间接索引结构中,若文件目录项中用于索引的表项数目为 n,逻辑记录大小为 512

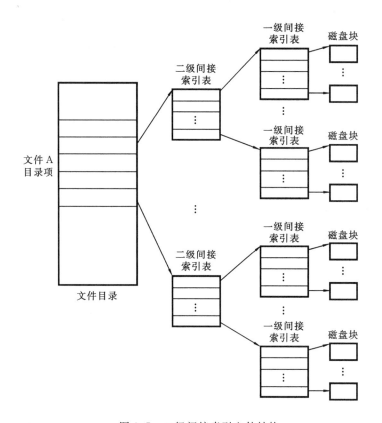

图 9.7　二级间接索引文件结构

B,则所允许的文件最大的字节数是 $n \times 256^2 \times 512$ B。在图 9.7 所示的二级索引结构中,所允许的文件最大的字节数是 $4 \times 256^2 \times 512$ B。

为了进一步增强文件系统的能力,还可以提出了三级间接索引结构。但必须注意到,随着索引级数的增加,虽然能表示的文件逻辑记录数目增加了,但要检索到一个记录所需时间也增加了。在 UNIX 系统中,采用的是一种改进的索引表,使 UNIX 文件系统使用方便且十分有效。这将在第 9.9 节中讨论。

## 9.3.5　文件物理结构比较

文件的物理结构和存取方法与系统的用途和物理设备特性密切相关。比如,慢速字符设备和磁带上的文件应组织为连续文件,故应采用顺序存取方法。很显然,在磁带上组织索引文件或串联文件不太合适,因为来回倒带定位花费的时间开销太大。对于磁盘(鼓)那样的设备,可以有多种结构和存取方法。

(1) 连续文件的特点。连续文件的优点是不需要额外的空间开销,只要在目录中指出起始块号和文件长度,就可以对文件进行访问,且一次可以读出整个文件。对于固定不变且要长期使用的文件(比如系统文件),这是一种较为节省的方法。连续文件存在如下缺点。

① 不能动态增长。因为在它后面如果已记录了别的文件,则这一文件增长就可能破坏后

一文件。如果后移下一个文件,则系统开销太大,甚至不可能。

② 一开始就提出文件长度要求,而要用户预先提出文件较准确的长度不是太容易的。

③ 一次要求比较大的存储空间,不一定好找。因为,如果辅存上只有许多小的自由空间,虽然其总容量大于文件要求,但由于不连续,因而这些空间可能被浪费。

(2) 串联文件的特点。串联文件的优点是:可以较好地利用辅存空间;易于文件扩充。顺序存取较为方便。但存在如下缺点。

① 在处理文件时若要进行随机访问,需要花费较大的开销,在时间上比较浪费。

② 对块链接而言,每个块中都要有链接字,所以要占用一定的存储空间。

(3) 随机文件的特点。随机文件是一种比较好的结构,综合了上述两种方法的优点,既能有效地利用存储空间,又能方便地直接存取。其中索引文件结构应用比较广泛。在实现索引结构时应考虑如何有效地存储和访问索引表,使文件系统既能支持足够大的文件,又能保证系统的响应时间。

# *9.4　文件存储空间的管理

文件存储空间的有效分配是所有文件系统要解决的一个重要问题。要进行分配,必须了解文件存储空间的使用情况。比如,对于一盘磁带、一个磁盘组或一台磁鼓,它们的使用情况如何,哪些物理块是空闲的,哪些已分配出去,已分配的区域为哪些文件所占有等。后面两个问题由文件目录来解决。因为文件目录登记了系统中建立的所有文件的有关信息,包括文件所占用的辅存地址。而对于辅存空间则可通过"磁盘空间资源信息块"来描述。"磁盘空间资源信息块"这一数据结构由空闲块队列头指针与磁盘空间分配程序入口地址这两个数据项组成。

磁盘的空闲块可以按空闲文件目录、空闲块链、位示图的方法来组织。

## 9.4.1　空闲文件目录

文件存储器(如磁盘)上一片连续的空闲区可以看成是被一个空闲文件所占用,这种空闲文件又称作自由文件。系统为所有空闲文件单独建立一个目录,而每个空闲文件在这个目录中均有一个表目。表目内容包括第一个空闲块的地址(物理块号)和空闲块的个数,如表9.3所示。

当请求分配磁盘空间时,系统依次扫描空闲文件目录表目,直到找到一个合适的空闲文件

表9.3　空闲文件目录

| 序　　号 | 第一个空闲块号 | 空闲块个数 | 物 理 块 号 |
|---|---|---|---|
| 1 | 2 | 4 | 2,3,4,5 |
| 2 | 9 | 3 | 9,10,11 |
| 3 | 15 | 5 | 15,16,17,18,19 |
| 4 | … | … | … |

为止。当用户撤销一个文件时,系统回收文件空间。这时,也需顺序扫描文件目录,寻找一个空表目并将释放空间的第一个物理块号及它占用的块数填到这个表目中。这种方法仅当有少量的空闲区时才有较好的效果。因为,如果存储空间中有着大量的小的空闲区,则其目录变得很大,因而效率大为降低。这种分配技术适用于建立连续文件。

## 9.4.2　空闲块链

记住存储空间分配情况的另一种办法是把所有"空闲块"链在一起。当创建文件需要一块或几块时,就从链头上依次取下一块或几块;反之,当回收空间时,把这些空闲块依次接到链头上。这种技术只要在主存中保存一个指针,令它指向第一个空闲块。其特点是简单,但工作效率低,因每当在链上增加或移动空闲块时需要做很多 I/O 操作。

## 9.4.3　位示图

另一种通用的办法是建立一张位示图,以反映整个存储空间的分配情况。其中,每一个字的每一位都对应一个物理块。图 9.8 给出了这种位示图,图中的"1"表示对应的块已分配,"0"表示对应的块为空白(未分配)。为了找到 N 个自由块,需要搜索位示图,找到 N 个"0"位,再经过一次简单的换算就可得到对应的块地址。

| 字＼位 | 0 | 1 | 2 | 3 | 4 | 5 | 6 | 7 | 8 | 9 | 10 | 11 | 12 | 13 | 14 | 15 |
|---|---|---|---|---|---|---|---|---|---|---|---|---|---|---|---|---|
| 0 | 1 | 1 | 0 | 0 | 0 | 1 | 1 | 1 | 0 | 0 | 0 | 1 | 1 | 0 | 0 | 0 |
| 1 | 0 | 0 | 0 | 1 | 1 | 1 | 0 | 0 | 0 | 0 | 1 | 1 | 1 | 1 | 0 | 0 |
| 2 | 0 | 0 | 0 | 0 | 1 | 1 | 1 | 1 | 1 | 0 | 0 | 0 | 1 | 1 | 1 | 1 |
| ... | | | | | | | | | | | | | | | | |

图 9.8　位示图

位示图的尺寸是固定的,通常比较小,可以保存在主存中。辅存分配时,在该图中寻找与"0"相对应的块,然后把位示图中相应位置"1"。释放时,只要把位示图中相应位清"0"。因此,存储空间的分配和回收工作都较为方便。但某些情况下位示图可能很大,不宜保存在主存中。此时,可把该图存放在辅存上,只把其中的一段装入主存,并先用该段进行分配,待它填满时(即所有的位均变成"1"),再与辅存中的另一段交换。但是,自由空间的回收需要在位示图中找到对应于那些回收块的有关段,并对它们进行检索,置相应位为"0",这样就会引起磁盘的频繁存取。为此,可设想保存一个所有回收块的表格,仅当一个新的段进入主存时,才按该表对段进行更新,这样就可减少磁盘的存取次数。

综上所述,空白文件目录、空白块链、位示图三种方法都可以用来管理文件存储器的空闲空间。然而,它们又各有不足之处。比如,为了使分配迅速实现并且减轻盘通道的压力,常常需要从辅存上把反映空闲空间的映像图复制到主存。对于这一点,位示图效果最好,因占用空间少,映像图几乎可以全部进入主存。然而,分配时需要顺序扫描空闲区(标志为"0"),速度慢,而且物理块号并未在图中直接反映出来,需要进一步计算。空白文件目录是一张连续表,它要占用较大的辅存空间。空白块链的缺点是,每次释放物理块时要完成拉链工作,虽然只是在一块中写一个字节,但其工作量与写一块相差无几。

### 9.4.4 分配策略

辅存通常为多用户共享,其存储区域的分配是操作系统的功能。操作系统把辅存分成若干区域分配给用户,供用户创建文件之用。用户在运行过程中,这些区域是属于用户自己的。当一个用户释放文件时,这一区域重新返回给操作系统。

对辅存的分配有静态策略和动态策略两种。在静态分配策略中,用户在创建文件命令中说明文件的大小,操作系统一次分配所需要的区域。这一策略一般用于对连续文件的分配。通常用于早期操作系统、实时系统或一个不太复杂的基于磁盘操作系统的微型计算机系统。静态策略存在着和主存管理中相似的问题,即首先是辅存碎片,其次是用户常常不知道需要多大的文件,也不知道该要求多大的区域。

在动态分配策略中,建立一个文件时不分配空间,而在以后每次写文件体的信息时,才按照所写信息的数量进行分配。这种即用即分配的动态分配方法,显然很适合串联结构和索引结构的组织方式。

辅存空间以物理块为单位进行分配。辅存上的物理块的划分和设备特性有关。例如,磁盘一般按柱面号、盘面号、扇区号这样的形式组织。显然,磁盘的格式不同,柱面、盘面的多少不同,因而扇区的大小也可不同。但一般来说,大同小异,一个磁道可分为 6、8 或 12 个扇区,每个扇区可分为一个或若干个连续的区域,这样的区域就是块(每块大小定长,如 512 B)。这些块可依次编号为 0、1、…,直到盘的最大容量。这些序号就称为物理块号,或简称块号。显然,这些块号与块在设备上的物理地址(柱面号、盘面号、扇区号)是一一对应的,只要知道了块号,经过简单的换算就可以得到物理地址。

# 9.5 文件目录

## 9.5.1 文件目录及其内容

### 1. 什么是文件目录

文件系统是用户和外部设备之间的接口和界面。用户可通过文件系统去管理和使用各种设备介质上的信息。文件系统的大部分工作是为了解决"用户所需的信息结构及其操作"与"设备介质的实际结构和 I/O 指令"之间的差异。用户所希望的信息结构是按照简单的逻辑关系组织在一起的,他们所希望的操作是一些只用名字就能存取所需信息的读写操作。然而,计算机只能使用各种 I/O 指令去存取相应介质上的信息,其信息结构又是按照设备介质的各自特点组织的。因此,文件系统所要解决的核心问题,就是按照充分发挥主机和外部设备效率的原则,把信息的逻辑结构映像成设备介质上的物理结构,把用户的文件操作转换成相应的I/O 指令。转换过程所使用的主要数据结构是文件目录和辅存空间使用情况表。这样,文件目录就将每个文件的符号名和它们在辅存空间的物理地址与有关文件情况的说明信息联系起来了。因此,用户只需向系统提供一个文件符号名,系统就能准确地找出所要的文件来,这就是文件系统的基本功能。实现符号名与具体物理地址之间的转换,其主要环节是查目录。所以,目录的编排应以如何能准确地找到所需的文件为原则,而选择查目录的方法应以查找速度快为准则。关于如何解决文件命名的冲突以及文件共享等问题,亦在本节讨论。

通俗地讲,文件目录即文件名址录。它是一张记录所有文件的名字及其存放地址的目录表。表中还应包括关于文件的说明和控制方面的信息。

**2. 文件目录的内容**

每个用户文件目录记录项中的信息一般包括以下内容。

(1)文件名。文件名分为文件的符号名和内部标识符(id 号)。

(2)文件逻辑结构。说明该文件的记录是否定长、记录长度及记录个数等。

(3)文件在辅存中的物理位置。记录文件物理位置的形式主要取决于存储文件的方式。文件的物理结构可能是连续文件、串联文件或索引文件结构形式。例如,若为连续文件,此项即指出文件第一块的物理地址、文件所占块数;若为串联文件,此项即指出该文件第一块的物理地址,但以后各块则由块中的链指针指示;若为索引文件,此项将指出索引表地址。

(4)存取控制信息。此项登记文件主本人具有的存取权限、核准的其他用户及其相应的存取权限。

(5)管理信息。如文件建立日期、时间,上一次存取时间,要求文件保留的时间。

(6)文件类型。指明文件的类型,例如可分为数据文件、目录文件、块存储设备文件、字符设备文件。

# 9.5.2 一级文件目录

为了实现"按名存取"的功能,系统为所有存入系统的文件建立一张表,用以标识和描述用户与系统进程可以存取的全部文件。其中,每个文件占一表目,主要由文件名和文件说明信息组成。这样的表称为一级文件目录,如表 9.4 所示。一级文件目录比较简单,它要求文件名和文件之间有一一对应的关系。

一级文件目录不允许两个文件具有相同的名字。对于这一点,只有在单用户情况下才能做到。在多道程序运行环境下,特别是在多用户的分时系统中,"重名"问题是难以避免的。所谓"重名",是指不同用户对不同文件起了相同的名字,即两个或多个文件只有一个相同的符号名。例如,两个程序员为各自的测试程序命名为"test"。显然,如果由人工管理文件名字注册以避免命名冲突,将是一种既费时而又麻烦的办法。一个灵活的文件系统应该允许文件重名而又能正确地区分它们。另外,还应允许"别名"的存在,即允许用户用不同的文件名来访问同一个文件。这种情况在许多用户共享文件时可能发生,因为每个用户都喜欢以自己习惯的助记符来调用一个共享文件。还有一种情况是,一个用户也可能在他的几个程序中给同一文件根据其所在环境取了不同的名字。

表 9.4 一级文件目录

| 文 件 名 | 物 理 地 址 | 其 他 信 息 |
|---|---|---|
| sqrt | | |
| test | | |
| compiler | | |
| assembler | | |
| gabc | | |
| zhang | | |

为了解决命名冲突以获得更灵活的命名能力,文件系统采用简单的文件目录结构是不行的。为此,必须采用二级文件目录、多级文件目录结构。

## 9.5.3  二级文件目录

二级文件目录结构是将文件目录分成主文件目录和用户文件目录两级。系统为每个用户建立一个文件目录(UFD),每个用户的文件目录登记了该用户建立的所有文件名及其在辅存中的位置和有关说明信息。主目录(MFD)则登记了进入系统的各个用户文件目录的情况,每个用户占一个表目,说明该用户目录的属性,包括用户名、目录的大小、组织形式及其所在的物理地址等。这样就形成了二级文件目录的结构,如图 9.9 所示(为简单起见,图中未画出文件属性等信息)。

当一个用户要存取一个文件时,系统根据用户名先在主目录中找出该用户的文件目录,再根据文件名在其目录中找出文件的物理地址,然后对文件进行存取。由此可见,即使两个不同的用户为各自的文件取了相同的名字也不致造成混乱。如图 9.9 中所示,虽然用户 wang 和gao 各为其一个文件取名的 beta,但在这种二级目录结构中仍然能正确地加以区分。要注意

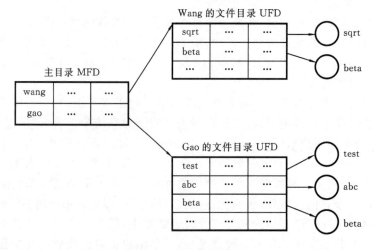

图 9.9  二级文件目录

的是,在存取一个文件时要采用路径名,一个文件的路径名是由用户名和文件名拼接起来得到的。若主目录和分隔符用"/"表示,则用户 wang 的文件 beta,其路径名为"/wang/beta";用户 gao 的文件 beta,其路径名为"/gao/beta"。在某些文件系统中,文件路径名的前半部分(即用户名)可以省缺,它可由系统根据当前运行指针通过查找进程(或作业)控制块来补给。采用二级目录管理文件时,由于对任何用户文件的存取都必须经过主目录,所以不可能产生一个用户存取另一个用户文件的情况,文件的私有性得到了保证,并且,即使不同用户具有同名文件也不会造成混乱。

## 9.5.4　多级文件目录

二级文件目录组织虽比较简单实用,但却缺乏灵活性,特别是不容易反映真实世界复杂的文件结构形式。为了使用灵活和管理方便,后来的许多文件系统对二级文件目录进行了扩充。比如 IBM360 OS 的文件系统采用总目录、卷目录表、分区数据集、文件四级目录形式。NOVA 机的 RDOS 中的文件系统采用一级分区、二级分区、分目录、文件多级目录形式等。而 MULTICS,特别是继之而来的 UNIX 操作系统中的文件目录则是树形目录结构的代表。

在多级目录系统中(除最末一级外),任何一级目录的登记项可以对应一个目录文件,也可以对应一个非目录文件,而信息文件一定在树叶上。这样,就构成了一个树形层次结构。图9.10 表示一个树形多级目录结构,其中,矩形框表示目录文件,圆形框表示非目录文件(信息文件)。在目录文件中,各目录表目登记了相应文件的符号名、物理位置和说明信息(为简单起见,图 9.10 中未列出说明信息)。

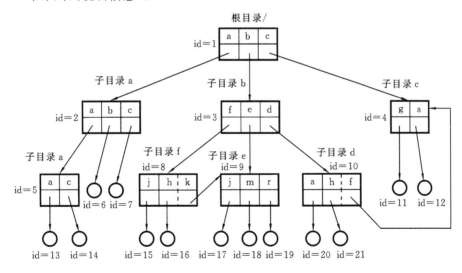

图 9.10　多级目录结构

在图 9.10 中,文件旁注的 id 号码为系统赋予的唯一的标识符,目录中的字母表示文件(目录文件或信息文件)的符号名字。例如,根目录下有名为 a、b、c 的三个子目录,其内部标识符 id 分别为 2、3、4。

在多级目录中,一个文件的路径名是由主目录到该文件的通路上所有目录文件名和该文件的符号名组成的,它们之间用分隔符分隔。例如,对于图 9.10 中 id 为 15 的文件,其文件路径名为"/b/f/J"。当用户进程使用文件路径名来存取文件时,文件系统将根据这个路径名描述的顺序来查访各级目录,从而确定所要文件的位置。

采用多级目录组织后,不同用户可以给不同的文件起相同的名字。例如,id 为 13 和 20 的文件,虽然它们的符号名都为 a,但它们分别属于两个不同的子目录,其路径名分别为"/a/a/a"和"/b/d/a",故能解决这一命名冲突问题。而且,多级目录结构能使命名更灵活一些,它允许一个用户给其不同的文件取相同的名字,只要它们不在同一分目录中即可,如 id 为 15 和 17 的文件,它们的符号名字都为 J。但由于它们的路径名分别为"/b/e/J"和"/b/f/J",故不会造成混乱。

# 9.6 共享与安全

## 9.6.1 文件共享与安全性的关系

在任何操作系统中,大量的文件需要管理,并且当用户进程请求时应指派给它们。如果文件的每一份拷贝都为每个用户所保留,则所要求的文件区将超出系统的海量存储器的能力。为了减少用户的重复性劳动,免除系统复制文件的工作和节省文件占用的存储空间等,系统提供文件共享的能力是十分必要的。

所谓文件共享,是指某一个或某一部分文件可以让事先规定的某些用户共同使用。为实现文件共享,系统还必须提供文件保护的能力,即提供保证文件安全性的措施。

文件的安全性问题是直接从共享的要求中提出来的。在非共享环境中,唯一允许存取文件的用户是文件主本人。因此,只要在主文件目录(MFD)中作一次身份检查就可确保其安全性。对于共享文件,文件主需要指定哪些用户可以存取他的文件,哪些用户不能存取。一旦某文件确定为可被其他用户共享时,还必须确定他们存取该文件的权限。例如,可允许他的一些伙伴更新他的文件,而另一些伙伴可以读出这些文件,其他的就只能装入和执行该文件。这就涉及文件安全性(即保护)的问题。

文件的保护是指文件本身不得被未经文件主授权的任何用户存取,而对于授权用户也只能在允许的存取权限内使用文件。它涉及用户对文件的使用权限和对用户权限的验证。所谓存取权限的验证,是指用户存取文件之前,需要检查用户的存取权限是否符合规定,符合者允许使用;否则拒绝。

为了保证文件的安全性,一个文件保护系统应具有以下四个方面的内容。

① 被保护的目标。例如保护一个目标文件。

② 该系统允许的文件存取类型。

③ 标识谁能独立地存取某一文件的用户。

④ 实现文件保护的过程,即存取权限的验证。

## 9.6.2　建立当前目录实现文件共享

建立值班目录(或称为当前目录)可方便地实现文件共享。这种实现方法是:系统令正在运行的进程获得一个值班目录(例如,某进程可指定当前值班目录的 id 号为 8),该进程对文件的所有访问都是相对于值班目录进行的。这时,用户文件的路径名由值班目录到信息文件的通路上所有各级目录的符号名加上该信息文件的符号名组成,它们之间用分隔符分隔。系统规定标识文件的通路可以往上"走",并用"*"表示一个给定目录文件的父结点。在图9.10所示的多级目录结构中,假定当前值班目录的 id 号为 8,那么,id 号为 15 的文件的路径名为 J。若要共享另一目录下的文件,且具有访问权限的情况下,该进程可用路径名"*/e/J"访问 id 号为 17 的文件;用路径名"*/*/c/a"访问 id 号为 12 的文件。这样便达到了诸用户共享文件的目的。

## 9.6.3　采用链接技术实现文件共享

指定值班目录的办法可以实现文件共享,但这是一种"绕弯子"办法,因为要花很多的时间去访问多级目录。为了提高访问其他目录中文件的速度,可采用链接技术。

所谓链接,就是在相应目录表目之间进行链接,即在一个目录中表目的文件物理位置这一数据项直接指向需要共享文件所在的目录的表目。需要注意的是,这种链接不是直接指向文件,而是指向相应目录表目。这种办法也称为连访,被共享的文件称为连访文件。在图9.10中有两个链接,一是为了实现子目录 d 共享子目录 c 中 id 号为 12 的文件;另一个链接是实现子目录 b 的两个下级目录间的文件共享,即子目录 f 要共享子目录 e 中 id=17 的文件。现在假定当前值班目录为 id=8,则当前进程可用路径名"k"直接存取 id 号为 17 的文件;若假定当前值班目录为 id=3,可用路径名"d/f"存取子目录 c 中 id 号为 12 的文件;若假定当前值班目录为 10,则可用"f"直接存取 id 号为 12 的文件。

采用这种链接方法时,在文件说明中必须增加"连访属性"和"用户计数"两项:前者说明表目中的地址是指向文件还是指向共享文件的目录表目;后者说明共享文件的当前用户数目。若要删除一个共享文件时,必须判别是否有共享的用户还要使用,若有,只作减 1 操作;否则,才真正删除此共享文件。

## 9.6.4　存取权限的类型及其验证方法

文件系统可以定义不同的存取类型,在技术文献中通常引用的存取特权包含如下内容。
EXECUTE ACCESS:允许用户能执行文件,但不能读文件。
READ ACCESS:允许用户能读所有文件或部分文件。
UPDATE ACCEES:允许用户能修改所有或部分文件内容。
WRITE ACCESS:允许用户不仅能修改文件内容,而且还能将新的记录加到文件中去。
DELETE ACCESS:允许用户能删除他自己的文件。

CHANGE ACCESS:允许用户能修改文件属性,这一特权为文件拥有者保存。

文件拥有者通常具有以上各种特权,不具备这些特权的用户是不能以任何方式存取该文件的。若文件拥有者允许某用户共享此文件,则应指出该用户对此文件具有的权限。比如,若文件主只允许某用户具有 EXECUTE ACCESS 和 READ ACCESS 特权,那么该用户就只能执行和读该文件。

在一个文件系统中,可采用多种方法来验证用户的存取权限,以便保证文件的安全性。下面介绍几种验证用户存取权限的方法。

**1. 访问控制矩阵**

控制对文件访问的一种方法是,建立一个二维访问控制矩阵用以列出系统中所有用户和文件。其中,一维列出系统的用户,以 $i(i=1,2,\cdots,n)$ 表示,另一维列出计算机系统的全部文件,以 $j(j=1,2,\cdots,m)$ 表示。当允许用户 $i$ 访问文件 $j$ 时,元素 $A_{ij}=1$;否则 $A_{ij}=0$。访问控制矩阵如图 9.11 所示。在一个具有大量用户和大量文件的系统中,这一矩阵是十分庞大的,同时也是十分稀疏的。

当一个用户向文件系统提出存取请求时,由文件系统中的存取控制验证模块根据这个访问控制矩阵将本次请求和该用户对这个文件的存取权限进行比较,如果不匹配,就拒绝执行。

| 文件<br>用户 | 1 | 2 | 3 | 4 | 5 | 6 | 7 | 8 | 9 | 10 |
|---|---|---|---|---|---|---|---|---|---|---|
| 1 | 0 | 0 | 1 | 1 | 0 | 0 | 0 | 0 | 1 | 0 |
| 2 | 0 | 0 | 1 | 0 | 1 | 0 | 0 | 0 | 0 | 0 |
| 3 | 0 | 1 | 0 | 1 | 0 | 1 | 0 | 0 | 0 | 0 |
| 4 | 1 | 0 | 0 | 0 | 0 | 0 | 0 | 0 | 0 | 0 |
| 5 | 1 | 1 | 1 | 1 | 1 | 1 | 1 | 1 | 1 | 1 |
| 6 | 0 | 0 | 0 | 0 | 0 | 0 | 1 | 1 | 0 | 0 |
| 7 | 1 | 0 | 0 | 0 | 0 | 0 | 0 | 0 | 0 | 1 |
| 8 | 1 | 0 | 0 | 0 | 0 | 0 | 0 | 0 | 0 | 0 |

图 9.11　访问控制矩阵

这种方法的优点是一目了然,缺点是这个矩阵往往过于庞大。如果为了快速存取而将其放到主存中,则要占据大量的主存空间。另外,若要对访问权限进一步细化,还可以分可读(R)、可写(W)、可执行(E)等权限,那么这个矩阵会变得更复杂。

**2. 存取控制表**

访问控制矩阵的主要缺点是占用空间大。然而,经过分析可以发现,某一文件往往只与特定的少数几个用户有关,而绝大多数用户与此无关。因此,可以简化访问控制矩阵,减少不必要的登记项。

一种要求少量空间的技术是根据不同用户类别控制访问。常用的对用户分类模式如下。

① 文件主。正常情况下,这是建立文件的用户。

② 指定的用户。文件主所指定的允许使用这一文件的另外用户。

③ 组或项目。用户通常是工作在某一特定项目的小组中。在这一情况下,组内的各个成员可以全被赋予对与项目有关的所有文件的互相访问权。

④ 公用。大多数系统允许一个文件被指定为公用的,这样它就可以被该系统的用户群中的任何成员所访问,公用访问一般只允许用户读或执行一个文件,而写则是被禁止的。

采用存取控制表的方法对文件进行保护时,要将所有对某一文件有存取要求的用户按某种关系或工程项目的类别分成若干组,而将一般的用户统统归入"其他"用户组,同时还规定每一组用户的存取权限。所有用户组的存取权限的集合就是该文件的存取控制表,如表 9.5 所示。

表 9.5　存取控制表

| 文件<br>用户 | Alpha |
| --- | --- |
| 文件主 | RWE |
| A 组 | RE |
| B 组 | E |
| 其 他 | NONE |

一般将这些信息存放在文件目录项中。用户可以按下述方式分类:① 文件主;② 伙伴;③ 其他用户。典型的存取权限是:① 只能执行(E);② 只能读(R);③ 只能在文件尾添加(A);④ 可更新(U);⑤ 可改变保护级别(P);⑥ 可删除(D)。

可设计用于存取控制的保护关键字,该关键字包含 3 个字母,分别表示文件主、伙伴和其他用户对该文件的存取权限。当存取权限确定为上述①~⑥中的某一个字母时,其含义是具有该字母及其之前的各种存取权限。例如,存取级别 A 表示具有在文件尾添加、对文件进行读和执行三种权限。如果在建立文件时,由文件主指定的一个标准文件的保护关键字是DAR,则表示文件主可以做任何一个操作,伙伴能够执行、读和添加,而其他用户只能执行和读取。有时,为了防止自身出错,应让文件主本身具有一个较低的存取权限。但是,文件系统总要允许文件主能改变他的存取权限,否则,文件主就无法改变或删除他自己的文件。

要实现上面这种方法,文件主必须说明哪些用户具有伙伴关系,并作记录。除了文件主进行的存取外,其他用户每次存取该文件时都要检查该记录。若系统能隐式地定义伙伴关系,则可避免上述的表格检查。这样的系统需要依靠标识符来识别用户,标识符可以这样来构造:使它的第一个成分指出伙伴关系(同组用户),第二个成分标识用户特征。例如,DEC system-10机器上的用户标识符由课题号和用户号组成,对所有具有相同课题号的用户,就文件存取而言,彼此是伙伴关系。当一个用户企图对某个文件进行存取访问时,只要比较其标识符与文件主的标识符中的课题号是否一样,就能确定他是否为同组用户。这种方法实现起来比较简单,但是不能对文件主的不同文件分别规定同组用户。

**3. 用户权限表**

将一个用户(或用户组)所要存取的文件名集中存放在一张表中,其中每个表目指明相应文件的存取权限,如表 9.6 所示。这种表称为用户权限表。

如果某系统采用这种方法进行存取保护,则要为每个用户建立一张用户权限表,并放在一个特定的区域内。只有负责存取合法性检查的程序才能存取这个权限表,以达到有效保护的目的。当用户对一个文件提出存取要求时,系统查找相应的权限表,以判断他的存取要求是否合法。

表 9.6　用户权限表

| 用户<br>文件 | A 组 |
| --- | --- |
| sqrt | RW |
| test | R |
| alpha | RE |
| ⋮ | ⋮ |
| abc | RW |

**4. 口令**

口令和密码技术可应用在复杂的文件系统特别是数据库管

理系统中。使用口令的办法是,用户为自己的每个文件规定一个口令,并附在用户文件目录中。存取文件时必须提供口令,只有当提供的口令与目录中的口令一致时才允许存取。当某一用户允许几个用户使用他的某个文件时,他必须把有关的口令告诉那几个用户。这些用户可以通过适当的命令通知文件系统在他的文件目录中建立相应的表目,并附上规定的口令。以后,这些用户就可以通过约定好的口令来使用这些文件了。

使用口令的优点是简便,并且只需少量空间存放口令。其缺点如下。

① 保护级别少。实际上只有"允许使用"和"不允许使用"两种,而没有区分读、写、执行等不同的权限。一旦获得口令就可以和文件主一样地使用文件。

② 保密性能差。保护信息存在系统中,有被人(特别是系统程序员)窃取全部口令的危险(前述几种方法均有类似缺点)。

③ 不易改变存取控制权限。例如,当文件主想要改变口令以拒绝某一曾经使用过他的文件的用户继续使用其文件时,他必须把新口令通知其他允许使用他的文件的用户。

**5. 密码**

为了防止破坏和泄密而采取的保护信息的另一种办法是,对文件进行编码。

文件写入时进行编码,读出时进行译码。这些工作都是由系统存取控制验证模块来承担的。由发请求的用户提供一个变元——代码键。一种简单的编码方法是,利用这个键作为生成一串相继的随机数的起始码。编码程序把这些相继的随机数加到被编码的文件的字节串上去。译码时,用编码时相同的代码键去启动随机数发生器,并从存入的文件中依次减去所得到的随机数,这样就能得到原来的数据。由于只有核准的用户才知道这个代码键,因而他可以正确地引用文件。

在这个方案中,代码键不存入系统。只有当用户要存取文件时,才需将代码键送进系统。由于系统中没有那种可由不诚实的系统程序员能读出的表和信息,他们也就找不到各种文件的代码键,因而也无法偷看或篡改别人的文件。

密码技术具有保密性强、存储空间小的特点,但必须花费大量编码和译码时间,增加了系统的开销。

# 9.7 文件操作与文件备份

## 9.7.1 文件操作

使用户能方便、灵活地使用文件,文件系统通常提供使用文件的有关系统调用。这些系统调用描述了文件系统呈现在用户面前的面貌。命令的数目及其功能取决于操作系统环境。一组最小的功能集如表 9.7 所示。

表 9.7　文件系统调用

| 名　字 | 功　能 |
| --- | --- |
| create | 创建一个新文件到系统目录 |
| delete | 从系统目录中撤销一个文件 |
| rename | 在系统目录中改变文件的名字 |
| file attributes | 设置文件属性 |
| open | 在用户和文件(或设备)之间建立一个逻辑通路 |
| close | 在用户和文件(或设备)之间撤销一个逻辑通路 |
| write | 写到一个文件(或设备)上 |
| read | 从一个文件(或设备)读入数据信息 |
| directory read | 读目录信息 |
| disk space | 确定在一个给定设备上可利用的磁盘区域的大小 |
| link | 从一个文件到其他文件之间创建一个逻辑通道 |
| unlink | 撤销到文件的逻辑通道 |
| file date | 改变文件的 date_time 域 |

　　有关的文件系统调用可以在各种系统的使用说明书中查到,这里仅对"打开文件"和"关闭文件"命令作一简单介绍。

　　操作系统需要处理大量的用户文件,而要访问一个信息文件需要多次查寻各种目录。通常的做法是将大量的文件目录组织成文件,称为目录文件,它与文件一起存放在文件存储器上。目录文件是用户和文件管理的接口,是系统查找用户文件的有效工具,它的结构和管理直接影响到文件系统的实现和效率。由于文件目录在辅存上,如要存取文件时都要到辅存上去查寻目录,那是颇为费时的。但是,如果把整个目录在所有时间内都放在主存,则要占用大量的存储空间,显然这也是不可取的,因为目录数可能很多,表目总数成千上万。实际上,在一段时间内使用的文件数总是有限的,因而也仅涉及少量的目录表目。所以,只需将目录文件中当前正需要使用的那些文件的目录表目复制到主存中。这样既不占用太多的主存空间,又可显著地减少查寻目录的时间。为此,大多数操作系统把目录文件和用户的信息文件一样看待,能对它进行读、写操作。相应的,系统为用户提供了"打开文件"和"关闭文件"两种特殊的文件操作。

　　所谓打开文件就是把该文件的有关目录表目复制到主存中约定的区域,建立文件控制块,即建立了用户和这个文件的联系。所谓关闭文件就是用户宣布这个文件当前不再使用,系统将其在主存中的文件控制块的内容复制到磁盘上的文件目录项中,并释放文件控制块,因而也就切断了用户同这个文件的联系。

　　若一个文件有关的目录表目已被复制到主存,则称它为已打开的(或活动的)文件。在主存中存放这些目录表目的区域可形成一张活动文件表。

　　当用户访问一个已打开的文件时,系统不用到辅存上去查目录,而只要查找活动文件表就可得到该文件的文件说明。文件一次被打开后,可多次使用,直到关闭或撤销该文件为止。

## 9.7.2　文件的备份

在计算机运行过程中,可能出现各种意想不到的事故,例如发生电击、火灾,也可能发生电源波动及一些破坏行为,这些都会破坏文件的完整性。也就是说,对信息的有意或无意的破坏确实存在。所以,操作系统中文件系统的设计必须考虑这些问题。

对于一些意外事故可采用物理的防护措施,例如,可使用电源滤波和准备一些消防器材。但还有一些事故,例如,一次磁盘头事故可能毁坏一个磁盘组的可用性,因为在这种磁盘头事故中,读写头与磁盘面相碰而划伤磁盘面。为了能在软、硬件失效的意外情况下恢复文件,保证文件的完整性、数据的连续可利用性,文件系统应当提供适当的机构,以便复制备份。这就是说,系统必须保存所有文件的双份拷贝,以便在任何不幸的偶然事件后,能够重新恢复所有文件。

建立文件拷贝的基本方法有两种。第一种比较简单的方法称为周期性转储(或称为全量转储、定期后备)。这种方法是按固定的时间周期把存储器中所有文件的内容转存到某种介质上,通常是磁带或磁盘。在系统失效时,使用这些转存磁盘或磁带,将所有文件重新建立并恢复到最后一次转存时的状态。周期性转储的缺点是:

① 在整个转存期间,文件系统可能被迫停止工作;

② 转存一般需耗费较长的时间(从 20 分钟到 2 小时),它取决于系统的大小和磁带驱动器的速度。因此,转存不能频繁执行,一般每周进行一次。于是,从转存介质上恢复的文件系统可能与被破坏的文件系统有较大的差别。

周期性转储的一个好处是文件系统可以把文件进行重新组合,即把用户文件散布在磁盘各处的所有块连续地放置在一起。这样,当再次启动系统后对用户文件的访问就快得多。

对要求快速复原和恢复到故障当时状态的系统,定期将整个文件系统转储是不够的。另一种更为适用的技术称作增量转储。这种技术转储的只是从上次转储以后已经改变过的信息。这就是说,只有那些后来建立的或改变过的文件才会被转储。增量转储的信息量较小,故转储可在更短的时间周期内进行,如每隔 2 小时进行一次。增量转储是将二次增量转储期间内创建和修改过的但尚未转存的文件送到转存介质上去。为了确定哪些文件要转储,必须对更新的文件作标记,在转储后将该标记消除。增量转储使得系统一旦受到破坏后,至少能够恢复到数小时前文件系统的状态,所以造成的损失最多只是最近数小时内对系统中某些文件所作的处理。上述的周期性转储的优点,它也具备。

在实际工作中,可将两种转储方式配合使用。一旦系统发生故障,文件系统的恢复过程大致如下。

① 从最近一次全量转储盘中装入全部系统文件,使系统得以重新启动,并在其控制下进行后续恢复操作。

② 由近及远从增量转储盘上恢复文件。可能同一文件曾被转存过若干次,但只恢复最后一次转存的副本,其他则被略去。

③ 从最近一次全量转储盘中,恢复没有恢复过的文件。

全量转储和增量转储技术在 MULTICS 中得到了比较充分的利用,UNIX 则继承了这一点。

这两种技术都存在着这样一个问题:在最后一次转储时间到故障出现之间可能有显著活

动。对于那些不允许丢失任何一个细微活动的系统而言,采用"事务登录方法"是适用的。在这种方法中,每一事务处理在它发生的同时立即复制备份。这种紧张的后备工作在交互系统中比较容易实现,因为这种系统的活动受到相对慢速的响应时间的限制。此外,这种系统有可能后备到相当适时的状态。

为了满足分布、动态、实时性的需要,还有动态备份和远程备份技术。系统提供故障检测、故障处理、故障恢复机制。能动态地备份文件,甚至备份到远程结点上;动态检测文件是否遭到破坏,若发现文件出现了不一致的问题,立即进行文件恢复工作,以保证文件的完整性。

# 9.8　UNIX 文件系统的主要结构及实现

## 9.8.1　UNIX 文件系统的特点

UNIX 文件系统是 UNIX 成功的关键之一。UNIX 的设计者对文件系统的功能进行了精心的设计,使得它以少量的代码实现了非常强的功能。UNIX 文件系统的特点主要表现为以下几点。

**1. 树型层次结构**

UNIX 系统的文件目录结构采用树型层次结构。在该结构中,若干文件组织在一个目录之下,若干目录又可以组织在另一个目录之下,并可以形成任意层次的目录结构。用户可以把自己的文件组织在不同的目录中,从而方便了它的使用和有控制的共享。

**2. 可安装拆卸的文件系统**

用户可以把自己的文件组织成一个文件系统(文件卷),需要时安装到原有的文件系统上,不需要时可以卸下来。这既扩大了用户的文件空间,也有利于他的文件的安全。UNIX 的文件系统分成基本文件系统和可装卸的文件系统(又称为文件卷)两部分,UNIX 文件系统的基本结构如图 9.12 所示。

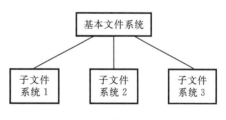

图 9.12　UNIX 文件系统的基本结构

基本文件系统是整个文件系统的基础,固定于根存储设备上(一般为磁盘,如 RK 盘)。各个子文件系统存储于可装卸的文件存储介质上,如软盘、可装卸的盘组等。系统一旦启动运行后,基本文件系统不能拆卸,而子文件系统则可以随时更换。

**3. 文件是无结构的字符流式文件**

UNIX 文件主要是正文文件,不需要复杂的文件结构。如果需要,用户可以为文件增加结构。这种简单的文件概念有利于用户的使用,便于不同文件之间的通信,也简化了系统设计。

**4. UNIX 文件系统把外部设备和文件目录作为文件处理**

UNIX 文件系统把外部设备和文件目录作为文件处理,这样处理方便了目录访问和对外部设备的使用。特别是,使用户摆脱了外部设备的具体物理特性,也有利于对外设和目录的存取控制。

# 9.8.2 索引节点

### 1. 目录项

存取文件信息时要检索文件目录,所以文件目录项的大小、文件目录的组织对文件系统的效率有很大的影响。如果把有关文件的全部说明信息都存放在相应目录项中,势必使每个目录的规模庞大,而在进行检索时,又要把目录的全部内容都读入主存查找,这显然浪费了大量I/O传送时间。UNIX 系统采用的办法是将目录项中除了名字以外的信息全部移到另一个数据块上,而系统中所有这类数据块都放入磁盘中约定的位置,在物理上连续存放,并顺序编号,这种数据块就是索引节点(index node),简称为 i 节点;而在目录项中只有文件的名字和对应 i 节点的编号。这样,大大减小了系统各级目录的规模。

UNIX 系统(在 UNIX 版本 7 中)每个目录项占 16 个字节,其中 14 个字节存放文件名(分量名),另 2 个字节存放 i 节点号。

### 2. 索引节点结构

索引节点又称为文件控制块,它是描述文件信息的一个数据结构。这个数据结构存储在辅存上,所以又称为磁盘索引节点。辅存存放 i 节点的区域称为磁盘 inode 区。

表 9.8 磁盘索引节点的结构

| | |
|---|---|
| 文件所有者标识 | i_uid, i_gid |
| 文件类型 | i_type |
| 文件存取许可权 | i_mode |
| 文件联结计数 | i_ilink |
| 文件存取时间 | i_time |
| 文件长度 | i_size |
| 地址索引表 | i_addr[13] |

磁盘索引节点的结构如表 9.8 所示。有关项目简介如下。

① 文件所有者标识。文件所有权定义了对一个文件具有存取权限的用户集合,分为文件所有者、用户组所有者。

② 文件类型。文件类型分为正规文件、目录文件、字符特殊文件或块特殊文件。

③ 文件存取许可权。系统按文件所有者、文件的用户组所有者及其他用户三个类别对文件进行保护。每类都具有读、写、执行该文件的存取权,并且能分别地设置。

④ 文件联结计数。表示在本目录树中有多少个文件名指向该文件。每当增加一个名字时,i_ilink 值加 1,减少一个名字时其值减 1。当其值减为 0 时,才能真正删除该文件。

⑤ 文件存取时间。它给出了文件最后一次被修改的时间,最后一次被存取的时间,最后一次被修改索引节点的时间。

⑥ 文件长度。一个文件中的数据可以用它偏移文件起始点的字节数来编址。假设起始点的字节偏移量为 0,则整个文件长度比该文件中数据的最大字节偏移量大 1。

⑦ 地址索引表。它是文件数据的磁盘地址明细表。在用户面前,文件中的数据在逻辑上作为字节流看待,而文件系统把这些数据保持在不连续的磁盘块上。在索引节点中此数据项标识出含有文件数据的磁盘块的分布情况。它是一张地址索引表,可用 i_addr[8] 来描述(在UNIX 版本 7 中),在 UNIX system V 的索引节点中的地址表有 13 项。

表 9.9 给出了一个文件的磁盘索引节点示例。该索引节点是一个正规文件的索引节点，其所有者是"mjb"，含有 6 030 B。系统允许"mjb"读、写或执行该文件，"os"用户组的成员可以读或执行该文件，而其他用户只能执行。表 9.9 中也列出了最后一次读、写文件的时间以及最后一次改变索引节点的时间。

表 9.9　磁盘索引节点示例

| 所　有　者 | mjb |
|---|---|
| 用户组 | os |
| 类型 | 正规文件 |
| 文件存取许可权 | rwx　rx　x |
| 最后一次读文件 | 1992.10.23　下午 1:45 |
| 最后一次写文件 | 1992.10.22　上午 10:30 |
| 最后一次改变索引节点 | 1992.10.23　下午 1:30 |
| 文件长度 | 6 030 B |
| 磁盘地址 | i_addr[8] |

值得注意的是，把索引节点的内容往磁盘上写与把文件的内容往磁盘上写的区别是：仅当写文件时才改变文件内容，而当改变文件内容、所有者、文件存取许可权或连接状态时，都要改变索引节点的内容。改变一个文件的内容自动地暗示着其索引节点的改变，但改变索引节点并不意味着文件内容的改变。

## 9.8.3　文件索引结构

在上一节中讨论了索引节点的结构，在该结构中有一个文件数据磁盘地址明细表。由于磁盘上的每一块都是编了号的，所以，地址索引表是由磁盘块号的集合组成的。当文件采用不连续分配时，文件所在的物理块号是不连续的。为了使索引节点保持较小的结构，又能很方便地组织大文件，UNIX 系统采用了文件索引结构。

**1. UNIX 7 版本的索引结构**

UNIX 7 版本的索引结构，在文件 i 节点中使用一个具有 8 个数据项的数组 i_addr[ ]来描述文件物理结构，每个表项占 2 个字节。UNIX 系统文件逻辑记录的大小为 512 B，磁盘块的大小为 512 B，所以一个逻辑记录正好放在一个磁盘块上。在 UNIX7 版本中使用数组 i_addr[ ]可以分别构造小型文件、大型文件和巨型文件三种结构，而且可以根据文件的大小自动地转化。

1) 小型文件

UNIX 7 版本对于小文件采用直接索引结构，使用数组 i_addr[ ]作为直接索引表来构造小型文件。UNIX 7 版本的小型文件结构如图 9.13 所示。

在小型文件结构下，系统能支持的文件最大可以有 8 个记录，文件最大为 8×512 B。

2) 大型文件

若文件的大小超过 8 个记录，则要构造大型文件结构。这时数组 i_addr[ ]用作一级间接

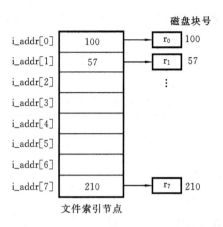

图 9.13　UNIX 7 版本的小型文件结构

索引,而且只使用 i_addr[0]——i_addr[6]7 个表项。用磁盘块作为一级间接索引表块,用 2 个字节登记磁盘块号,这样,一个磁盘块可以有 256 个表项。UNIX 7 版本的大型文件结构如图 9.14 所示。

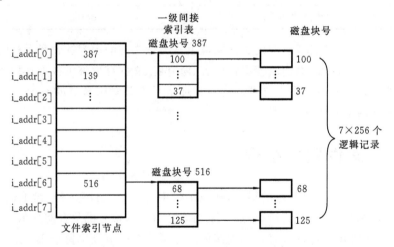

图 9.14　UNIX 7 版本的大型文件结构

在大型文件结构下,系统能支持的文件最多可以有 $7 \times 256$ 个记录,文件最大为 $7 \times 256 \times 512$ B。若文件的记录大于 8 时,如何从小型文件结构自动地转化为大型文件结构,请读者思考,并提出解决方案。

3)巨型文件

若文件的大小超过 $7 \times 256$ 个记录,则要构造巨型文件结构。这时数组 i_addr[ ]中的 i_addr[0]——i_addr[6]7 个表项用作一级间接索引,而 i_addr[7]用作二级间接索引。UNIX 7 版本的巨型文件结构如图 9.15 所示。

在巨型文件结构下,系统能支持的文件最大可以有 $7 \times 256 + 256^2$ 个记录,文件最大为 $(7 \times 256 + 256^2) \times 512$ B。图 9.15 中给出的是 UNIX 7 版本最大可能支持的文件的索引结构。任何一个具体的文件都有自己的索引结构,且要根据其大小来构造。

若文件的记录大于 $7 \times 256$ 个记录时,就启用 i_addr[7]单元,将该单元用作二级间接索引。

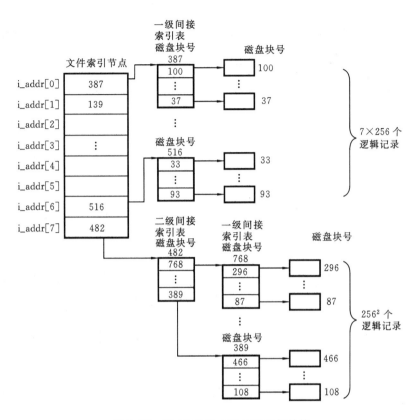

图 9.15　UNIX 7 版本的巨型文件结构

**2. UNIX system V 的索引结构**

实际上文件索引结构采用多少个表目作为地址索引表的表项,采用几级索引,这与文件系统设计的目标紧密相关,因为,这些设计参数与实现方法直接影响系统能描述的文件大小、文件存取的速度等性能。UNIX 系统由于采用了索引结构,其文件长度几乎不受限制。

UNIX system V 采用数组 i_addr[13] 作为地址索引表,那么用 13 个字的数组 i_addr[13] 如何获得所有地址分布信息呢?下面对此进行讨论。

图 9.16 说明了 UNIX system V 文件索引的结构。在图 9.16 中,i_addr[0]～i_addr[9] 为直接索引。这 10 个表目包含的是实际数据块所在的磁盘块号。i_addr[10] 为一级间接索引,它指向一个一级间接索引表块,该索引表块内含有实际数据块所在的磁盘块号。i_addr[11] 为二级间接索引,它指向一个二级间接索引表块,该索引表块内含有一级间接索引表块的块号集合。i_addr[12] 为三级间接索引,它指向一个三级间接索引表块,该索引表块内含有二级间接索引表块的块号集合。当然,还可以有四级间接索引或五级间接索引。要注意的是,间接索引的级数越多,检索的速度越慢。在实际应用中,采用三级间接索引已经够用了,且开销适中。

假设文件系统中的逻辑块的大小(与磁盘块大小相等)为 512 B,并且假设一个块号用 16 位(2 个字节)的整数编址。这样,每个索引表块可容纳 256 个表项。一个文件可容纳的字节数的最大值可以计算出来,如图 9.17 所示。若索引节点中"文件长度"字段为 32 位,则一个文件的长度不能超过 4 GB(4 千兆)。

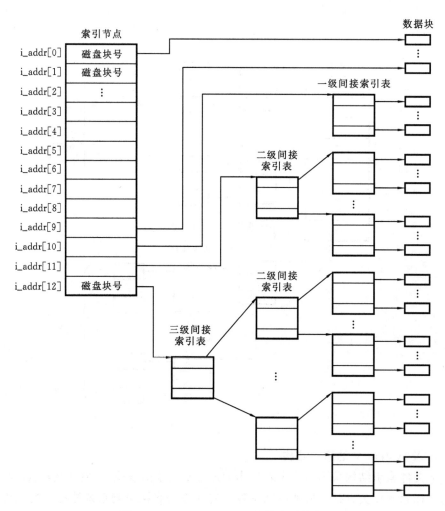

图 9.16　UNIX system V 文件索引结构

```
10 个直接块,每块按 512 B 计为 5 120 B
一个具有 256 个直接块的一次间接索引为 128 KB
一个具有 256 个一次间接块的二次间接索引为 32MB
一个具有 256 个二次间接块的三次间接索引为 8 GB
```

图 9.17　一个文件字节容量的计算

## 9.8.4　文件目录结构

**1. 文件目录结构**

UNIX 采用树型目录结构,而且目录中带有交叉勾链。每个目录表称为一个目录文件。一个目录文件是由目录项组成的。每个目录项包含 16 个字节,一个辅存磁盘块(512 B)包含 32 个目录项。UNIX 树型目录结构如图 9.18 所示。

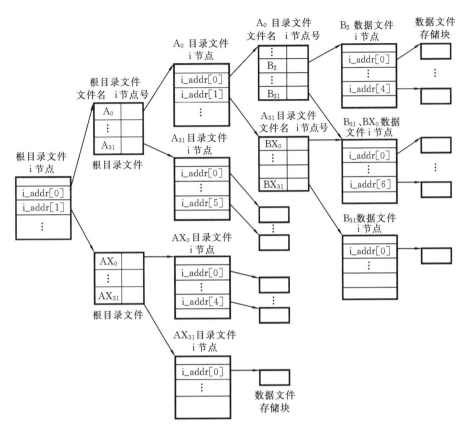

图 9.18　UNIX 树型目录结构

在目录项中,第 1、2 字节为相应文件的辅存 i 节点号,是该文件的内部标识;后 14 个字节为文件名,是该文件的外部标识。所以,文件目录项记录了文件内、外部标识的对照关系。根据文件名可以找到辅存 i 节点号,由此便得到该文件的所有者、存取许可权、文件数据的地址分布等信息。核心就像为普通文件存储数据那样来为目录存储数据,也使用索引节点结构和地址索引结构。进程可以按它们读正规文件的方式读目录文件,但核心保留写目录的权利,因此能保证它的结构的正确性。每个文件系统(基本或子文件系统)都有一个根目录文件,它的辅存 i 节点是相应文件存储设备上辅存索引区中的第一个,其位置固定很容易找到。

**2. 文件目录结构中的勾链**

UNIX 文件系统的目录结构中带有交叉勾链。用户可以用不同的文件路径名共享一个文件,即文件的勾链在用户看来是为一个已存在的文件另起一个路径名。在 UNIX 的多级目录结构中,勾链的结果表现为一个文件由多个目录项所指向。UNIX 只允许对非目录文件实行勾链。

例如,一个文件有两个名字:

/a/b/file$_1$

/c/d/file$_2$

数据文件的原有路径名为/a/b/file$_1$,目录结构如图 9.19 上半部分所示。如果再起一个路径名为/c/d/file$_2$,且目录文件/c/d 原来已有,则在此目录文件中加一新目录项,其文件名填

入 $file_2$,而辅存 i 节点号则为/a/b 目录文件中 $file_1$ 目录项中已有的 i 节点号。同时,在此 i 节点中联结计数加 1。这样,两个目录项同时指向一个辅存 i 节点,因而可以共享同一数据文件。

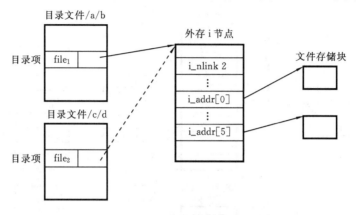

图 9.19　目录结构中的勾链

取消文件路径名/a/b/$file_1$ 或/c/d/$file_2$ 都算为解勾。解勾时,要清除相应目录项,并对辅存 i 节点的 i_nlink 作减 1 处理。单独取消/a/b/$file_1$ 或/c/d/$file_2$ 都不能取消辅存 i 节点及其代表的文件实体。只有当没有一个进程正在使用相应文件时才能释放此 i 节点和相应文件实体所占用的所有存储资源。

## *9.8.5　打开文件管理机构

当用户需要查询、读写文件信息时,文件系统必须涉及文件目录结构、文件辅存索引节点、文件地址索引表这样一些数据结构。这些表格都放在辅存上。为了提高系统效率,减少主存空间的占用,系统设置了打开文件和关闭文件操作。当打开一个文件时,建立用户与该文件的联系,其实质是将该文件在辅存中的有关目录信息、辅存 i 节点及相应的文件地址索引表拷贝到主存中。文件系统中管理这一方面工作的机构称为打开文件管理机构,简称打开文件机构。

打开文件机构由三部分组成。它们是活动 i 节点表、打开文件表和用户文件描述符表。

表 9.10　主存 i 节点结构

| 主存索引节点状态 | i_flag |
|---|---|
| 设备号 | i_dev |
| 索引节点号 | i_number |
| 引用计数 | i_count |
| 文件所有者标识号 | i_uid,i_gid |
| 文件类型 | i_type |
| 文件存取许可权 | i_mode |
| 文件连接数目 | i_nlink |
| 文件长度 | i_size |
| 文件地址索引表 | i_addr[13] |

### 1. 活动 i 节点表

当执行打开文件操作时,将文件辅存 i 节点的有关信息拷贝到主存某一固定区域中,此时的文件称为活动文件,读进主存的这个索引节点称为主存索引节点或活动 i 节点。主存这一区域称为活动 i 节点表,它由若干个活动节点组成。

活动 i 节点的内容与辅存 i 节点的内容略有不同。为了反映文件当前活动情况,添加了如下各项:主存索引节点状态;设备号、索引节点号;引用计数。活动 i 节点的结构如表 9.10 所示。

表 9.10 有关项目解释如下。

(1) 主存索引节点状态反映主存索引节点的使用情况。它指示出如下信息：

① 索引节点是否被上锁；

② 是否有进程正在等待索引节点变为开锁状态；

③ 作为对索引节点中的数据进行更改的结果，索引节点的主存表示是否与它的磁盘中的内容不同；

④ 作为对文件数据更改的结果，文件的主存表示是否与它的磁盘中的内容不同；

⑤ 该文件是否是安装点。

(2) 设备号、索引节点号反映辅存索引节点的位置信息。设备号是索引节点，也是该文件所在设备的设备号；索引节点是该索引节点在辅存索引节点区中的编号。打开某一文件时，若在主存索引节点表中找不到相应的索引节点，则在此表中分配一个空闲项，并将该文件辅存磁盘索引节点中的主要部分复制过来，然后填入相应的辅存索引节点的地址。当需要查询、修改该文件的所有者、存取许可权或改变联结状态时，就在主存索引节点进行。当文件关闭时，如果该主存索引节点已经没有其他用处了，则将弃之以改作他用。在释放前，如果发现它已被修改过，则按此更新相应辅存磁盘索引节点的内容。

(3) 引用计数用来实现该文件活跃引用的计数功能。例如，当进程打开一个文件时，引用计数加 1；关闭文件时，引用计数减 1。只有当引用计数为 0 时，核心才能把它作为空闲的索引节点重新分配给另一个磁盘索引节点。

(4) 文件所有者标识号、文件类型等其他几项则与辅存 i 节点的含义相同。

**2. 系统打开文件表**

一个文件可以被同一进程或不同进程，用同一或不同路径名、相同的或互异的操作要求（读、写）同时打开。这些是动态信息，而 i 节点只是包含文件的物理结构、在目录结构中的勾链情况、对各类用户规定的存取权等静态信息。为此，文件系统设置了一个全程核心结构——系统打开文件表，以便记录打开文件所需要的一些附加信息，该表通常为 100 项。其中，每一个表项的结构如表 9.11 所示。

表 9.11　系统打开文件表结构

| 读 写 标 志 | f_flag |
|---|---|
| 引用计数 | f_count |
| 指向主存索引节点的指针 | f_inode |
| 读/写位置指针 | f_offset |

其中 f_flag 标志是对打开文件的读、写操作要求；f_inode 指向打开文件的主存索引节点；f_offset 是对相应打开文件进行读、写的位置指针，文件刚打开时，读、写位置指针值为 0，每次读、写后，都将其移到已读、写部分的下一个字节；引用计数 f_count 在讨论用户文件描述符表时说明。

进程打开一个文件时，需要找到或分配一个主存索引节点，还要分配一个系统打开文件表项，以便建立二者的勾链关系，即将主存索引节点的地址填入打开文件表项中 f_inode 中。

**3. 用户文件描述符表**

每个用户可以打开一定数目的文件，这一情况记录在用户进程扩充控制块 user 的一个数组 u_ofile[NOFILE] 中。该数组称为用户文件描述符表，其中的每一项是一个指针，并指向系统打开文件表的一个表项。一个打开文件在用户文件描述表中所占的位置就是它的文件描述符（或称打开文件号）。对打开文件进行读、写时，直接使用其文件描述符，而不再使用文件路径名。由于 u_ofile[NOFILE] 数组中 NOFILE 最大取值为 15，所以每个进程最多可同时打开 15 个文件。

进程可以打开不同的文件,也可以对同一文件以不同的操作方式打开。

系统调用 open 的语法格式是:fd=open(pathname,modes);

这里,pathname 是文件路径名;modes 是打开的方式,如读、写,或读写。

系统调用 open 返回一个称为文件描述符的整数。其他系统调用,如读、写、定位文件和确定文件状态及关闭文件等,都要使用系统调用 open 返回的文件描述符。

假定一个进程执行下列代码:

$fd_1$=open ("/etc/passwd",O_RDONLY);

$fd_2$=open ("loca",OWR_ONLY);

$fd_3$=open ("/etc/passwd",O_RDWR);

该进程打开文件"/etc/passwd"两次,一次只读,一次读写。它还以写方式打开文件"loca"一次。图 9.20 给出了系统打开文件后的数据结构。

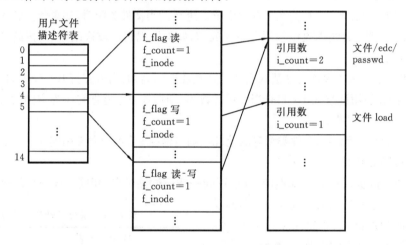

图 9.20　打开文件后的数据结构

打开文件操作的主要任务是将打开文件的磁盘 i 节点内容复制到主存 i 节点中,进行存取权限的检查,申请用户文件描述符表项和系统打开文件表项,建立二者的联系。最后将用户文件描述符表的索引号作为文件描述符返回给进程。即使同一文件(如"/etc/passwd")被打开两次,但因为它们对该文件操作的方式不同,所以占用了文件表的两个表项。对一个文件而言,主存索引节点只有一个,它被打开的所有引用所对应的那些文件表项都指向主存索引节点表中的同一表项。

**4. 用户文件描述符表、系统打开文件表与主存索引节点表的关系**

在讨论用户文件描述符表、打开文件表与主存索引节点表之间的关系之前,先要说明一下,为什么打开文件表是需要的。为了实现文件共享,一种方便的方法是让对应的用户文件描述符表项指向共享文件的主存索引节点。然而这里有一个问题,UNIX 文件的每次读写都要由一个读写指针指出读写的位置,有时为了随机存取,必须预先把读写指针移到所需位置。

对于共享一个文件的各个进程来说,使用文件不必也不可能要求使用同一读写指针,所以该指针不能放在主存索引节点中,可以考虑放在各自的用户文件描述符中。但是,UNIX 中进程可以动态创建,父进程生成的一个或多个子进程完全继承了父进程的一切资源,包括打开的文件。而父、子进程读写文件时,有时又希望公用一个读写指针,完全同步。这样,读写指针放在各自进程的用户文件描述符表中就不合适了。由于进程间的同步是复杂的,为了适应这一动态的要求,就必须建立系统的打开文件表。

在系统打开文件表项中有一引用计数 f_count,它相当于指向该表项的用户文件描述符表的表项数目。系统调用 open(或 creat)为 f_count 置初值为"1"。在创建子进程系统调用 fork 中,因父、子进程共享该项,因而使 f_count 加 1。另有一个系统调用 dup,它的功能是为一个打开文件再取得一个文件描述符。这样,在同一进程的用户文件描述符表中再增一项,它指向系统打开文件表同一项,这时也使 f_count 加 1。系统调用 close 减少一个用户打开文件描述符表项,于是有 f_count 减 1。主存索引节点表项中的 i_count 通常等于指向它的系统打开文件表项的数目,也就是使用该主存索引节点的数目。当分配一个主存索引节点时,i_count 加 1;执行释放主存索引节点时,i_count 减 1。f_count 和 i_count 反映了该文件的主存索引节点和读写指针的使用情况。

图 9.21 说明了用户文件描述符表、系统打开文件表、主存索引节点表之间的关系。其中有三个进程,进程 $A_1$ 是进程 A 的子进程,它继承了父进程的一个文件,自己又打开了另外两个文件。进程 B 独自打开了两个文件,其中有一个正好已为进程 $A_1$ 打开。

一个进程的用户文件描述符表中的前三项一般作为固定使用。其中,0# 打开文件称为标准输入文件,1# 打开文件称为标准输出文件,2# 打开文件为标准错误文件。UNIX 系统中的进程习惯上用标准输入描述符输入数据,用标准输出描述符输出数据,用标准错误描述符写出错数据(信息)。

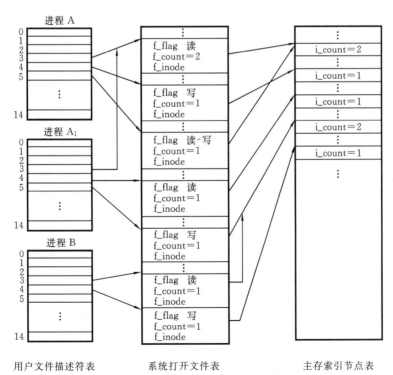

图 9.21　用户文件描述符表、系统打开文件表、主存索引节点表之间的关系

## \* 9.8.6  文件存储器空闲块的管理

### 1. 文件卷和卷管理块

文件卷是指可以有组织地存放信息,并且常常可以装卸的存储介质。

UNIX 的存储介质以 512B 为单位划分为块,从 0 开始直到最大容量并顺序加以编号就成了一个文件卷。这种文件卷在 UNIX 中又称为文件系统。

在 UNIX 系统中,文件系统磁盘存储区分配图如图 9.22 所示。

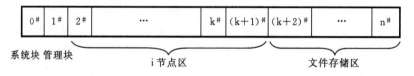

图 9.22  文件系统磁盘存储区分配图

其中:$0^{\#}$ 块作为系统引导之用,不属文件系统管辖;$1^{\#}$ 块为文件卷的管理块;$2^{\#} \sim (k+1)^{\#}$ 块(共 k 块),作为 i 节点区;$(k+2)^{\#} \sim n^{\#}$ 块为文件(包括目录)存储区。

i 节点区的大小在文件卷开始启用前由系统根据使用环境和文件卷长度确定。管理块记载着文件卷总的使用情况,其结构用 C 语言描述如下:

```
struct filsys
{
        int s_isize;              /* i 节点区总块数  */
        int s_fsize;              /* 文件卷总块数  */
        int s_nfree;              /* 直接管理的空闲块数  */
        int s_free[100];          /* 空闲块号栈  */
        int s_ninode;             /* 直接管理的空闲 i 节点数  */
        int s_inode[100];         /* 空闲 i 节点号栈  */
        char s_flock;             /* 空闲块操作封锁标记  */
        char s_ilock;             /* 空闲 i 节点分配封锁标记  */
        char s_fmod;              /* 文件卷修改标记  */
        char s_ronly;             /* 文件卷只读标记  */
        int s_time;               /* 文件卷最近修改时间  */
}
```

其中:s_free[100]、s_nfree 是 filsys 直接管理的空闲盘块索引表和空闲盘块数;s_inode[100]、s_ninode 是 filsys 直接管理的空闲 i 节点索引表和 i 节点数。

### 2. 空闲磁盘块的管理

空闲磁盘块的管理采用成组链接法,即将空闲表和空闲链两种方法相结合。假设一开始文件存储区是空闲的。将空闲块从尾倒向前,每 100 块分为一组(注:最后一组为 99 块),每一组的最后一块作为索引表,用来登记下一组 100 块的物理块号和块数。那么,最前面的一组可能不足 100 块,这一组的物理块号和块数存放在管理块的 s_free[100] 和 s_nfree 中。这种构造方法就是空闲表和空闲链两种方法的结合。空闲盘块分组链接索引结构如图 9.23 所示。

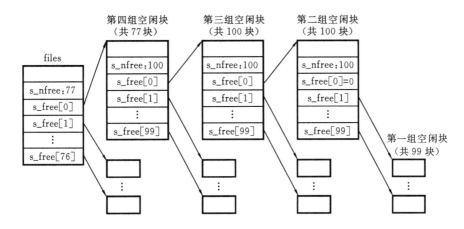

图 9.23　空闲盘块分组链接索引结构

例如,空闲块为 376,则第一组包含 99 块,而第二组、第三组皆为 100 块,第四组是剩下的 77 块。所以,管理块中的 s_nfree 为 77,s_free[100] 中共用了 0~76 各项。而第一组的索引表放在第二组的第一块中,其位置和格式与 s_nfree 和 s_free 相同。在这一张索引表中,s_free[0] 之值为 0,它是空闲盘块链的链尾标志,表示下面没有索引表用于登记空闲块了,其余各组的情况类似。空闲盘块的管理包括分配和释放两部分。

1) 空闲盘块的分配

分配空闲盘块时,总是从索引表中取其最后一项的值,即 s_free[-- s_nfree],相当于出栈。当发现这是直接管理的最后一个盘块时(s_nfree 减 1 后为 0),就将该盘块的空闲盘块索引表和空闲盘块数读入 filsys 的 s_nfree 和 s_free[100] 中,使得用间接方式管理的下一组变为直接管理。如此类推直至最后一组。当最后一个空闲块被分配使用后,nfree 的值为 1。当再次企图分配盘块时,发现 s_free[-- s_nfree](即 s_free[0])的值为 0,说明已到空闲盘块链尾,再没有盘块可供分配了。这时,空闲块分配程序将打印出错信息,并返回一个 NULL 给调用者。

2) 空闲盘块的释放

释放存储块时,将其块号填入 s_free 表中第一个未被占用的项,这相当于压栈。例如,若 s_nfree 的原先值为 66,则将释放块号填入 s_gfree[66] 中,然后 s_nfree 加 1 成为 67。但是在填入前,如果发现 s_free 表已满,则应将 s_nfree 和 s_free 表的内容复制到释放盘块的相应项中。这样,原先由 filsys 直接管理的 100 个空闲块就变为由释放块间接管理,然后将此释放块号填入 s_free[0],s_nfree 置为 1。

由此可见,对空闲盘块的分配和释放类似于栈,使用的是后进先出算法。但其管理机构分为两级,一级常驻主存(filsys 的 s_nfree 和 s_free),另一级则驻留在各组的第一个盘块上。

## *9.8.7　UNIX 文件系统调用

### 1. 文件系统调用与底层算法的关系

上文讨论了 UNIX 文件系统的主要数据结构。本节将简单介绍 UNIX 文件的系统操作,这些文件操作主要包括文件创建、联结、删除、打开、关闭、读和写等。文件的操作是通过文件系统的系统调用进行的。这些系统调用的具体处理过程就是文件系统的工作过程。

文件系统调用是通过各种算法的调用而实现的。这些算法有层次关系,文件系统最终调用高速缓冲中的算法。文件系统调用以及与其他算法的关系可用图9.24来描述。

图 9.24　文件系统调用以及与其他算法的关系

这些算法的主要功能包括缓冲区分配算法、底层文件系统算法。

1) 缓冲区分配算法

(1) getblk。

功能:对高速缓冲中的缓冲区进行分配。

输入:设备号、块号。

输出:现在能被磁盘块使用的、上了锁的缓冲区。

(2) brelse。

功能:释放缓冲区。

输入:上锁态的缓冲区。

输出:无。

(3) bread。

功能:读磁盘块。

输入:磁盘块号。

输出:含有数据的缓冲区。

(4) bwrite。

功能:写磁盘块。

输入:指向缓冲区的指针。

输出:无。

2) 底层文件系统算法

(1) iget。

功能:分配主存索引节点。

输入:辅存索引节点号。

输出:上锁状态的主存索引节点。

(2) iput。

功能:释放索引节点。

输入:指向主存索引节点的指针。

输出:无。

（3）namei。

功能:将文件路径名转换为索引节点。

输入:文件路径名。

输出:上了锁的主存索引节点。

核心通过将一个路径名分量与目录中的一个名字匹配来决定辅存索引节点,进而分配一个主存索引节点。该算法既要调用 iget 将路径名分量转换为对应的辅存索引节点,进而分配一个主存索引节点,同时也要调用 iput 算法,释放已处理过的上一个路径名分量所对应的索引节点。

（4）ialloc。

功能:分配一个磁盘索引节点给一个新建立的文件,以得到一个辅存索引节点,进而分配一个主存索引节点(算法 iget)。

输入:文件所在设备号。

输出:上了锁的主存索引节点。

（5）ifree。

功能:释放索引节点。

输入:磁盘索引节点号。

输出:无。

（6）alloc。

功能:分配磁盘块。该算法分配一个空闲磁盘块,并为该块分配一个缓冲区,清除该缓冲区的数据。

输入:设备号。

输出:用于新磁盘块的缓冲区。

（7）free。

功能:释放磁盘块。

输入:要释放的磁盘块号。

输出:无。

（8）bmap。

功能:实现从逻辑文件字节偏移量到磁盘块的映射,即按主存索引节点中包含的地址索引表,将文件的逻辑块号变为物理块号。

输入:主存索引节点,文件中的字节偏移量。

输出:物理块的块号,块中的字节偏移量,块中的 I/O 字节数。

上述算法中,ialloc 和 ifree 算法用于磁盘索引节点的分配与释放,alloc 和 free 算法则用于磁盘块的分配与释放。

**2. 系统调用 open**

系统调用 open 是进程要存取一个文件中的数据的第一步。对于一个已经存在的文件,必须先用系统调用 open 将它打开。其形式为

fd＝open(pathname,flags,modes);

这里,pathname 是文件路径名;flags 指示打开的类型(如读或写);modes 给出文件许可权。系统调用 open 返回一个称为文件描述符的整数。

open 算法描述见 MODULE 9.1。该算法用 namei 在文件系统中查找文件名参数。在核心找到主存中的索引节点后,它检查打开文件的许可权,然后为该文件在系统打开文件表中分配一个表项。文件表表项中有一个指针,指向被打开文件的主存索引节点;还有一个域为文件读/写的位置指针,它是下一次读/写操作开始的位置。在 open 调用时,该偏移量值为 0,这意味着最初的读、写操作是从文件头开始的。该算法还要在用户文件描述符表(该表是进程 user 区的 u_ofile[NOFILE]项)中分配一个表项,并记下该表项的索引。这个索引就是返回给用户的文件描述符。用户文件描述符表中的表项指向所对应的系统打开文件表中的表项。如果文件不存在或不允许存取,则带错误码返回。

**MODULE 9.1 打开文件**

```
算法    open
输入:文件路径名,打开的类型;文件许可权
输出:文件描述符
{
     将文件路径名转换为索引节点 (算法 name);
     if (文件不存在或不允许存取)
          return(错误码);
     为索引节点分配打开文件表项,置引用计数和偏移量;
     分配用户文件描述符表项,将指针指向打开文件表项;
     if (打开的类型规定清文件)
          释放所有文件块 (算法 free);
     解锁(索引节点);          /* 在上面 namei 算法中上锁 */
     return(用户文件描述符);
}
```

**3. 系统调用 creat**

系统调用 open 给出了存取一个已存在文件的过程,而系统调用 creat 则在系统中创建一个新文件。系统调用 creat 的语法格式为:

fd=creat(pathname,modes);

其中,pathname 为用户给予的新文件的路径名;modes 为文件许可权。

如果将 mode 表示为二进制形式,那么最低的 9 位以 3 位为一组分别用来表示文件主、用户组和其他用户对该新文件的许可权。许可权有读、写、执行之分。

系统按用户进程要求创建了一个文件后返回文件描述符。如果以前不存在这个文件,则核心就以指定的文件名和许可权方式创建一个新文件;如果该文件已经存在,核心就清除该文件(释放所有已存在的数据块并将文件大小置 0)。

creat 算法的描述见 MODULE 9.2。该算法首先用 namei 分析文件路径名。当 namei 分析路径名达到最后一个分量,即系统将要创建的新文件名时,namei 记下其目录中的第一个空目录项的字节偏移量,并将该偏移量保存在 u 区中。假如以前不存在给定名字的那个文件,系

统则用算法 ialloc 给新文件分配一个索引节点。然后,核心按保存在 u 区中的字节偏移量,把新文件名和新分配的索引节点写到文件目录中。接着,将新分配的索引节点和含有新名字的目录写到磁盘上(算法 bwrite)。

**MODULE 9.2 建立新文件**

```
算法  creat
输入:文件路径名;文件许可权
输出:文件描述符
{
    取对应文件的索引节点(算法 namei);
    if (文件已存在)
    {
        if (不允许访问)
        {
            释放索引节点 (算法 iput);
            return (错误码);
        }
    }
    else      /* 文件还不存在 */
    {
        从文件系统中分配一个空闲索引节点 (算法 ialloc);
        在文件目录中建立新目录表项,包括新文件名和新分配的辅存索引节点号;
    }
    为主存索引节点分配文件表表项,初始化引用计数;
    在用户文件描述符表中分配一空表项,使其指向刚分配的打开文件表表项;
    if (文件在创建时已存在)
        释放所有文件块(算法 free);
    解锁(索引节点); /* 在 namei 中上锁 */
    return(用户文件描述符);
}
```

如果给定的文件在系统调用 creat 之前就已存在,那么核心在查找该文件名过程中会找到它的索引节点。系统清除该文件,并用算法 free 释放其所有数据块。这样,该文件看上去就像新建的文件一样。

接着系统调用 creat 按与系统调用 open 同样的方法进行操作。核心为创建的文件在文件表中分配一个表项,还要在用户文件描述符表中分配一个表项,最后返回这一表项的索引作为用户文件描述符。

**4. 系统调用 close**

当系统不再使用一个打开的文件时,就可用系统调用 close 关闭该文件,其语法格式为
close(fd);
其中,fd 为一个已打开文件的文件描述符。

close 算法对文件描述符、对应的文件表表项和主存索引节点表项进行相应的处理,以完成关闭文件的操作。如果文件表项的引用计数 count 由于系统调用 fork 或 dup 而值大于 1,就意味着还有其他用户文件描述符调用这个文件表项。这时,核心将 f_count 减 1,关闭操作

就完成了。

如果 f_count 为 1,核心则释放该文件表表项,使它重新可用。然后再考查能否释放主存索引节点,如果其他进程还引用该主存索引节点,则将 i_count 减 1,并仍保持它和其他进程的联系。如果 i_count 为 0 了,核心则归还该主存索引节点以便再次分配。当系统调用 close 结束时,对应的用户文件描述符表项为空。当一个进程退出时,核心检查它的活动用户文件描述符,并在内部关闭它们。因此,没有任何进程在终止运行之后还能保持一个打开着的文件。

**5. 系统调用 read**

系统调用 read 的语法格式为

number＝read(fd,buffer,count);

其中,fd 是由 open 返回的文件描述符;buffer 是用户进程中的一个数据结构的地址,在 read 调用成功时,该地址中将存放所读的数据;count 为用户要读的字节数;number 为实际读的字节数。read 算法描述见 MODULE 9.3。

**MODULE 9.3　读文件**

```
算法　read
输入:用户文件描述符;用户进程中的缓冲区地址;要读的字节数
输出:拷贝到用户区的字节数
{
    由用户文件描述符得到文件表项;
    检查文件的可存取性;
    在 u 区中设置用户主存地址、字节计数、标志;
    从文件表中得主存索引节点;
    将索引节点上锁;
    用文件表中的偏移量设置 u 区中的字节偏移量;
    while(字节数不满足)
    {
        将文件偏移量转换为磁盘块号(算法 bmap);
        计算块中的偏移量和要读的字节数;
        if(要读的字节数为 0)    /* 企图读文件尾 */
            bread;             /* 出循环 */
        读块(算法 bread);
        将数据从系统缓冲区拷贝到用户地址;
        修改 u 区中的文件字节偏移量域,读计数域、再写到用户空间地址域;
        释放缓冲区;            /* 在 bread 中上锁 */
    }
    解锁索引节点;
    修改文件表中的偏移量,用作下次读;
    return(已读的总字节数);
}
```

该算法首先以 fd 为索引,在用户文件描述符表中得到对应系统打开文件表的表项。然后设置 u 区中的几个 I/O 参数,这些参数如下。

u_base:主存地址。

u_count:要读的字节数。

u_offset[2]:文件读写位移,指定 I/O 操作在文件中开始的字节偏移量。

u_segflg:用户/核心空间标志。

该算法设置了 u 区中的 I/O 参数后,由文件表项的指针找到主存索引节点,并将该索引节点上锁。这时,算法进入了一个循环,直到 read 被满足。它先使用算法 bmap 将文件的字节偏移量变为磁盘块号,并记下在该块中 I/O 开始的字节偏移量,以及它在该块中应该读多少字节。然后,调用 bread 将该块读入缓冲区中,再将数据从该缓冲区复制到用户地址空间。接着,该算法根据刚读的字节数,修改 u 区中的 I/O 参数,增大文件字节偏移量和用户进程中的地址,使之成为下一次数据将要存放的地址。同时,还要减少它尚需读的字节数,以便满足用户的读请求。如果该用户的读请求还没满足,则核心将重复整个循环——将文件的字节偏移量变为磁盘块号;从磁盘将该块读入系统缓冲区;将数据从该缓冲区复制到用户进程;释放缓冲区,最后更新 u 区的 I/O 参数。当满足以下条件时循环终止:read 要求被满足;文件中不再含有数据;核心在从磁盘上读数据或将数据复制到用户空间时出错。循环结束后,核心根据它实际读的字节数更新文件表中的读/写偏移量。这样,对文件的下次读操作将按顺序给出该文件的数据。

系统调用 lseek 能够修改文件表中的偏移量值,从而可改变一个进程读或写文件中数据的次序。

**6. 系统调用 write**

系统调用 write 的语法格式为

number=write(fd,buffer,count);

这里,变量 fd、buffer、count 和 number 与系统调用 read 中的含义一样。写一个正规文件的算法和读一个正规文件的算法类似。然而,如果文件中还没有要写的字节偏移量所对应的块,则该算法就要调用 alloc 分配一个新块,并将该块放到该文件地址索引表的正确位置上。

write 与 read 类似,也通过一个循环不断地将数据一块一块地写到磁盘上。在每次循环期间,核心要决定是写整个块还是只写块中的一部分。如果是后一种情况,则核心必须先从磁盘上把该块读进来,以防止改写仍需保持不变的那些部分。如果是写整块,核心则不必读该块,因为它总是要覆盖掉该块先前的内容。写过程一块一块地进行,核心采用延迟写的方法将数据写到磁盘上。也就是说,先把数据放到高速缓冲区中,有另一进程要读或写这一块时,就可以避免额外的磁盘操作。

# 习　题　9

9-1　叙述下列术语的定义并说明它们之间的关系:卷、块、文件、记录。

9-2　什么是文件系统? 其主要功能是什么?

9-3　文件的逻辑结构有哪两种形式?

9-4　对文件的存取有哪两种基本方式? 各有什么特点?

9-5　设文件 A 按连续文件构造,并由四个逻辑记录组成(每个逻辑记录的大小与磁盘块大小相等,均为 512 B)。若第一个逻辑记录存放在第 100 号磁盘块上,试画出此连续文件的结构。

9-6　设文件 B 按串联文件构造,并由四个逻辑记录组成(其大小与磁盘块大小相等,均为 512 B)。这四个逻辑记录分别存放在第 100、157、66、67 号磁盘块上,回答如下问题:

(1) 画出此串联文件的结构;

(2) 若要读文件 B 第 1560 字节处的信息,问要访问哪一个磁盘块? 为什么?

(3) 读文件 B 第 1560 字节处的信息需要进行多少次 I/O 操作? 为什么?

9-7　什么是索引文件? 要随机存取某一个记录时需经过几步操作?

9-8　某索引文件 A 由四个逻辑记录组成(其大小与磁盘块大小相等,均为 512 B)并分别存放在第 280、472、96、169 号磁盘块上,试画出此索引文件的结构。

9-9　试分别说明一级文件索引结构、二级文件索引结构是如何构造的。

9-10　什么是文件目录? 文件目录项的主要内容是什么?

9-11　什么是一级文件目录? 它的主要功能是什么? 存在什么缺点?

9-12　什么是二级文件目录结构? 它是如何构成的?

9-13　什么是"重名"问题? 二级文件目录结构如何解决这一问题?

9-14　什么是树型目录结构? 它是如何构成的?

9-15　什么是文件路径名?

9-16　什么是当前目录? 什么是相对路径名?

9-17　什么是文件共享? 试简述文件共享的实现方法。

9-18　假设两个用户共享一个文件系统,用户甲要用到文件 a、b、c、e,用户乙要用到文件 a、d、e、f。已知:用户甲的文件 a 与用户乙的文件 a 实际上不是同一文件;用户甲的文件 c 与用户乙的文件 f 实际上是同一文件;甲、乙两用户的文件 e 是同一文件。试拟定一个文件组织方案,使得甲、乙两用户能共享该文件系统而不致造成混乱。

9-19　什么是全量转储? 什么是增量转储? 各有什么优、缺点?

9-20　什么是文件的安全性问题? 如何实现对文件的保护? 试列举一种实现方案并加以说明。

9-21　常用的文件操作命令有哪些?

9-22　什么是"打开文件"操作? 什么是"关闭文件"操作? 引入这两个操作的目的是什么?

9-23　UNIX 文件系统的主要特点是什么?

9-24　UNIX 系统(版本 7)针对小型文件、大型文件、巨型文件的索引结构是如何构造的?

9-25　设某文件 A 有 10 个逻辑块,另一文件 B 有 500 个逻辑块,试用 UNIX 7 版本的索引结构分别画出这两个文件的索引结构图。

9-26　设某文件 A 有 20 个逻辑块,另一文件 B 有 300 个逻辑块,试用 UNIX system V 的索引结构分别画出这两个文件的索引结构图。

9-27　UNIX 系统的文件目录项的内容是什么? 这样处理的好处是什么?

9-28　在 UNIX 系统中,主存索引节点和辅存索引节点从内容上比较有几处不同? 为什么要设置主存索引节点?

9-29　什么是系统打开文件表?

9-30　什么是用户描述符表? 它包括哪些内容?

9-31　试说明打开文件系统调用 open 的格式以及打开文件算法的基本功能。

9-32　试说明系统调用 read 的基本功能。

# 第10章 分布式系统

## 10.1 分布式系统引论

分布式系统又称为分布式计算机系统。为什么会形成分布式系统,什么是分布式系统,分布式系统有什么特征,这些是本章讨论的内容。

### 10.1.1 分布式系统产生的原因

任何事物的产生和发展都需要两个条件:一是应用需求;二是技术发展的基础。分布式系统在分布式应用的需求背景下,在微电子技术、计算机技术和通信技术的不断发展和相互融合的支持下应运而生。

分布式应用的需求是广泛的,从早期的远程计算机操作,到目前的办公自动化系统或高性能计算。这些应用从比较简单到越来越复杂,从分布特征不明显到越来越具备分布特征。

**1. 远程计算机操作**

远程计算机操作的例子有订购飞机票系统和远程资料检索系统的应用。这类系统有一个集中的大型数据库,系统对数据进行集中处理,实质是实时信息处理系统。从分布特征看,该应用的特点是用户分布。

**2. 分布资源共享**

计算机网络中的用户可共享网上硬件资源(如 CPU、打印机、磁盘等)、软件资源(系统程序、程序库、系统实用程序等)和数据资源(如数据库等)。计算机网络上的各类应用的特点是:

① 各主机完全独立;

② 网上资源可以共享;

③ 无合作计算。

从分布特征看,这类应用的特点是资源分布。

**3. 分布对象控制**

生产过程控制、不载人飞行器控制等应用的特点是对象分布。如分级实时控制系统常被称为分布式系统,其示意图如图 10.1 所示。

分级实时控制系统分为三级,第一级负责全面生产调度;第二级由若干台卫星机组成,负责生产线控制;第三级由若干台微机组成,负责设备生产控制、数据采集。该系统的特点是:

① 各计算机同时独立工作;

② 各级计算机由上一级计算机进行控制管理;

③ 若需要同级计算机的控制信息,需通过上一级主机的处理。

分级实时控制系统是分布式系统的一种简化方式,并不完全具备分布式系统的特征。

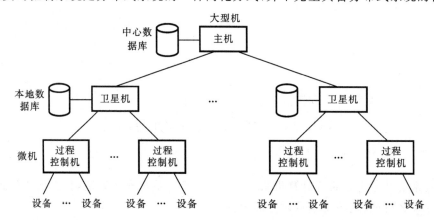

图 10.1 分级实时控制系统示意图

**4. 分布式数据处理**

分布式数据处理应用包括:办公自动化、事务处理(如银行业务系统)、作战指挥(如军事指挥与控制系统)等。其应用的特征是数据分布。

办公自动化系统由计算机局域网组成,实现通信与资源共享。同时,可通过网关与其他局域网连接,实现信息共享。该系统需要有通信软件、全局操作系统、办公信息管理系统和办公服务系统等系统软件和应用软件的支持。

办公自动化系统的特点是:① 各站点既是独立的,又是合作的;② 网上各主机之间实现完全资源共享;③ 有合作计算;④ 单一的、一体化的计算机系统。

**5. 计算机支持的人类合作**

计算机支持的人类合作,如分布式专家会诊、分布式问题求解。这类应用的特点是数据分布、功能分布。在分布式专家会诊中,有处于不同地区的知名专家、某一方面资深的名医共同为一个疑难病症进行会诊。这些活动是分布的、独立进行的;但它们又是相互合作的。

**6. 高性能计算**

高性能计算又称为高吞吐量计算、并行计算,如生命科学的 DNA 计算。这类应用需要高性能服务器的支持,如大型机和集群系统。集群系统利用高速局域网将一组高性能工作站或PC 机连接起来,在并行程序设计和集成开发环境的支持下,统一调度、协调处理,可以实现高效的并行处理。由集群系统构建的高性能服务器以并行处理为主,并具有一些分布式系统的特征,如,单一系统映像。

从大量的应用需求可以分析出分布式系统具有的一些特征,如,地理位置分布、各活动独立自治、有相互合作等。

## 10.1.2 适合分布式处理的计算机体系结构

支撑分布处理的计算机体系结构应该是什么样的? 支持分布处理的计算机首先应具备并行处理能力,因为,它必须能处理大量的独立自治的活动。常见的具有顺序计算模型的存储程序式计算机(Von Neumann 机)不是并行计算机。下面,先考察并行计算机模型。

### 1. 并行计算机模型

并行计算机模型是指由程序员所看到的一个抽象的并行计算机。该模型应能刻画出并行计算机中那些对并行计算十分重要的能力。并行随机访问机(PRAM)模型如图 10.2 所示。

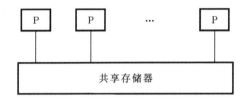

图 10.2 并行随机访问机模型

在 PRAM 上的一个并行程序由 n 个进程组成,其中第 i 个进程驻留在第 i 个处理器上,且由一串指令所组成。在每个周期(基本时间步),每个处理机执行一条指令,这些指令包括传送、算术/逻辑运算、控制流以及 I/O 指令。描述并行模型的特点可用同构性、通用性和交互机制这三个主要属性来描述。

1)同构性

同构性描述了在执行并行程序时,并行计算机中处理机的行为相似到何种程度的特征。

规模为 1 的 PRAM 实际上是 SISD(单指令流、单数据流)的顺序计算机,不具备并行处理能力。而一般的 PRAM 计算机是一个 MIMD(多指令流、多数据流)计算机。在这样的计算机中,不同的处理机执行不同的指令、不同的数据流,并行计算机中处理机的行为是不相似的。所以,具有很好的通用性,可以满足各种应用程序的需要。

2)同步性

同步性描述进程同步到何种程度的特征。规模为 1 的 PRAM 机——SISD 机是指令级同步。在每一周期,任何处理机在完成一个存储器写或一个转移操作之前,必须完成有关存储器的读操作。

实际 MIMD 并行计算机是异步的。每个进程按自己的速率执行,与其他进程的执行速度无关。如果一个进程必须等待其他进程以保证语义的正确性,则必须执行额外的同步操作。

3)交互机制

这一属性描述了并行进程间如何相互影响行为的特征。有两种交互机制:一种是进程间通过共享变量(或共享存储区)进行交互;另一种是消息传递(或称为消息通信)机制。进程间若没有共享变量,那么它们相互影响行为的机制就是进程通信。

MIMD 机以交互方式的不同,可以分为以下两类:

多处理机(multiprocessor)——通过共享变量进行交互的异步 MIMD 机;

多计算机(multicomputer)——通过消息通信进行交互的异步 MIMD 机。

这两类 MIMD 机,哪类适合于分布式处理的需要呢? 由于多处理机系统中所有处理器共享一个公共主存,所有处理器共享 I/O 通道、控制器和外部设备,具有紧耦合的特点,存在瓶颈、可扩展性差的问题。所以,多处理机不支持大规模计算,它也不具备分布的特征,因而,也不支持分布处理。

多计算机系统是否满足分布式处理的需要呢? 多计算机系统可分为两类:一类是由硬件的直连网络(定制网络)连接的多计算机,又称为消息传递型多计算机;另一类是计算机网络。这两类多计算机系统都具有消息通信机制。下面讨论这两类多计算机结构的特点。

**2. 消息传递型多计算机**

消息传递型多计算机的定义描述为:由两台以上的计算机组成,每台计算机有自己的控制部件、本地存储器(处理机/存储器对)或 I/O 设备,按 MIMD 模式执行程序,采用消息通信机制实现通信。

消息传递型多计算机的一般结构如图 10.3 所示。

消息传递型多计算机又可称为大规模并行计算机 MPP(massivery parallel processor),其中定制网络的结构可以是网格、环、超立方体、带环立方体结构等。

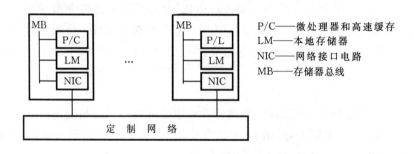

P/C——微处理器和高速缓存
LM——本地存储器
NIC——网络接口电路
MB——存储器总线

图 10.3　消息传递型多计算机的一般结构

消息传递型多计算机的结构特点是:① 多个处理机/存储器对;② 分布存储,无共享资源;③ 消息传递网络,由硬件直连,传递速率高;④ 可扩展性好。

这种结构的并行计算机是具有分布存储的多计算机系统,可以作为分布式系统可选的结构,但还不具备分布处理的特征。在这种结构中,各结点接收前端机的任务分配,不能拒绝,所以结点自治性差;另外,也不具备服务分布化、控制分布化的特征。这样的计算机结构需要经过分布化的改造,使之成为并行分布式系统,能支持高性能计算,即

$$\text{分布存储的多计算机系统}\xrightarrow{\text{分布化改造}}\text{并行分布式系统}$$

**3. 计算机网络**

计算机网络是通过通信线将独立自治的计算机互连而成的集合体。互连是指两台计算机之间彼此交换信息,可以通过导线、激光、微波、卫星等方式进行互连。独立自治指的是网络中每一台计算机都是独立自治的,没有主从关系。

计算机网络的特点是:① 具有多个处理部件;② 无公共主存;③ 有消息通信机制。

计算机网络具有一定的分布处理能力,可以实现网上资源共享,但还不完全具备分布式系统的特征。计算机网络的局限性表现在以下三个方面。

1）不能支持透明的资源存取

计算机网络是多机集合体，对终端用户或程序员而言，存取资源的方式、方法是不透明的。网络上每台机器的资源组织、命名方式、存取方法可能不同，用户必须知道要存取资源的位置、路径以及存取方法。用户必须使用显示的命令，指出资源所在的主机位置及存取路径，才能共享网上的资源。

而分布式系统，用户看到的是一个逻辑整体，是具有单一用户界面的系统。这样的系统以服务方式提出对资源的请求，即提出需要什么（如，要访问一个文件），而不需要具体指出所需要的资源或资源服务器在哪里。这是较高水平的资源共享，而不是计算机网络所提供的低级的资源共享方式。

2）不能对网络资源进行有效、统一的管理

计算机网络对资源的使用方式是资源本地使用，若要共享其他机器上的资源时，必须由用户给出显示的命令。

而分布式系统对各结点上的资源进行全局、动态分配，还要进行动态负载平衡，全系统的资源可以得到高效的使用，系统还提供容错能力。为了实现资源的全局、动态分配，分布式系统需要实施各种技术和策略，如资源分配策略（就近分配或依负载轻重）、动态负载平衡算法、进程迁移、数据迁移、动态备份、多副本技术等。只有实现了资源的全局、动态分配，系统才可能具备透明性。

3）不能支持合作计算

不论是分布式数据处理问题，还是高性能计算，都有大量的任务在并行执行，而且，如果有些任务共同完成一个更大的任务，这些任务之间需要合作。

在计算机网络中，如果存在有合作关系的任务并行执行，必须由用户自己负责，进行任务划分；由用户考虑这些任务应分配到哪些结点上去运行；还要用显示的命令进行任务传送、结果收集和处理等工作。

而对于分布式系统而言，上述这些工作都将由系统负责，由系统自动完成，而不需要用户干预。系统要具备任务划分、任务全局分配、任务通信、数据文件管理、结果收集等功能，使系统有效地支持合作计算。

综上所述，计算机网络不是分布式系统，但它是分布式系统一个很好的硬件结构，即分布式系统的硬件基础可以是计算机网络。分布式系统和计算机网络的差别在于软件。特别是操作系统，分布式系统有一个全局的分布式操作系统。所以，对计算机网络而言，必须经过一体化改造，使之成为分布式系统，即

$$\text{计算机网络} \xrightarrow{\text{一体化改造}} \text{分布式系统}$$

支持分布式系统的硬件结构应满足的基本条件是：① 多个处理部件；② 无公共主存；③ 消息通信机制。

适合分布式系统的计算机体系结构有如下两类：

（1）分布存储的多计算机系统，经过分布化改造，使之成为并行分布式系统，用于高性能计算；

（2）计算机网络，经过一体化改造，成为分布式系统。其应用广泛，如，分布式数据处理、事务处理、办公自动化、分布式控制等。

## 10.1.3 分布式系统的定义及特征

**1. 并行部件**

在一个计算机系统中,有四类部件可能在物理上分布。它们是:① 硬件或处理的逻辑单元;② 数据;③ 处理本身;④ 控制。有人将这四类部件中的任何一类为分布的系统称为分布式系统。但是,如果仅以系统中某些部件物理的分布来作为定义是远远不够的,因为它没有包括各个分布部件之间要有相互作用这一非常重要的概念。例如,很多计算机系统的 I/O 处理功能具有物理上的分布性,但它并不属于分布式系统。而另一方面,如果一个系统没有处理硬件上的分布,因而就一定没有处理功能的分布性,也就不可能是分布式系统。

一个分布式系统的商务活动或事务处理要求硬件和物理的处理部件是分布的,被处理的数据和各种活动也是分布的,这体现了服务的分布化。而分布式系统还有一个本质的分布性,那就是控制的分布化。在一个分布式系统中有多个控制中心,使系统存在多个执行控制路径,它们控制多个事务活动同时进行,但又相互合作。

**2. 系统控制**

系统控制指的是计算机系统中的管理体制、运行机制。系统控制分为集中控制和分布式控制两类。集中控制是指在一个计算机系统中,只有一个控制部件,执行一个控制程序,系统只有一个控制路径。分布式控制是指在一个计算机系统中,有多个处理部件,执行多个控制程序,系统存在着多个控制路径。

**3. 系统状态和状态的可观察性**

系统控制是由控制器实施的,控制器的功能是决策,而决策的依据是系统状态。系统状态是反映系统行为的特征信息,如变量的当前值,栈、表的当前内容。控制就是负责状态的改变,这种改变是由于控制函数的作用,通过一组操作集合,使系统状态空间发生改变。

1) 状态的可观察性

状态的可观察性是指观察者对所观察状态的物化反映,以某种物理量显示出来。通常表示为修改一存储单元或寄存器内容。

例如,在一个有公共主存的多处理机系统中,每一个进程(观察者)都可以看到全系统的状态。因为状态的改变和状态的被观察都表示为单一公共主存单元的修改,并且状态的改变和状态的被观察这两者之间的时延可以忽略不计。

而在无公共主存的计算机系统(如计算机网络)中,状态的发生与状态的被观察可能处于不同的位置,也就是说,状态的发生与状态的被观察看做是可以区分的事件。

可将事件定义为

$A = (a, t, s)$

其中:a——事件发生的地点;t——事件发生的时间;s——事件发生的状态。

2) 可见状态

设 $A = (a_1, t_1, s_1)$ 是一个源事件,P 是位于一个固定地点 $a_2$ 处的观察者。

$B_p = (a_2, t_2, s_2)$ 是该源事件的观察事件。

如果 $A = B_p$,即 $a_1 = a_2$,$t_1 = t_2$,$s_1 = s_2$,则称 $s_1$ 是观察者 P 的可见状态,否则,称为不可见状态。

例如,在单处理机系统中,有状态寄存器 $g_1,g_2,\cdots,g_n$,则它们表示的状态是该处理机上所有进程的可见状态。在多处理机系统中,公共主存单元所表示的状态是该系统所有进程的可见状态。

而在计算机网络中,状态的发生地点与观察状态的地点可能不是同一个地点。状态的发生与状态被观察是两个可以区分的事件,这两个事件之间存在时延。时延的大小关系到被观察到的状态变化是否有意义。

3)可知状态

设在 A 处有事件 $A=(a,t,s)$,系统有近似的同步物理时钟。如果状态改变的最短时间间隙大于通信的最大时延(从状态发生地 A 到观察者所在地 B),则称此状态为可知,否则为不可知。

在分布式系统中,每台机器上的时钟值是不一样的,这是因为各台计算机的时钟初值不同,时钟速率也不一样。在分布式系统中,为了实施正确、有效的控制,需要有一个统一的时间标准。为此,分布式系统采用两种方法来实现系统时钟,一种方法是系统提供近似的同步物理时钟;另一种方法是系统提供逻辑时钟(在 10.4.3 节将进一步讨论)。

**3. 分布式控制和集中控制的区别**

在分布环境中有多个控制器,每个控制器只能看到自己所控制的一部分对象的状态,不能看到全局状态信息,至多只能知道少量其他部分的全局状态信息。分布控制和集中控制的区别可以通过表 10.1 描述。

表 10.1  分布控制和集中控制的区别

| 比较项目 \ 控制方式 | 集 中 控 制 | 分布式控制 |
| --- | --- | --- |
| 系统控制器 | 一个 | 多个 |
| 全系统全局状态 | 能看到 | 无任何一个控制器能看到 |
| 系统状态及一致性维护 | 由单个集中控制器维护 | 由多个控制器共同维护 |
| 维护方式 | 简单的、显式的、直接的、命令式的 | 复杂的、隐式的、间接的、协商式的 |

**4. 分布式系统定义**

分布式系统这一名词用得比较混乱,过多地滥用这些技术名称会导致混淆和误解。许多学者对分布式系统给出了不同的描述。下面,给出 P H Enslow 提出的比较完整的、具有研究和发展性的定义,他强调了并行处理和分布式控制的重要性。P H Enslow 给出的分布式系统的定义是根据分布式系统应有的特征来描述的。

(1)系统包含多个通用的资源部件(物理资源和逻辑资源),它们可以被动态地指派给各个任务,并且物理资源可以是异构的。

(2)这些物理资源和逻辑资源是物理分布的,并通过一个通信网络相互作用。各分散的处理部件之间的进程通信是采用相互合作的协议来实现消息通信。

(3)在系统内有一个分布式操作系统,采用分布式控制的办法,有多个控制器负责系统的全局控制,以便提供动态的进程间的合作。

(4)系统的内部构造与分布性对用户是完全透明的。用户发出使用请求时,不需要具体指明要哪些资源为他服务,而只需要指明要求系统提供什么服务。

（5）所有资源（不论是物理的，还是逻辑的）都必须高度自治而又相互合作。各资源之间不允许存在层次控制或主从控制的关系。

下面对这五个特征稍加讨论。

第（1）点强调的是资源的通用性。例如，某系统提供通用处理机服务，那么该系统必须有多个通用的处理机。针对所提供服务的资源，系统有能力在短时间内进行动态重分配和系统重构。只有当一个系统拥有多个通用部件，并且能实施动态分配时，资源的利用率才能提高，可靠性才能增强。也就是说，系统才可能具有容错能力。它是判断分布式系统的一个重要特征。

第（2）点和第（3）点强调分布式控制和消息通信。系统有多个处理部件，它们是合作自治的。同时，系统内有多个控制中心，存在多个控制路径。系统中多个活动之间的一致性是靠协议来实现的。协议是一种共同约定的规则。在分布式系统中，合作的主要形式是协议。合作进程之间的消息通信是平等的通信。

第（4）点强调的是系统透明性。分布式系统对用户的接口是服务方式而不是服务器。用户提出服务请求时，只需要描述他要什么，而不需要指明要哪些物理或逻辑部件来提供这种服务。用户使用分布式系统就好像面对一个集中式系统一样，有时甚至比使用集中式系统还要简单。因为用户看到的是单一用户界面。系统的透明性是分布式系统非常重要的特征，只有具备这一特征，分布式系统才可能具有高可靠性、可扩展性和适应性。

第（5）点强调的是合作自治，这也是分布式系统的重要特征之一。在分布式系统中所有物理部件或逻辑部件都是自治的。通过网络传送协议进行消息通信时，消息的发送者和接收者需要相互合作。当某部件接收到一个服务请求后，都有提供服务或拒绝服务的选择权，各部件中间不存在"控制"关系。但系统中各部件又都必须遵循分布式操作系统制定的原则。这种工作模式称为相互合作的自治。

**5．分布式系统的优点**

1）增强系统性能

分布式系统通过并行处理来提高性能。一方面可以通过增加处理部件来提高并行处理能力；另一方面可将全局系统功能分解成多个任务，分配到系统的多个处理部件中，每个处理部件负责完成其中的一个或几个任务，系统只处理好分布式控制问题，并保证处理过程中的一致性，就能提高系统吞吐量、缩短响应时间、增强系统性能。

2）可扩展性好

随着用户需求（包括功能、性能方面的需求）的增长，增加新部件；或增加新的功能模块，不必替换整个系统。

（1）性能扩展。增加一个新的处理部件，或用专用部件代替某个部件，或用功能相同，但性能更好的处理部件代替原有的部件。不论是动态加入或者动态拆除处理部件，都不干扰原来的系统。

（2）功能扩展。扩展分布式系统提供的服务功能。通常采用模块化结构更易于扩充。

3）增加可靠性

分布式系统由于硬件、软件、数据以及控制的分布性（不存在集中环节），资源冗余以及结构可动态重构，可提高系统的可靠性。

4）更高一级的资源共享

由于全系统范围内资源的动态分配、负载平衡和对用户提供的透明服务，使系统得到最佳的资源分配和最好的资源共享效果。

5）经济性好

分布式系统由于可扩充性好，可以避免较大的初始投资。另外，由于分布式系统可用多台微型、小型机构成，而其性能却可超过一台大型机的性能，所以可获得很好的性能/价格比。

6）适应性强

分布式系统可广泛应用于资源、信息分布较广，而又需要相互协调、合作的部门，如银行金融业务系统、铁路运营管理系统等。

# 10.2 分布式系统体系结构模型和服务模型

分布式系统体系结构模型给出了分布式系统的组成及所要研究的问题；分布式服务模型则描述分布式系统对外提供服务的框架及方式，通常采用顾客-服务员模型，属于对象层次模型的范畴。

## 10.2.1 分布式系统结构及性能评价

### 1. 结构性能评价

分布式系统结构特征反映在互连拓扑上。拓扑是指一个网络的链接和结点的几何空间位置，链路是指两个结点间的通信通路。分布式系统结构可以用一种有向图或无向图来描述。图中，用圆圈表示结点，用带箭头的边表示单向或双向通信通路。

分布式系统的性能与结构直接相关。衡量一种系统结构的好坏是十分复杂的，一般，可用平均通信路径长度、通信并行度、通信接口数、路径算法复杂度、通信负载均匀度、结构的坚强性六个方面来分析。

1）平均通信路径长度

（1）通信长度为 1。如果从结点 $M_1$ 可直接发送消息（不经过任何中间转换）给结点 $M_2$，则称 $M_1$ 到 $M_2$ 的通信路径长度为 1，即 $d(M_1, M_2)=1$。

（2）通信长度为 $k-1$。如果从结点 $M_1$ 发送消息给结点 $M_k$，至少要经过 $k-1$ 个结点 $(M_2, M_3, \cdots, M_{k-1})$，则称从 $M_1$ 到 $M_k$ 的通信路径长度为 $k-1$，即 $d(M_1, M_k)= k-1$。

图 10.4 所示为有 6 个结点的单向通信环形结构，图 10.5 所示为有 4 个结点的双向通信环形结构。

在具有 6 个结点的单向通信环形结构中，$d(M_1, M_2)=1$；$d(M_1, M_6)=5$。

在具有 6 个结点的双向通信环形结构中，$d(M_1, M_2)=1$；$d(M_1, M_6)=1$。

（3）平均通信路径长度。设一个分布式系统由 $n$ 个结点 $(M_1, M_2, \cdots, M_n)$ 组成，则系统的平均通信路径长度定义为

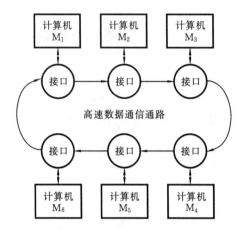

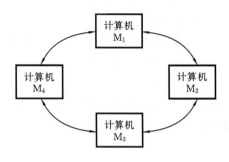

图 10.4　有 6 个结点的单向通信环形结构　　　　图 10.5　有 4 个结点的双向通信环形结构

$$P=\sum_{i,j=1}^{n}d(M_i,M_j)/n(n-1);d(M_i,M_i)=0$$

从上式可以看出,平均通信路径长度与系统所包含的计算机台数 n 有关,即

$$P=P\{n\}$$

为简单起见,有人建议用最大通信路径长度,又称为网络直径来表示系统结构的这一性能,即

$$D=D\{n\}=\max\{d(M_i,M_j)\}$$

网络直径也与网络中所包含的计算机台数 n 有关。系统设计的目标是当网络中的结点数增加时,通信路径长度增长缓慢。

信息在通信线上的传输速度与采用的通信技术密切相关。若不考虑信息的传输速率,平均通信路径长度较短的系统有较高的通信效率。

2) 通信并行度

通信并行度是指在时间 t,最多能有多少个消息同时在网络的通信线上传递。

此性能指标可以反映系统的传输能力和性能瓶颈问题,它涉及对数据吞吐量的大小和响应时间快慢的限制。

在如图 10.4 所示的单向通信环形结构中,若有 n 个结点,通信并行度为 n。在系统设计的目标中,通信并行度愈高,系统的通信效率愈高。

3) 通信接口数

系统中的计算机是通过通信接口与通信线连接的。在系统设计时应考虑通信接口带来的问题,若通信接口多将增加开销,且实现困难。

系统设计的目标是,减少每台计算机的接口数;减少系统的计算机的接口总数;系统中任一台计算机可能有的最大接口数应与系统中计算机的台数(即网络中的结点数)无关。

**例 10.1**　在具有 n 个结点的双向通信环形结构中,讨论每个结点所拥有的接口数和系统所拥有的接口数。

**解**　每个结点所拥有的接口数最多为 2 个;系统所拥有的接口数最多为 2n 个。

在环形结构中,任一个结点可能有的最大接口数与网络中的结点数无关。

**例 10.2** 在如图 10.6 所示的具有 n 个结点的星形结构中,讨论通信路径长度、通信并行度和通信接口数。

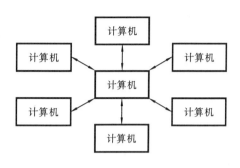

图 10.6 具有 n 个结点的星形结构

**解** ① 通信路径长度。

任意两结点与中心结点通信路径长度为 1;

中心结点与任一结点通信路径长度为 1;

任意两个结点(除中心结点外)通信路径长度为 2。

② 通信并行度。通信并行度为 n−1。

③ 通信接口数。中心结点接口数为 n−1,其他结点接口数为 1,系统总接口数为 2(n−1)。

4) 路径算法复杂度

在分布式系统中,当一台计算机向另一台指定的计算机发消息时,控制通信的软件必须根据目标地址选择传送信件的路径。

根据目标地址,用软件的方法确定传送消息的路径称为通信路径算法,简称为路径算法。路径算法愈简单,通信软件的开销就愈小。

5) 通信负载均匀度

在计算机网络中,每台计算机承担着发送信件、接收信件、中转信件的任务。如果网络中某些结点承担过重的信件中转任务,则不仅会影响它本身应承担的任务,也可能产生由于中转消息不能及时发出而出现信件拥挤现象。

通信负载均匀度指的是,在网络中任一结点所承担的通信任务的均匀程度。通信负载均匀度会影响系统的通信效率。在星形结构中,位于中心位置的计算机负载过重。

6) 结构的坚强性

结构的坚强性是指当系统中若干台计算机或通信线路失效时能继续维持其他各台计算机通信的性能。当出现结点或通信线路失效时,系统的性能会有所下降,但不会使系统功能全部丧失。

全互联结构(即每个结点之间都有通信线相互连接)具有很好的坚强性。任一结点、任一路径的失效对整个系统的影响较小。

集中控制的公共总线结构,其结构的坚强性差。一旦集中控制失效,将使系统瘫痪。图 10.4 所示的单向环形结构,其结构的坚强性差;而图 10.5 所示的双向环形结构,其结构的坚强性较强。

综上所述,一个好的分布式系统结构应具有以下特性:平均通信路径长度短,通信并行度高,通信接口数少,路径算法简单,通信负载均匀和结构的坚强性好。这些性能往往是矛盾的,如为了减少通信接口数,就会增加平均通信路径长度。

**2. 环型结构**

在环形结构中,各台计算机通过通信接口连成环。常用的环形结构是单环,即通信线路是单向的。在单向环形结构中,信件的传输方式分为令牌传递类型、延迟插入类型和信息包类型。下面简单介绍令牌传递类型。

美国加州大学 Irvine 分校研制的分布式计算系统 DCS 采用令牌传递的通信方式,其结构如图 10.7 所示。

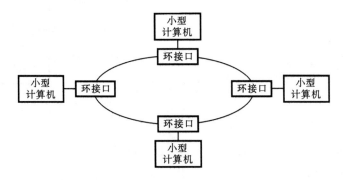

图 10.7　采用令牌传递类型的环形结构

1) 传递方式

DCS 采用令牌传递的通信方式。

(1) DCS 环上有一个"令牌"不停地循环传递。

(2) 一个环接口只有持有"令牌"才能沿环发送信件。

(3) 当环接口接到"令牌"后,若有信件要发,发出信件,信件末尾送出"令牌";若无信件要发,立即将"令牌"传下去。

2) 特点

(1) 信件的长度可任意。

(2) 不同的环接口不能同时发信件。

3) 面向进程的传输

面向进程的传输是指在两台计算机的进程之间进行通信。发送进程和接收进程分别要做下述工作。

(1) 发送进程。发送进程将要发送的信件、目标进程名送到环接口;信件沿环一个结点一个结点往下传,直到回到源结点,依状态查看发送成功否。

(2) 接收进程。当环接口收到传送来的信件后,查看本结点保存的进程名表。若信件中的目标进程包含接收进程名,将信件复制并存入存储器,若复制成功,置 $MSB_2$ 为 1;否则,置 $MSB_1$ 为 1。

每封信设置两个状态位,状态位的意义如表 10.2 所示。当信件回到源结点,由环接口通过两个状态位判断信件传送情况。

**3. 树型结构**

树型结构是常用的结构,有二叉树结构、X 树结构。下面简单讨论二叉树结构的有关问题。

1) 二叉树结构

二叉树结构示意图如图 10.8 所示。其中,连接两个结点的通信线是双向的。假定,二叉树中结点的最大编号为 n,网络中就有 n 个结点。

表 10.2　状态位的意义

| $MSB_1$ | $MSB_2$ | 意　义 |
|---|---|---|
| 0 | 0 | 信件在传输中未遇到一个目标进程 |
| 0 | 1 | 信件在传输中至少被一个目标进程接收,没有不成功的接收者 |
| 1 | 0 | 信件在传输中至少遇到一个目标进程,但没有一个成功的接收者 |
| 1 | 1 | 信件在传输中至少遇到两个目标进程接收,既有成功的接收者,也有不成功的接收者 |

2）二叉树结构的性质

（1）接口数。在二叉树结构中,除根和叶结点外,每个结点都有 3 个接口,树根结点有 2 个接口,树叶结点只有 1 个接口。

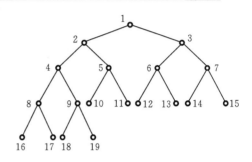

二叉树结构总的接口数<3n（n 为结点总数）。

二叉树结构的结点编号规则如下：

① 根的编号为 1；

② 第 i 个结点的左子数的根的编号为 2i；

③ 第 i 个结点的右子数的根的编号为 2i+1。

图 10.8　二叉树结构

（2）通信路径长度。

① 在具有 n 个结点的二叉树结构中,结点 n 是离树最远的结点。

② 根到结点 n 的通信路径长度为：$Dr = [\log_2 n]$。

③ 网络直径。网络直径是网络中任意两点间最大的通信路径长度。含有 n 个结点的二叉树结构的网络直径为

$$D=\begin{cases}2[\log_2 n], & \text{当 n 号结点在根结点右子树时；}\\ 2[\log_2 n]-1, & \text{当 n 号结点在根结点左子树时。}\end{cases}$$

二叉树结构的直径性能较好。

（3）路径算法。当结点 R 要发一封信或接收到其他结点发来的一封信时,作如下处理。设目标结点为 D。

① 若 R=D,则将信收下。

② 若 D 在 R 的左（右）子树中,则将信往左（右）下传（即发给结点号为 2R 或 2R+1 的结点）。

③ 若 D 不在 R 的子树中,则将信传给它的父结点（R/2）。

二叉树的坚强性弱,因为任何两个结点之间只有一条通路。为了有更好的容错能力,出现了带环二叉树。带环二叉树是将二叉树中树叶和树根连接起来而形成的。

**4. 方阵结构**

1）结构

方阵结构也是一种常用的结构形式。图 10.9 给出了一个二维方阵结构,它由 i 行、j 列组成一个方阵结构,交点处是处理结点。$M_{ij}$ 表示方阵中第 i 行、第 j 列结点的编号。

① 由 i、j 得结点号：$M_{ij}=(i-1)\sqrt{n}+j$

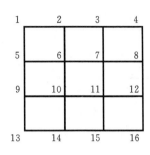

图 10.9　二维方阵结构

② 由结点号得 i、j：

$$i=\left[(M_{ij}-1)/\sqrt{n}\right]+1$$
$$j=M_{ij}-(i-1)\sqrt{n}$$

2）方阵结构的性质

采用方阵结构时，一个结点最多有 4 个接口，网络总接口数为 $I=4(n-\sqrt{n})$。网络直径为 $D=2(\sqrt{n}-1)$。此性能比环型结构好，比树型结构差。

3）路径算法

二维方阵结构的路径算法用一个表格来描述，如表 10.3 所示。

表 10.3　二维方阵结构的路径算法

| 选　择 | K<j | K=j | K>j |
|---|---|---|---|
| h>i | （1）下<br>（2）左<br>（3）右 | （1）下<br>（2）左<br>（3）右 | （1）下<br>（2）右<br>（3）左 |
| h=i | （1）左<br>（2）上<br>（3）下 | 将信件收下 | （1）右<br>（2）上<br>（3）下 |
| h<i | （1）上<br>（2）左<br>（3）右 | （1）上<br>（2）左<br>（3）右 | （1）上<br>（2）右<br>（3）左 |

在此路径算法中，发送结点或转发结点的编号为 $a_{ij}$，目标结点的编号为 $a_{hk}$。当方阵结构中无失效结点时，按上述算法得出的路径是最短的。

**5. 不规则网络结构**

在实际应用中，由于地理位置或其他原因，网络难以采用如树、环型或方阵那样规则的拓扑结构。因此，一个实际的网络可能采用不规则的结构，这种网络的路径算法有若干种，下面主要讨论路径矩阵算法和路标算法。

1）路径矩阵算法

不规则网络结构由若干个结点组成，每个结点保存一张路径表。路径表记录该结点通向网络其他结点的路径。

（1）路径矩阵。假定某个结点最多有 m 个接口和其他计算机相连，接口编号为 $1,2,\cdots,m$，则该结点的路径表由 m 行组成，每一行由 n 个元素组成：$l_{i1},l_{i2},\cdots,l_{in}$。每个元素 $l_{ij}(1\leqslant j\leqslant n)$ 的含义是：i 为本结点的接口号；j 为另一结点的接口号。

$$dt=\begin{bmatrix} l_{11} & l_{1,j-1} & \cdots & l_{1n} \\ l_{21} & l_{2,j-1} & \cdots & l_{2n} \\ \vdots & \vdots & \vdots & \vdots \\ l_{m1} & l_{m,j-1} & \cdots & l_{mn} \end{bmatrix}$$

其中: $l_{ij} = \begin{cases} 1, & \text{表示传至另一结点的信件应从本结点第 i 个接口发出} \\ 0, & \text{表示无连接} \end{cases}$

从路径矩阵可以看到,矩阵的行表示本结点的一个接口与其他结点的通信关系,本结点自己除外;矩阵的列表示本结点的各接口与某一结点的通信关系。

(2) 路径矩阵算法。在本结点上应该只有一个传送至某个结点 j 的接口。所以,上述的路径表的纵列 $l_{1j}, l_{2j}, \cdots, l_{mj}$ 中有且仅有一个为 1。

不规则网络结构的路径算法是:当一个结点要发送信件或转发信件时,根据信件中目标结点 j,查找路径矩阵的第 j 列,找到该列中为 1 的项,由 i 确定发送接口。

(3) 考虑结点失效时的路径矩阵算法。为了使路径矩阵算法在结点失效时能选择其他结点,应有多条路径到达某一目标结点。为此,作如下定义。

定义:路径矩阵中的元素 $d_{ij}$ 为接口 i 将信件发至目标结点 j 的代价。

考虑结点失效时的路径矩阵算法是:要发送信件时,在 j 列选择代价最小的接口将信件发出。若结点失效,重选一个代价次小的接口将信件发出。

(4) 路径矩阵算法的优缺点。路径矩阵算法的优点是算法比较简单,但路径矩阵占用了较多的主存单元。当网络增、减结点或改变结构时,路径矩阵要进行修改。

2) 路标算法

路标算法是另一个适用于不规则网络的路径算法。

(1) 路标。一个结点的 k 个接口编号为 $1, 2, \cdots, m$,定义路标为接口编号的一个有限序列。给定源结点的编号为 S,目标结点的编号为 D,其中: S 的接口为 $c_1$; D 的接口为 $c_r$;则路标为 $G(c_1, c_2, \cdots, c_r)$。

信件传送的方法是:从 S 的接口 $c_1$ 开始一个结点一个结点往下传,直至传到 D 的接口 $c_r$ 接收为止。在该方法中,对于某一结点而言,从该结点为起点的一条通路对应唯一的一条路标。如果发信时在信中附上传递该信件的路标,那么收到信的每一个结点可以从信中所附路标来选择转发该信件的接口。

(2) 路标算法及规则。

① 路标算法。根据路标来选择发送路径的算法称为路标算法。

② 算法规则如下:

第一,发送者是传送信件的第一站,它通过路标中的第一个编号所示的接口将信发出;

第二,当一个结点接到其他结点传来的一封信时,若信中所附路标长度 i 与本站点序号相等,则将信收下;否则,依本站在路标中的位置,从对应接口发出信件。

(3) 结点失效处理。当结点失效而使信件传送失败时,将信件按原路返回,然后由发信者使用广播方式重发,收信者得到此广播信件后,记下传递的路径,得到一个新的路标,然后返回给发信者。

(4) 路标算法的优缺点。路标算法简洁有效,容错能力强,灵活性大,但由于信中附有路标,占用了一些信息位。

支持分布式系统的结构中还有以太网络等结构,在此不再赘述。

## 10.2.2  分布式系统体系结构模型

Watson 使用一个参考模型描述了分布式系统的体系结构。该模型将分布式系统分成若干逻辑层并描述了各层应完成的功能和所需实现的问题,还给出了各层共同性的问题,此外还有关于整个系统优化的问题。分布式系统的结构模型如图 10.10 所示。

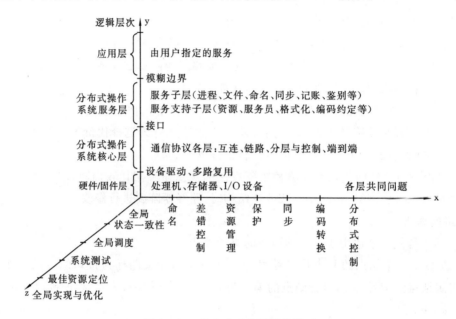

图 10.10  分布式系统的结构模型

**1. 应用层**

应用层包括各种应用有关的顾客服务进程。主要提供与应用有关的服务,包括以下几个方面:

(1) 问题求解说明或算法表示;

(2) 程序运行环境;

(3) 应用开发工具与环境;

(4) 性能监控工具。

其中,为解决问题求解说明或算法表示,系统需提供分布式程序设计语言及分布式操作系统语言,以便能提供以下服务:

① 定义问题的说明与求解算法;

② 定义存取环境与操作接口;

③ 提供人—机交互会话;

④ 程序结构与同步通信手段;

⑤ 计算数据与资源的分布。

图 10.10 中,y 坐标表示一个分布式系统是由一系列逻辑层次组成,x 坐标是各层共同性的问题,z 坐标是全局实现和优化问题。

**2. 分布式操作系统服务层**

(1) 支持广泛的应用。如进程管理、信息管理、通信、时钟、记账、虚拟 I/O、存取控制等。

(2) 实现基本的资源分配与复用。这一部分又分为如下两层。

① 服务子层：定义一批标准服务员，其功能是提供进程服务、文件服务、目录服务、时钟服务等。

② 服务支持子层：支持分布式操作系统和应用层共同所需要的服务。如报文格式、编码方法、异构系统中数据格式转换等。

**3. 分布式操作系统核心层**

分布式操作系统核心层提供如下服务。

(1) 进程服务、进程通信原语。

(2) 提供满足下述需要的最少软件：

① 创建一个与硬件、固件 I/O 结构交互的、面向消息的接口；

② 创建进程、主存、I/O 资源及其他对象元所需的基础；

③ 建立系统保护的基础；

④ 支持部件复用所需的基础。

**4. 硬件/固件层**

硬件/固件层包括处理器、存储器、I/O 设备、通信设备、数据采集设备和物理过程控制设备等。所有被动部件都有一个主动部件与之对应。这个主动部件执行一个或多个控制进程，实现与被动部件的通信，或执行被动部件之间的通信。

分布式系统由以上各层组成。然而，在分布式系统中每台计算机上不一定存放操作系统的全部。通常，在每台计算机上都有分布式系统内核的一个副本，它对该计算机系统进行基本的控制和管理，系统的其他服务进程可以不均匀地分布在各台计算机上。

在体系结构的每一层都有若干重要的设计问题，有的可能在不同的层次中是不同的，需要不同的机制来解决，但有的问题是类似的，甚至是相同的，可以用相同的机制来解决。这些就是 x 坐标给出的各层带共性的问题，还有全局实现和优化问题。在这里不做进一步讨论。

# 10.2.3　分布式系统的对象模型

分布式系统是一个资源集合，这些资源服务于各种应用，于是有许多请求与服务活动。这些活动独立地、合作地运行，最终完成应用任务。为此需要描述资源实体，确定资源管理的模式。分布式系统的资源管理模型称为顾客—服务员模型，它属于对象层次模型。

**1. 计算机系统的对象模型**

计算机系统由资源和资源管理器组成，每一类资源可看成是一个抽象数据类型。计算机系统由对象模型来构造。

1) 对象模型的含义

(1) 系统中所有实体都按抽象数据类型观点说明为对象。

(2) 对象之间通过服务请求与服务响应进行交互与作用。

(3) 对象内可以嵌套对象。

2）计算机系统的对象

$$计算机系统= \begin{cases} 主动对象（进程）\\ 被动对象（资源） \end{cases}$$

主动对象可以改变自己或其他对象所表示的内容。被动对象在主动对象作用时，它才能改变它自己所表示的内容和状态。主动对象可分为顾客进程和服务员进程两类。

顾客进程可以向一个合适的服务员发送一个含有操作说明和参数的请求。

服务员进程有如下特点：

① 它可以存取某一资源（对资源实施操作并提供保护）；

② 它可以向其他服务员提出进一步请求，以实现原来的请求，这时它成为顾客；

③ 当处理完一个请求后，服务员发出一个含有成功或失败的信息与结果。

服务员进程一般而言是资源管理器，它可以进一步分成若干抽象级。

被动对象包括存储器、栈、表、I/O设备、文件、消息、信号灯等。

**2. 分布式系统的对象层次模型**

图 10.11 描述了顾客—服务员层次模型。

分布式系统的对象层次模型描述如下：

① 一个资源（对象）是通过操作（语法、语义）来定义的；

② 资源管理模式是顾客—服务员模型；

③ 服务员是分级管理的，每一级都有一个或多个资源管理器；

④ 每一级资源管理器的服务有可能通过更低级的资源管理器来实现；

⑤ 模块调用是一个有向无圈图。

分布式系统的对象层次模型的优点是并行性好、接口清晰简单、安全性好、可靠性高，能满足大多数分布式应用的需要；其局限性在于难以用于实时处理，响应时间不确定。

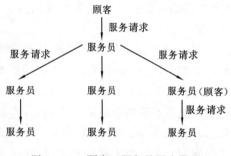

图 10.11 顾客—服务员层次模型

# 10.3 分布式系统的资源管理

## 10.3.1 资源管理模型

### 1. 资源管理方式

分布式系统与单机系统在资源管理方式上是有区别的。单机操作系统采用集中管理方式，即一类资源由一个管理者来管理。如主存的分配、回收由存储管理模块负责。

而分布式操作系统采用分布管理方式，即一类资源有多个管理者。分布管理方式又分为集中分布管理方式和完全分布管理方式两类。集中分布管理方式是一类资源由多个管理者来管理,但每个具体资源只存在一个管理者对其负责。以文件系统为例,在分布式系统中,每个结点都有文件管理器,但每个文件只属于一个文件管理器。当用户要使用文件时,只需与这个文件管理者打交道。完全分布管理方式是一类资源由多个管理者来管理,一个资源由多个管理者共同管理。如一个文件有多个副本,每个副本分别由不同的文件管理器管理。为了保证各副本文件的一致性,当文件的某个副本被修改时,其他的副本文件应被禁止使用。因此,当一个文件管理器接收到读、写该文件的申请时,它必须与该文件的其他副本文件的管理者协商后,才能决定是否让申请者使用该文件。这种情况下,一个具有多副本的文件资源是由多个文件管理者共同管理的。图 10.12 说明了资源管理的三种方式。

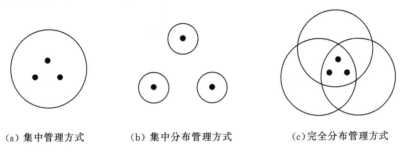

(a) 集中管理方式　　(b) 集中分布管理方式　　(c)完全分布管理方式

图 10.12　资源管理的三种方式

分布管理与集中管理的主要区别是,对同类资源采用多个管理者还是一个管理者。集中分布管理和完全分布管理的区别是,前者让资源管理者对它管理的资源拥有全部控制权,而后者只允许资源管理者对资源拥有部分控制权。

**2. 资源管理模型**

在分布式系统中,资源管理模型如图 10.13 所示。其中,由通信网络链接多个结点。在每个结点中,每一个资源都有一个管理程序;不同结点的同类资源服务员要合作(如各结点中的 $S_1$);同一结点的不同资源服务员也要合作(如 $S_1$、$S_2$、$S_3$)。

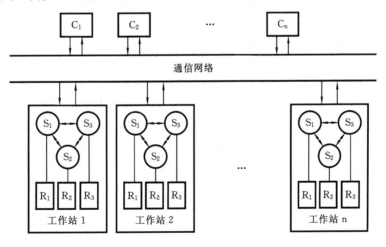

图 10.13　资源管理模型

$C_i$——顾客进程;　$S_i$——服务员进程;　$R_i$——资源类型及驱动器

在资源管理模型中,有众多的顾客进程和服务员进程在活动。如顾客进程要存取某类资源时,向该类资源服务员提出申请。该类资源服务员接收请求,进行合法性检查和一致性检查后,启动服务程序。若要存取的资源直接由该服务员进程管理,则可立即执行所请求的操作,执行完毕返回必要的信息;否则,处理完本服务员能做的那部分工作后,还要向另一个服务员发出请求,这时,该服务员进程就转换为顾客进程。所有的资源都是按这种模式进行管理,这种资源管理模型称为顾客—服务员模型。

**3. 分布式控制的类型与难点**

在分布式系统中有主动对象和被动对象。主动对象是进程,被动对象是资源,根据资源特征不同又可细分为资源和数据。所以,在分布式系统中有三类实体:进程、数据和资源。由这三类实体之间的关系可引出各种不同的活动,分布式控制的任务就是要协调这三类实体之间的关系,即存在三种不同的分布式控制类型。图 10.14 描述了分布式系统中三类实体之间的关系。

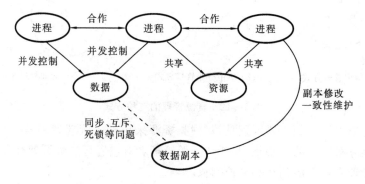

图 10.14　分布式系统中三类实体之间的关系

在分布式系统中,进程间的活动包括进程本身的计算活动、进程之间的互斥与合作。进程与资源之间的活动包括顾客进程请求资源的活动,服务员进程进行资源分配及存取控制的活动。进程与数据之间的活动包括进程对私有数据的操作,多进程对同一数据的操作,多进程对多数据副本的操作。

系统资源管理、进程之间同步合作这些问题对于单机系统、分布式系统都是存在的,但解决方法有所不同。因为分布式系统的结构和控制方式与单机系统不同,所以更为复杂和困难,其困难的原因有以下几点。

(1) 不允许有全局的集中控制,由多个控制器的合作来保持系统的一致性。

分布式系统的多个控制部件都在独立自主地活动,实施对系统资源的管理、协调进程之间的合作。这些管理活动只能通过分布式合作协议的协商方式来进行。解决这个难点的途径如下。

① 逐步逼近方法。每个控制器根据从相邻结点收集到的信息和本地信息做出资源分配的近似决策,然后不断地迭代。

② 通过分布式合作协议,协商调整。

③ 功能校正合作。通过交换暂时结果来不断地克服不一致性,从而收敛于问题的解。

(2) 不可能看到所有全局的状态。

分布式系统的多个控制部件在实施资源管理时,看不到全局的状态,不可能使用单一的、全局的资源信息表,只能分别使用不同的资源信息表。通过采用分布式算法,以局部化的思路解决这一难点。

(3) 没有统一的系统物理时钟,但需要保持全系统相关事件在时序方面的一致性。

在分布式系统中没有统一的系统物理时钟,每台机器上的时钟值是不一样的。但系统中的一些活动之间可能需要考虑时序关系。

事件就是一种状态的变化。对事件的要求是两个并行执行的基本操作的终结顺序,应是系统的一个不变量。

分布式事件同步就是事件排序。如果系统内只有一个物理时钟,并且各个观察者都能同时看到,那就很容易将事件排序。但在分布式系统中,各结点都有自己的时钟,各时钟的初值不同、时钟速率也不同,还有时间传播问题。所以在分布式系统中,要确定事件和解决事件排序问题必须有一个基本条件,那就是系统要有同步时钟,并且时间传播速度可看做是无穷大的。

可观察性条件如下。

① 及时性:设 t(k) 为位于地点 k 的时钟,t(k) 到系统内任意处的最大通信时延与相邻状态改变的时间区间比较可以忽略不计。

② 同时性:t(k) 到系统内所有地点是同时的,即任意两地的时间传播漂移与相邻状态改变的时间区间比较可以忽略不计。

通常认为时间传播速度为光速,当事件状态改变的速度比光速小得多时,上述两个条件可以得到满足。解决这一难点的办法之一是定义逻辑时钟,该逻辑时钟只考虑本地与有通信关系的异地的诸事件的时序;办法之二是建立同步物理时钟,通过一种校正方法使在系统启动后的任一时刻 t,各局部时钟之间的误差不超过某一事先给定的可容忍的偏差界限 $\xi$。

(4) 故障难免与系统可用性和一致性存在矛盾,为了解决这一问题,系统必须具有检测故障、屏蔽故障、修复故障的机制,使故障局部化。具体的解决途径有如下几点:

① 多副本;② 原子活动;③ 恢复检测与故障;④ 进程迁移。

## 10.3.2　处理机负荷平衡算法

分布式算法是一种动态的自适应算法。下面讨论的处理机负荷平衡算法就是一个分布式算法。在分布式系统中有许多结点,为了动态平衡各结点处理机的负荷,需要解决负荷如何描述、多长时间检测一次、如何确定哪个结点处理机负荷过重、对过重的负荷将如何处理等问题。

处理机负荷平衡算法描述如下。

设:$X_i(t)$——处理机 $i$ 在时刻 $t$ 的负荷;

$A(i)$——结点 $i$ 的邻结点集合;

$X_j^i(t)$——结点 $i$ 保存的关于邻结点 $j$ 的负荷估计值(在 $t$ 时刻;其中,$j \in A(i)$);

$T^i$——结点 $i$ 与邻结点负荷进行比较的时间集合;

$L$——全部计算负荷($\sum\limits_{i=1}^{n} X_i(0)$,$n$ 台处理机初始时的负荷总量)。

由于有通信时延以及异步操作,故有下式

$$X_j^i(t) = A_j(\tau_j^i(t))$$

式中：i 结点在 t 时刻保存的负荷实际上是 t 相隔 τ 的上一个时刻 j 的负荷。这一时刻表示为 $\tau_j^i(t)$，满足 $0 \leqslant \tau_j^i(t) \leqslant t$。

迁移策略如下。

对 $j \in A(i)$

① 若 $X_i(t) > X_j^i(t)$，则将 i 的负荷 $S_{ij}(t)$ 从 i 迁移到 j，$S_{ij}(t)$ 的值由下述命题给定；

② 若 $X_i(t) \leqslant X_j^i(t)$，则不迁移，即 $S_{ij}(t) = 0$。

命题：假设

（1）存在一正整数 B，使

① 对每一个 i 与每一个 $t \geqslant 0$，集合 $\{t, t+1, \cdots, t+B-1\}$ 中至少有一个元素属于 $T^i$；

② 对所有 i、t 与 $j \in A(i)$ 有 $t - B < \tau_j^i(t) \leqslant t$；

③ 由 i 在 t 时刻发出的负荷，在 t+B 之前一定会收到。

（2）首先，存在 $\alpha(0,1)$，使对于每一个 i 与每一 $t \in T^i$，存在 $j \in A(i)$，满足
$X_j^i(t) = \min_{j \in A(i)} X_k^i(t)$；取负荷最轻的结点。

$S_{ij}(t) \geqslant \alpha(X_i(t) - X_j^i(t)) > 0$；只送给负荷最轻的、且比本结点负荷小的结点，送出去的负荷不小于它们的差值。

其次，对于满足 $X_i(t) > X_j^i(t)$ 的 i，$t \in T^i$，$j \in A(i)$，有

$$X_i(t) - \sum_{k \in A(i)} S_{ik}(t) \geqslant X_j^i(t) + S_{ij}(t)$$

在上述假设条件下，有 $\lim_{t \to \infty} X_i(t) = \dfrac{1}{n}$，即系统中结点的负荷随着时间的推进将趋于相等。

该算法是分布式算法，各任务是独立的。i 结点负荷的下降，j 结点负荷的上升都有极限，趋于相等。在该算法中，每个结点都运行负荷平衡算法，用的不是全局信息，而是邻结点的状态信息，每个结点用该算法来自动调节，这就是分布式算法。

## 10.3.3　资源搜索算法——投标算法

分布管理方式分为集中分布管理和完全分布管理两类。在集中分布管理中，资源管理器对它所管理的资源拥有完全控制权。当一个资源管理器不能满足一个申请者的要求时，该资源管理器应帮助申请者向其他资源管理器去申请，即需要进行资源搜索。对申请者而言，他只要向本机资源管理器提出申请即可。

当采用完全分布管理方式时，每个资源管理器在决定分配它所管理的资源前，必须与其他资源管理器协商，然后作出资源分配的决定。这种分配方法需要对请求事件进行排序，要设计一个分布式排序算法，这将在 10.4 节中讨论。

**1. 投标算法**

对系统作如下假定：① 信件的传递满足先发先到的条件；② 结点未失效前，信件一定能无误地被接收；③ 失效结点不再被外界感知。

1）投标算法的规则

投标算法是一种比较简单的资源搜索算法，由以下规则定义：

（1）资源申请者向某资源管理器提出资源申请,若本机能满足请求,则予以分配;否则,向其他结点的资源管理器提出申请,这时,该资源管理器成为申请者,发广播招标信件;

（2）当一个资源管理器收到招标信件后,如果该结点上有所需的资源,则根据一定的策略计算"标数",然后发一封投标信件给申请者;否则,回一封拒绝信件;

（3）当申请者收到所有回信后,按一定策略选一个投标者,并向该中标者发一封申请信件;

（4）中标者收到申请信后,将其插入资源等待队列,并在可以分配资源时发送通知信件给申请者;

（5）当资源使用完毕后,向提供资源的资源管理器归还资源。

标数的确定:① 排队等待者的个数;② 投标者与招标者之间的距离。例如,可给出下式:

$$B = \omega_1 a + \omega_2 d$$

式中:a 为等待申请者的个数;d 为投标者与招标者之间的距离;$\omega_1$、$\omega_2$ 为常数。

这种投标策略既考虑了资源使用的均衡性,又兼顾了资源使用的有效性。

2）考虑结点失效时的投标算法

上述投标算法没有考虑结点失效时的情况,存在的问题是:① 算法中的规则（3）要求当申请者收到所有回信后发申请信,若有结点失效如何处理? ② 当申请者发出申请信后很久未获得资源（因中标结点失效）时应如何处理? 修改后的投标算法如下。

将规则（3）修改为,当申请者收到所有回信,或等待了一段时间后,按一定策略选一个投标者,并向该中标者发一封申请信件。

另加规则（6）若发申请信后很久未获得资源,则向中标者发一封询问信件;若中标者未失效就会发回复信件;若发询问信件后仍未见回答,则重新选一个中标者。

3）通信量计算

投标算法是可行的,因为只要系统中有所申请的资源,就必定有一个中标者;只要每个资源占有者在有限时间内归还所占用的资源,申请者总能从中标者那里获得资源。

在无结点失效的情况下,从广播招标信件到接收到获得资源的通知信件,一共需要发送信件的数量为 $M = 2(n-1) + 2 = 2n$。

**2. 环型结构的招标投标算法**

环型结构的招标投标算法规则如下。

（1）资源申请者向某资源管理器提出资源申请,若本机能满足请求,则予以分配;否则,将招标信件传给下一个邻结点。

（2）当一个资源管理器收到招标信件后,如果该结点上有所需的资源,分两种情况处理:① 若信中未附标数,将本结点的标数附上;② 若信中已附标数,将本结点的标数与之比较,选优附上,然后传给下一个邻结点。

（3）接到自己发出的招标信件后,从信中所附标数可知中标者。

（4）向中标者发一封申请信件。

（5）中标者收到申请信后,将其插入资源等待队列,并在可以分配资源时发送通知信件给申请者。

（6）资源使用完毕后,向提供资源的资源管理器归还资源。

由于是环型结构,完成一次招标、投标过程,只需发 n+2 封信。所以,环型结构与一般结构相比较,在发送通信信件的数量上要少得多。

在分布式系统的资源管理研究领域中,还包括资源存取方法,涉及分布式命名、资源保护、分布式实时系统的任务分配等问题,有兴趣的读者可查阅有关分布式系统的参考书。

# 10.4　一致性问题

在资源管理中还有由于资源共享引起的进程互斥的问题,另外,还存在合作进程之间的合作行为,这些合作进程之间需要同步协调,这些就是同步互斥问题。

## 10.4.1　一致性问题的定义与案例

### 1. 一致性问题的定义

(1) 分布式进程。处于不同处理机(结点)上的并行进程,实行合作自治,它们之间不存在集中控制。例如,进程通信中的发送进程和接收进程的关系。

(2) 一致性。系统的行为满足系统规格说明的要求。系统行为通过系统状态来描述。系统规格说明是一种精确描述的条件(如逻辑谓词)。如果两者一致,则称系统状态是一致的;否则,称为不一致。

(3) 不变式。要求系统状态始终必须满足的逻辑谓词。

### 2. 一致性问题的案例

设某订购飞机票系统,某一航班机票总数为 n,已卖出票数为 x,剩余票数为 y。假定有 $P_1$、$P_2$ 两个分布式进程,分别有 $y_1$、$y_2$ 两个工作区,x 是公共变量。

这两个进程售票业务的实质工作如下。

$P_1$　x：=x+1;y：=y−1;不变式 $I_1$　x+y=n。

$P_2$　x：=x+1;y：=y−1;不变式 $I_2$　x+y=n。

全局不变式 I　　　　　　　　x+y=n

设某时刻,初值 x=n−1;y=1,讨论如表 10.4 所示的操作序列后,全局不变式是否成立。

表 10.4　操作序列表

| 操 作 序 列 | 数据库中 y 值 | $P_1$ 工作区 y 值 | $P_2$ 工作区 y 值 | X 值 |
|---|---|---|---|---|
| $P_1$ 读 y | 1 | 1 | null | n−1 |
| $P_2$ 读 y | 1 | 1 | 1 | n−1 |
| $P_1$:x:=x+1;<br>y:=y−1; | 1 | 0 | 1 | n |
| $P_2$:x:=x+1;<br>y:=y−1; | 1 | 0 | 0 | n+1 |
| $P_1$ 写 y | 0 | 0 | 0 | n+1 |
| $P_2$ 写 y | 0 | 0 | 0 | n+1 |

经过上述操作序列后,结果是 x+y=n+1,而不是 n,不满足全局不变式 I,破坏了系统的一致性。原因是这两个分布式进程有公共变量,而对共享变量的操作没有互斥,一个操作未完成,另一个操作已经开始,这称为并发干扰。

**3. 串行化问题**

在分布式系统中,有多个进程共享数据资源,也就存在多个并发的操作序列。为了保证一致性,这些操作序列必须互斥地进行,即实现操作序列的串行化。

事件是一种状态的变化,系统中由于某些操作的执行而产生的状态变化。事件同步是控制事件发生的顺序以保证系统的一致性。所以事件同步,就是事件排序。

# 10.4.2　一致性问题的类型与解决途径

**1. 一致性问题的类型**

(1) 安全性(safety)。系统不希望发生的事绝对不能发生。例如,系统不发生死锁;在通信链路上,不希望消息传递过程中发生丢失、错乱、重复等现象。

(2) 活力性(livenssy)。希望系统发生的事终究会发生。例如,程序终止;在通信链路上,发送者发送的某一信件最终能被接收者接收。

**2. 导致不一致的主要原因**

(1) 系统复杂性难以精确地描述。在分布式系统中,要确保系统状态的一致性是一个严格的数学证明问题。但要进行严格的数学证明,必须要求系统能用现有的数学方法进行精确的描述。但对于一个分布式系统而言,因为系统的复杂性,难以精确地描述。

(2) 动态变化,增加难度。分布式进程是平等自治的,各行其是,但又需要合作。这种合作是通过协议来达到的。由于进程合作行为相当复杂,这种协议的设计、验证也是比较困难的。

(3) 并发干扰。进程并发执行时,对临界资源的访问如控制不当,将导致系统的不一致。

(4) 发生故障。系统发生故障后,若没有相应的处理,将导致系统的不一致。

**3. 解决系统不一致的主要途径**

为了解决系统可能出现的不一致的问题,可通过系统分解,降低其复杂度和进行封装化,建立原子活动等途径来解决。

1) 原子性

一组操作集合具有原子性是指其内部状态是不可见的,内部操作是不可分的。这一组操作集合以一个整体面貌出现。原子性可分为故障原子性和并发原子性两类。

2) 故障原子性

故障原子性是针对发生故障引起系统不一致而提出的解决办法。在程序 P 执行过程中分为若干程序段 $A_i$(从 $L_{i-1}$ 到 $L_i$),i=1,2,…,n。选择若干个恢复点 $L_0, L_1, …, L_{n-1}$。对于每一个程序段 $A_i$,在进入该程序段时,保存必要的信息后进行计算。若在计算过程中,处理机出现了故障,则当处理机恢复后要进行故障恢复时,从 $A_{i+1}$ 开始执行。也就是说,对程序段 $A_i$ 而言什么也没做。若在计算过程中没有发生任何故障,则 $A_i$ 计算成功。在进入下一程序段前将保存新的信息,如此进行下去。保存信息和故障恢复时更新信息的示意图如图 10.15 所示。

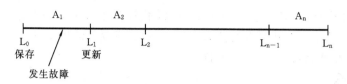

图 10.15  保存信息和故障恢复时更新信息

（1）什么是故障原子性。故障原子性又称为可恢复性，是指一个活动的效应等同于以下情况之一：或者所有对象停留在它们的初始状态上；或者全部到达它们的最终状态。

（2）故障原子性的实现方法。可通过划分原子程序段，确定恢复点的方法来实现。需要有故障检测、故障恢复机制。

3）并发原子性

（1）什么是并发原子性。并发原子性又称为不可分性，是指一个活动的执行不能覆盖（或包含）另一个活动的执行。或者说，一个活动执行完毕后，另一个活动才能开始。

（2）并发原子性的实现方法。可通过活动串行化、同步方法来实现。

为了解决并发干扰可能造成系统不一致的问题，应能控制分布式事件发生的顺序，这就是分布式排序问题。

## 10.4.3  逻辑时钟

在分布式系统中没有统一的时钟，为了能对发生在不同地点的事件进行排序，提出了逻辑时钟的概念。

**1. 先于关系**

在没有绝对物理时钟情况下，如何考虑两个事件的先后？如果两个事件有因果或先后关系，就可以确定这两个事件的关系。如发送消息和接收消息两个事件，发送消息在前，接收消息在后，这种关系称为先于关系，记为"→"。

1）先于关系的定义

在一系统事件集合上的先于关系满足以下三个条件的最小关系：

① 若 A 和 B 是同一进程中的事件，且 A 发生在 B 之前，则有 A→B；

② 若 A 是一进程发送消息的事件，B 是另一进程接收消息的事件，则有 A→B；

③ 若有 A→B，B→C，则有 A→C。

显然，先于关系是一偏序。

2）并发事件

若 A 不等于 B，且 B 也不等于 A，则称这两个事件 A 和 B 是并发的。

**例 10.3**  已知并发进程诸事件的相对时间如图 10.16 所示。确定：

① $p_0$ 与 $q_3$ 的关系；

② $p_0$、$q_0$ 与 $r_0$ 的关系。

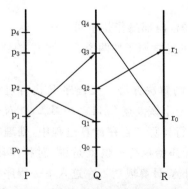

图 10.16  并发进程诸事件的相对时间

**解**  ① 因为有 $p_0 \to p_1$，$p_1 \to q_3$，所以有 $p_0 \to q_3$；

② 因为 $p_0$、$q_0$ 与 $r_0$ 不存在事件的前后关系,所以它们是并发事件。

**2. 逻辑时钟**

1) 逻辑时钟的定义

设函数 $C_i$ 为定义在进程 $p_i$ 上的局部时钟,$C$ 为定义在整个系统上的函数。若 $C$ 满足以下三个条件,则称 $C$ 为逻辑时钟:

① 若 b 是 $p_i$ 中的事件,则 $c(b) = c_i(b)$;

② 若 a、b 都是 $p_i$ 中的事件,且 a→b,则 $c_i(a) < c_i(b)$;

③ 若 a 是 $p_i$ 中发送消息事件,b 是 $p_j$ 中接收消息事件,则 $c_i(a) < c_j(b)$。

2) 构造方法

① 在每一进程 $p_i$ 内,若 a→b,则定义 $c_i(a) < c_i(b)$;

② 设 a 是 $p_i$ 中发送 m 的事件,其邮戳为 $T_m = c_i(a)$,b 是 $p_j$ 中接收 m 的事件,则定义

$$c_j(b) = \max\{T_m, c_j(b)\}$$

**例 10.4**　图 10.16 给出了并发进程诸事件,设计逻辑时钟 LCp、LCq、LCr。

**解**　令 $LCp(p_0) = LCq(q_0) = 1$　$LCp(p_1) = LCq(q_1) = 2$　$LCp(p_2) = LCq(q_2) = 3$

$LCp(p_3) = LCq(q_3) = 4$　$LCp(p_4) = LCq(q_4) = 6$

$LCr(r_0) = 3$　　　　　　$LCr(r_1) = 8$

依据此构造方法得到的时间序列只是一个偏序,并没有对所有的事件排全序,还不能满足应用的需要。所以,还需要对逻辑时种进行全序化的排序。

**3. 逻辑时钟全序化**

从例 10.4 的解答可看出,所得到的逻辑时钟值是一个偏序,因为有些逻辑时钟值相等。为了能实现逻辑时钟全序化,需要对逻辑时钟值相等的诸事件排一个顺序。方法是在进程集合上定义一个全序。

任取进程集合上的一个全序£,定义事件集合上的一个全序"⇒"如下:

若 a 是进程 $p_i$ 上的一事件,b 是进程 $p_j$ 上的一事件,则 a⇒b,当且仅当

① $c_i(a) < c_i(b)$;或

② $c_i(a) = c_i(b) \wedge p_i £ p_j$(字典序)。

例如,在例 10.4 中,若定义 P<Q<R,则有 $p_0 \Rightarrow q_0$,$p_1 \Rightarrow q_1$,$p_2 \Rightarrow q_2$ 等。其他逻辑时钟值依事件关系调整。

# 10.4.4　分布式事件排序——时间戳算法

L Lamport 提出时间戳算法,用逻辑时钟对事件进行排序来解决并发干扰问题,是一个互斥算法。当有多个分布式进程同时对临界资源访问时,该算法可以避免冲突,实现互斥,保证系统的一致性。

互斥算法应满足的条件是:① 已获得资源的进程必须在释放资源后,另一个进程才能得到该资源;② 不同的请求应按请求产生的顺序获得满足;③ 若获得资源的每一个进程最终都释放资源,则每个请求最终都能满足。

**1. 时间戳算法规则**

(1) 为申请资源,进程 $p_i$ 向其他各结点发送 $T_m$:$p_i$ 的申请报文并将它放入自己的资源申请队列。

(2) 进程 $p_j$ 收到 $T_m$:$p_i$ 的申请报文,将它放入自己的资源申请队列,在自己空闲时($p_j$ 不在临界区,也未发送任何报文)向 $p_i$ 发送一个具有时间戳承认报文。

(3) 当满足下述两个条件时,进程 $p_i$ 获得资源:

① 在 $p_j$ 的资源申请队列中,$T_m$:$p_i$ 排到队首;

② $p_i$ 收到所有其他进程的承认报文,且时间戳均大于 $T_m$。

(4) 进程 $p_i$ 使用完临界资源后,从自己的申请队列中删除 $T_m$:$p_i$ 的申请报文,并向其他结点发送 $T_m$:$p_i$ 的释放资源报文。

(5) 进程 $p_j$ 收到 $p_i$ 释放资源报文后,从自己的申请队列中删除 $T_m$:$p_i$ 的申请报文。

**2. 算法分析**

(1) 此算法能保证互斥地进入临界区,且不会发生死锁现象。因为所有请求都按时间戳排全序,保证只有一个请求者排在队首,且收到了所有的承认报文,即只有一个请求能进入临界区。当一个请求者使用完临界资源后,另一个请求者才能进入临界区。

(2) 当共享临界资源的进程数为 n 时,使用此算法完成一次互斥需要发送的报文数为

$$(n-1)\text{申请报文}+(n-1)\text{承认报文}+(n-1)\text{释放资源报文} = 3(n-1)$$

在 L Lamport 提出时间戳算法后,有许多学者对该算法进行了改进,主要是减少通信量。在环型结构或逻辑环网情况下,完成一次互斥需要发送的报文数可以大大降低。有兴趣的读者可进一步查阅有关资料,在此不再赘述。

## 10.4.5　故障处理与恢复

任何系统故障都是难免的,特别是在分布式系统中情况更为严重。因为分布式系统拥有大量的设备、部件、软件模块,使系统出现故障的概率加大。问题不在于是否出现故障,而在于是否能发现并处理故障,从而保证系统的可靠性,提供分布式系统的健壮性和容错能力。

**1. 故障检测**

在分布式系统中,为了检测故障必须在两两之间进行测试,方法如下。

设 A、B 两结点之间有一链路,

(1) 定期地相互发送消息。

(2) 若超时未收到回答,则出现以下三种情况之一:① 处理机 B 出了故障(假设由 A 发出消息);② 链路 B 出了故障;③ 消息从 B 发出后丢失。

(3) A 重发,若 A 重发若干次(如 7 次)后仍如此,则排除回答信息丢失的可能。

(4) 从另一条路径向 B 发送问候信。若收到 B 的回答,则可判定是原链路有问题;若未收到 B 的回答,仍不能确定故障类型。可通过多条路径进行检测,若仍无回答,则处理机故障的概率较大。

**2. 故障处理**

假定处理机 A 通过故障检测机构已经判明所发生的故障类型,于是需要进行系统重构,

使系统继续正常工作,具体工作如下。

(1)链路故障。将此链路出现故障的消息通知系统中每一个结点,修改路由表。

(2)处理机故障。通知系统中每一个结点,不再使用该故障处理机提供的服务。故障结点服务员的任务可转到另一同类服务器上;或选一处理机承担该任务;或等故障处理机修复后,进行故障恢复。

**3. 故障恢复**

当有故障的链路或处理机修复后,要妥善地加入到系统中。

(1)若链路修复后,则要通知 A、B 两个结点,并修改路由表。

(2)若是处理机修复,则通知所有处理机及其上的服务员。

(3)对修复好的处理机进行故障恢复。使用稳定存储器上存储的信息以及从其他结点上收到的信息恢复其工作状态。

**4. 故障恢复技术**

故障恢复措施可分为向后恢复和向前恢复两大类。

1)向后恢复

将系统中一个或多个进程的状态恢复到先前无故障的状态,然后继续运行,这种恢复方式称为向后恢复。为了实现向后恢复,需要有检测点(checkpoint)和重启机构。检测点设置的关键点是要保证良好的原子性。

方法是每当一个进程进入原子活动做以下工作:

① 在入口点设置一个恢复点;

② 保存该点的有关信息,直到被包含在该原子活动中的所有进程到达该原子活动的终点为止;

③ 若在此过程中出现故障,则将进程恢复到恢复点时的状态;若在此过程中未出现故障,则将保留信息更新为当前恢复点的状态信息。

向后恢复技术的特点是故障的断定、恢复与系统如何继续提供服务是分开处理的。

2)向前恢复

向前恢复是进一步利用当前有故障状态的方法。为了实现向前恢复,需要根据故障分类的方法来提供恢复策略。

① 异常处理方式。如为系统部件故障,一般采用异常处理方式,常见的异常处理有算术溢出、数组上下界检查等。

② 补偿措施。补偿措施可以认为是异常处理的一种特殊情况。

若是交互系统出现的故障,要采用补偿措施。例如,对已出现的错误,在以后的执行中弥补(如工资发错了,下月扣回)。

若一个系统正在与另一个不能返回的系统(或环境)通信时发现出了差错,这时只有通过向该系统(或环境)提供补充信息以更正前面发出的错误信息带来的影响。

向后恢复技术的特点是:① 故障的断定、恢复与所服务的系统是不可分割的;② 故障的确定与故障的性质有关。例如,普通的科学计算中有算术溢出,程序员必须考虑在不同点出现溢出时应如何处理,编写故障处理程序。当出现故障时,将控制转到故障处理程序。

# 习 题 10

10-1 支持分布式处理的计算机系统结构有哪三个条件?

10-2 计算机网络有什么局限性?

10-3 设有一个具有 n 个结点的单向环型结构系统,信件传输方式采用令牌传递类型。针对该系统回答如下问题:

(1) 平均通信路径长度;(2) 通信并行度;(3) 通信接口数;(4) 路径算法。

10-4 在资源搜索算法——投标算法中,讨论其通信量的大小。

(1) 在一般的网络结构中,当无结点失效时,从广播招标信件到接到获得资源的通知信件,共需发多少封信?

(2) 若在共享通路结构的分布式系统中,共需发多少封信?

10-5 集中分布管理方式和完全分布管理方式的主要区别是什么? 试举一例说明。

10-6 何谓故障原子性? 解决由故障引起的系统不一致问题的方法是什么?

10-7 有一不规则结构网络,如图 10.17 所示,回答以下问题:

(1) 试写出各结点的路径矩阵( 要求在矩阵中给出接口号 i 与结点号 j);

(2) 当有一封信件要从结点 1 发送到结点 4 时,试给出依据路径矩阵得到的发送途径。

10-8 关于逻辑时钟,试回答以下问题。

(1) 在分布式系统中为什么要提出逻辑时钟的概念?

(2) 现有以下三个进程 P、Q、R,其中诸事件如图 10.18 所示。假定 P< Q < R ( P< Q 表示 P 在 Q 之前)。试设计一个全序化的逻辑时钟,给出图 10.18 中每一个事件的全序化的逻辑时钟值。

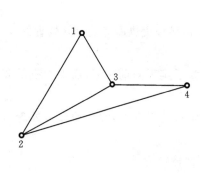

图 10.17

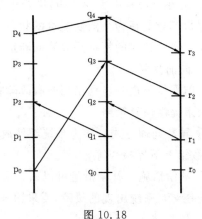

图 10.18

# 参考文献

[1]　[美] Abraham Silberschatz，Peter Baer Galvin. 操作系统概念[M]. 第 6 版. 郑扣根，译. 北京：高等教育出版社，2004.

[2]　[美] Gary Nutt. 操作系统现代观点[M]. 孟祥山，宴益慧，译. 北京：机械工业出版社，2004.

[3]　Lubomir F Bic，Alan C Shaw. 操作系统原理[M]. 梁洪亮等，译. 北京：清华大学出版社，2005.

[4]　莫里斯. 贝奇. UNIX 操作系统设计[M]. 陈葆玉等，译. 北京：北京大学出版社，1989.

[5]　尤晋元. UNIX 操作系统教程[M]. 西安：西北电讯工程学院出版社，1985.

[6]　刘键. 分布式计算机系统[M]. 北京：人民邮电出版社，1990.

[7]　徐高潮，胡亮，鞠九摈. 分布计算系统[M]. 北京：高等教育出版社，2004.